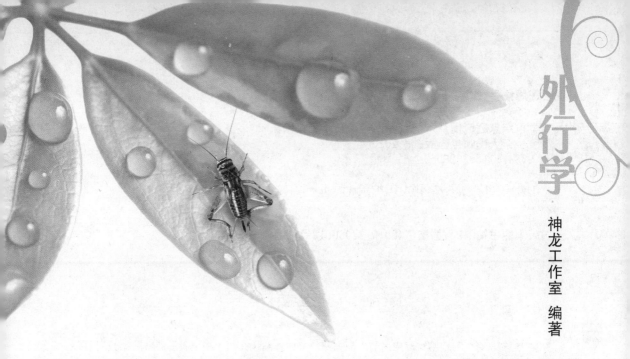

外行学

神龙工作室 编著

电脑家庭应用
从入门到精通

U0131874

人民邮电出版社
北京

图书在版编目（CIP）数据

外行学电脑家庭应用从入门到精通 / 神龙工作室编
著. -- 北京：人民邮电出版社，2010.4
ISBN 978-7-115-22280-0

Ⅰ.①外… Ⅱ.①神… Ⅲ.①电子计算机－基本知识
Ⅳ.①TP3

中国版本图书馆CIP数据核字(2010)第030012号

内 容 提 要

本书是指导初学者学习电脑家庭应用的入门书籍。书中详细地介绍了初学者学习电脑家庭应用必须掌握的基本知识、使用方法和操作步骤，并对初学者在使用家庭电脑时经常会遇到的问题进行了专家级的指导，以免初学者在起步的过程中走弯路。全书共分 12 章，分别介绍亲密接触电脑、使用文件和文件夹、家庭打字轻松学、Word 文档编辑、Excel 家庭理财、PowerPoint 幻灯片放映、网上冲浪、网上理财、家庭课堂、家庭休闲娱乐、家庭数码世界、系统维护和优化等内容。

本书附带一张精心开发制作的专业级 DVD 格式的多媒体教学光盘，它采用全程语音讲解、情景式教学、详细图文对照等方式，紧密结合书中的内容对各个知识点进行深入的讲解，大大扩充了本书的知识范围。

本书适合家庭电脑应用初学者阅读，也可以作为大中专类院校或企业的培训教材，同时对有经验的电脑使用者也有一定的参考价值。

外行学电脑家庭应用从入门到精通

◆ 编　著　神龙工作室
　　责任编辑　李　莎

◆ 人民邮电山版社山版发行　　北京市崇文区夕照寺街 14 号
　　邮编　100061　　电子函件　315@ptpress.com.cn
　　网址　http://www.ptpress.com.cn
　　三河市潮河印业有限公司印刷

◆ 开本：787×1092　1/16
　　印张：22.25
　　字数：570 千字　　　　　　2010 年 4 月第 1 版
　　印数：1 – 5 000 册　　　　　2010 年 4 月河北第 1 次印刷

ISBN 978-7-115-22280-0

定价：45.00 元（附光盘）

读者服务热线：**(010)67132692**　印装质量热线：**(010)67129223**
反盗版热线：**(010)67171154**

　　电脑是现代信息社会中的重要标记，掌握丰富的电脑知识，正确熟练地操作电脑已成为信息化时代对每个人的要求。为了满足广大读者的需要，我们针对不同学习对象的掌握能力，总结了多位电脑高手、高级设计师及计算机教育专家的经验，精心编写了"外行学从入门到精通"系列图书。

丛书主要内容

　　本丛书涉及读者在日常工作和学习中各个常见的电脑应用领域，在介绍软硬件的基础知识及具体操作时都以大家经常使用的版本为主要的讲述对象，在必要的地方也兼顾了其他的版本，以满足不同领域读者的需求。本丛书主要涵盖以下内容。

《外行学电脑与上网从入门到精通（老年版）》	《外行学电脑与上网从入门到精通》
《外行学Photoshop CS4从入门到精通》	《外行学Photoshop CS4数码照片处理从入门到精通》
《外行学AutoCAD 2010从入门到精通》	《外行学网页制作与网站建设（CS4）从入门到精通》
《外行学Excel 2003从入门到精通》	《外行学PowerPoint 2003从入门到精通》
《外行学Office 2010从入门到精通》	《外行学Word/Excel办公应用从入门到精通》
《外行学Word 2003从入门到精通》	《外行学系统安装与重装从入门到精通》
《外行学Access 2003从入门到精通》	《外行学Office 2003从入门到精通》
《外行学Windows XP从入门到精通》	《外行学Windows 7从入门到精通》
《外行学电脑家庭应用从入门到精通》	《外行学笔记本电脑应用从入门到精通》
《外行学电脑炒股从入门到精通》	《外行网上开店从入门到精通》
《外行学黑客攻防从入门到精通》	《外行学电脑组装与维护从入门到精通》
《外行学电脑优化、安全设置与病毒防范从入门到精通》	

写作特色

　　■ **实例为主，易于上手**：全面突破传统的按部就班讲解知识的模式，模拟真实的工作环境，以实例为主，将读者在学习过程中遇到的各种问题以及解决方法充分地融入实际案例中，以便读者能够轻松上手，解决各种疑难问题。

　　■ **学练结合，强化巩固**：通过"练兵场"栏目提供精心设计的上机练习，以帮助读者将所学知识灵活应用于工作实际。

　　■ **提示技巧，贴心周到**：对读者在学习过程中可能会遇到的疑难问题都以提示技巧的形式进行了说明，使读者能够更快、更熟练地运用各种操作技巧。

　　■ **双栏排版，超大容量**：采用双栏排版的格式，信息量大。在340多页的篇幅中容纳了传统的500多页的内容。这样，我们就能在有限的篇幅中为读者提供更多的知识和实战案例。

■ **一步一图，图文并茂**：在介绍具体操作步骤的过程中，每一个操作步骤均配有对应的插图，以使读者在学习过程中能够直观、清晰地看到操作的过程及其效果，学习更轻松。

■ **书盘结合，互动教学**：配套的多媒体教学光盘内容与书中内容紧密结合并互相补充。在多媒体光盘中，我们仿真模拟工作生活中的真实场景，让读者体验实际应用环境，并借此掌握工作生活所需的知识和技能，掌握处理各种问题的方法，并能在合适的场合使用合适的方法，从而能学以致用。

 ## 光盘特点

■ **超大容量**：本书所配DVD格式光盘的播放时间长达8小时，涵盖书中绝大部分知识点，并做了一定的扩展延伸，克服了目前市场上现有光盘内容含量少、播放时间短的缺点。

■ **内容丰富**：光盘中主要提供两类内容。第一类是有助于读者提高电脑与应用能力的，包括26个源于实际需要的经典实例；600个经典的家庭电脑应用技巧；一本包含14类、239个精选网址的电子速查手册；多媒体视频讲解Office综合实例；一本Office快捷键速查手册；1000套涵盖各个办公领域的Office实用模板；多媒体视频讲解轻松排除电脑故障。第二类则是有益于读者提高生活品质的，包括轻松拍出好照片和数码照片巧修饰等多媒体视频，养生保健宝典，130个股票实时动态查询网站与热门论坛，警惕18个炒股误区等内容。

■ **解说详尽**：在演示各个经典实例的过程中，对每一个操作步骤都做了详细的解说，使读者能够身临其境，提高学习效率。

■ **实用至上**：以解决问题为出发点，通过光盘中一些经典的电脑家庭应用实例，全面涵盖了读者在电脑家庭应用中所遇到的问题及解决方案。

 ## 配套光盘运行方法

Ⅰ 将光盘印有文字的一面朝上放入光驱中，几秒钟后光盘就会自动运行。

Ⅱ 若光盘没有自动运行，可在Windows XP操作系统下双击桌面上的【我的电脑】图标 打开【我的电脑】窗口，然后双击光盘图标 ，或者在光盘图标 上单击鼠标右键，在弹出的快捷菜单中选择【自动播放】菜单项，光盘就会运行。在Windows Vista操作系统下可以双击桌面上的【计算机】图标 打开【计算机】窗口，然后双击光盘图标 ，或者在光盘图标 上单击鼠标右键，在弹出的快捷菜单中选择【安装或运行程序】菜单项即可。在Windows 7操作系统下可以双击桌面上的【计算机】图标 打开【计算机】窗口，然后双击光盘图标 ，或者在光盘图标 上单击鼠标右键，在弹出的快捷菜单中选择【从媒体安装或运行程序】菜单项即可（在Windows 7操作系统下，将光盘放入光驱后，如果弹出【自动播放】对话框，选择【运行外行学电脑家庭应用从入门到精通.exe】选项，也可以运行该光盘）。

Windows XP 系统

Windows 7 系统

Windows Vista 系统

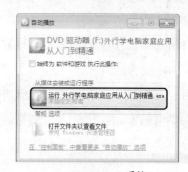

Windows 7 系统

Ⅲ 由于光盘长期使用会磨损，旧光驱的读盘能力可能也比较差，因此最好将光盘内容安装到硬盘上观看，把配套光盘保存好作为备份。在光盘主界面中单击【安装光盘】按钮，弹出【选择安装位置】对话框，从中选择合适的安装路径，然后单击 确定 按钮就可以将光盘内容安装到硬盘中。

Ⅳ 以后观看光盘内容时，只要单击【开始】按钮（Windows XP的为 开始 ，Windows Vista的为 ，Windows 7的为 ），然后在弹出的菜单中选择【所有程序】➢【外行学从入门到精通】➢【外行学电脑家庭应用从入门到精通】菜单项就可以了。

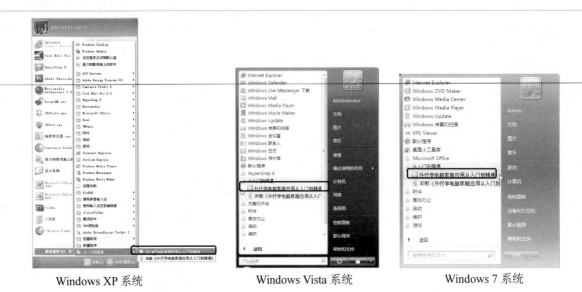

Windows XP 系统   Windows Vista 系统   Windows 7 系统

如果光盘演示画面不能正常显示，请双击光盘根目录下的tscc.exe文件，然后重新运行光盘即可。

如果以后想要卸载本光盘，则可在【开始】菜单中选择【所有程序】➢【从入门到精通】➢【卸载《外行学电脑家庭应用从入门到精通》】菜单项，弹出【您确定要卸载本光盘程序吗？】对话框，然后单击【是，我要卸载】链接，在弹出的【卸载已完成】对话框中单击 确定 按钮即可。

本书由神龙工作室策划编著，参与资料收集和整理工作的有尚玉琴、邓淑文、张彩霞、王佳妮、郝凤玲、郭树美、曲美儒、杨磊、张英、刘珊珊、张凯等。由于时间仓促，书中难免有疏漏和不妥之处，恳请广大读者不吝批评指正。我们的联系信箱：lisha@ptpress.com.cn。

编者

2010年1月

第 5 章 Excel 家庭理财

光盘演示路径：Office 软件应用\Execl 家庭理财

第 6 章 PowerPoint 幻灯片放映

光盘演示路径：Office 软件应用\PowerPoint 幻灯片应用

第 9 章　家庭课堂

光盘演示路径：家庭学习和娱乐\家庭课堂

第 10 章　家庭休闲娱乐

光盘演示路径：家庭学习和娱乐\家庭休闲娱乐

第 11 章　家庭数码世界

光盘演示路径：家庭学习和娱乐\家庭数码世界

第 12 章 系统维护和优化

光盘演示路径：系统维护和优化

第1章

亲密接触电脑

电脑的出现给人们的生活带来了翻天覆地的变化。掌握丰富的电脑知识，正确熟练地操作电脑已经成为信息时代对每个人的要求。要想熟练地应用电脑，就要从最基础的知识开始学起。

关于本章知识，本书配套教学光盘中有相关的多媒体教学视频，请读者参看光盘【电脑基本操作】。

光盘链接

- 初识电脑
- 键盘和鼠标
- 打造个性化桌面
- 家庭电脑加密
- 安装与卸载软件

1.1 初识电脑

要想熟练地掌握电脑的基本操作，首先需要对电脑有一个整体认识，包括电脑的启动和关闭。

1.1.1 电脑的启动和关闭

作为一名初学者，首先应该学会如何启动和关闭电脑。正确地开机和关机可以延长电脑的使用寿命。因此，初学者应该养成良好的操作习惯。

1. 启动电脑

电脑启动的方法主要有 3 种，分别是冷启动、复位启动和热启动。

● **冷启动**

所谓电脑的冷启动是指在打开主机电源的情况下启动电脑。

冷启动电脑的具体操作步骤如下。

① 按下显示器的电源开关，然后再按下主机的电源开关（不同品牌的显示器与主机电源开关的位置会略有不同，如果启动电脑后还需要使用其他的外围设备，也应在按下主机电源前接通它们的电源）。

② 随后显示器的屏幕上将出现一系列系统自检画面。系统自检完毕后会自动进入系统启动界面。

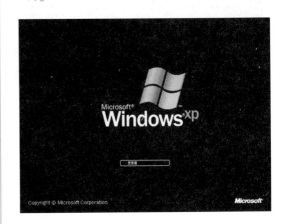

③ 若用户没有设置账户和密码，系统会进入欢迎界面。

④ 如果用户设置了账户和密码，则系统会进入 Windows XP 登录界面。单击需要使用的用户名，出现一个【输入密码】文本框，在此输入密码，然后单击右侧的按钮 ➡。

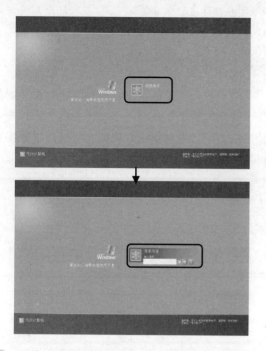

⑤ 稍等片刻即可进入 Windows XP 操作系统。

复位启动

电脑若处于死机状态时，则需要复位启动。操作方法很简单，只需按下主机电源上的【Reset】按钮（通常在电源按钮的下方）即可。

热启动

在电脑的操作过程中遇到死机故障时，用户也可以通过热启动的方式重新启动电脑。热启动的方法也很简单，按【Ctrl】+【Alt】+【Delete】组合键，弹出【Windows 任务管理器】窗口，选择【关机】➤【重新启动】菜单项即可。

2. 关闭电脑

用户使用完电脑后，应该及时将其关闭。关闭电脑主要分正常关机和非正常关机两种。

正常关机

正常关机的具体操作步骤如下。

① 单击 开始 按钮，从弹出的【开始】菜单中单击【关闭计算机】按钮 。

② 弹出【关闭计算机】对话框，单击【关闭】按钮 即可自动保存相关信息。

③ 系统退出后，主机的电源会自动关闭，同时指

示灯熄灭。这样电脑就安全地关机了，此时可以切断电源和关闭显示器。

非正常关机

当电脑处于死机状态时就不能利用【开始】菜单关闭电脑了。此时需要按住主机电源开关，待主机关闭、电源指示灯熄灭之后松开电源开关再关闭显示器的电源开关。

1.1.2 Windows XP 的启动和退出

1. 启动Windows XP

当用户的电脑上安装了 Windows XP 操作系统时，启动电脑的同时就会启动 Windows XP 操作系统。

2. 退出Windows XP

除了关机之外，用户还可以通过待机、休眠、注销和快速切换用户等方法退出 Windows XP 操作系统。下面分别进行介绍。

待机

当电脑进入待机状态后，显示器会被自动关闭，但是内存里的信息仍然保留。

电脑待机的具体操作步骤如下。

① 按照前面介绍的方法打开【关闭计算机】对话框。

② 单击【待机】按钮 即可开始进入准备待机状态。

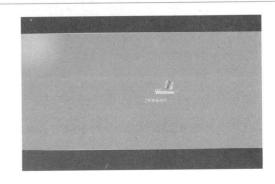

当用户需要继续使用电脑时，只要将其唤醒就可以了。移动一下鼠标，或者按下键盘上的任意键即可将电脑从待机状态唤醒。如果用户设置了密码，系统会要求用户输入密码重新登录。在【输入密码】文本框中输入系统登录密码，然后按【Enter】键或单击【输入密码】文本框右侧的按钮 即可。

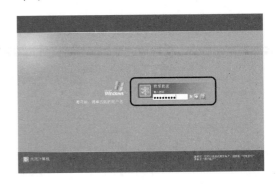

休眠

用户还可以将电脑休眠。电脑进入休眠状态后，会将用户正在编辑的内容保存在硬盘上，并

将电脑所有的部件全部断电（待机则保留了内存的电源）。

电脑休眠的具体步骤如下。

① 在桌面空白处右击，从弹出的快捷菜单中选择【属性】菜单项。

② 弹出【显示 属性】对话框，切换到【屏幕保护程序】选项卡，单击 电源(Q)... 按钮。

③ 随即弹出【电源选项 属性】对话框，切换到【休眠】选项卡，选中【启用休眠】复选框。

小提示 如果用户的电脑已经启用了休眠，则不需要进行设置，直接单击 确定 按钮即可。

④ 设置完毕依次单击 应用(A) 和 确定 按钮，返回【显示 属性】对话框，单击 确定 按钮即可。按照前面介绍的方法打开【关闭计算机】对话框，按【Shift】键，对话框中的【待机】按钮 会变成【休眠】按钮 。

⑤ 单击【休眠】按钮 即可将电脑转为休眠状态。

若要将电脑从休眠状态唤醒时，则需要重新启动电脑。打开主机电源，启动电脑并再次登录，可以发现休眠前的工作状态已经全部恢复，此时用户就可以继续操作 Windows XP。

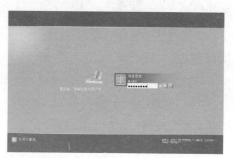

注销

用户还可以使用注销的方式退出 Windows XP 系统。具体操作步骤如下。

① 单击 **开始** 按钮，在弹出的【开始】菜单中单击【注销】按钮。

② 弹出【注销 Windows】对话框。

③ 单击【注销】按钮，此时系统会自动关闭当前用户操作环境中的程序和窗口，并弹出 Windows XP 登录界面。

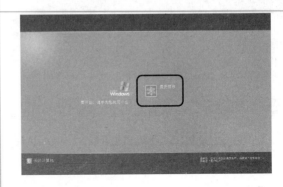

快速切换用户

作为一个多用户、多任务的操作系统，Windows XP 系统允许多用户共同使用一台电脑，并使每个用户拥有自己的设置和工作环境。当用户想从当前用户切换到其他用户环境中时，则可以通过切换用户的方法来实现。

关于快速切换用户的相关操作将在 1.4.1 小节中进行详细介绍。

1.2 键盘和鼠标

在操作电脑的过程中，键盘和鼠标是最经常使用的两种输入设备。

1.2.1 键盘的使用

键盘是用户与电脑交流的重要工具，主要用来输入文本和数据信息。

1. 认识键盘

按照按键数和键位划分，键盘可以分为 101 键键盘、102 键键盘、104 键键盘和 107 键键盘等。目前市场上最常见的是 107 键键盘。

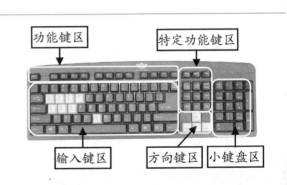

键盘的整个按键区可以分为 5 个区，分别为功能键区、输入键区、方向键区、特定功能键区以及小键盘区。

功能键区

功能键区位于键盘的顶端，它主要包含【Esc】键、【F1】键 ~【F12】键。其中【Esc】键的主要功能是退出当前环境、终止某些程序的运行以及返回原菜单等。而功能键【F1】~【F12】各个键的功能则根据软件的不同而不同。例如，在 Excel 中按【F1】键可以显示帮助信息。

特定功能键区

特定功能键主要分为电源管理区和编辑控制键区。

（1）电源管理区位于特定功能键区上方，用户通过按电源管理区中相应的按键，可以将电脑置于工作、待机和关闭 3 种状态。

（2）编辑控制键区位于输入键区和数字键区之间，共包括 9 个键。

方向键区

方向键区主要包括光标控制键【↑】、【↓】、【←】和【→】。按【↑】键则光标上移一行；按【↓】键则光标下移一行；按【←】键则光标左移一个字符位；按【→】键则光标右移一个字符位。

小键盘区

位于键盘右下角的是数字键区，它与指示灯区合称小键盘区，主要功能是快速输入数字。其

中大部分键属于双字符键，上挡键用于输入数字，下挡键具有编辑和光标控制功能。

2. 自定义设置键盘

为了使键盘更加符合自己的使用习惯，用户还可以对其进行自定义设置。具体操作步骤如下。

① 单击 【开始】 按钮，从弹出的【开始】菜单中选择【控制面板】菜单项。

② 弹出【控制面板】窗口，切换到【经典视图】界面。

③ 双击【键盘】图标，弹出【键盘 属性】对话框。在【字符重复】选项组中，拖动【重复延迟】滑块设置字符的重复延迟；拖动【重复率】滑块设置字符的重复率。在【光标闪烁频率】选项组中通过拖动滑块设置光标的闪烁频率，滑块越靠近左侧，光标的闪烁速度就越慢；越靠近右侧，光标的闪烁速度就越快。依

次单击 应用(A) 和 确定 按钮，完成键盘的个性化设置。

1.2.2 鼠标的使用

除了键盘之外，鼠标是另外一种常用的输入设备。鼠标能够使电脑的某些操作更加方便和简单，而且它的某些功能是键盘所不具备的。例如，在绘图软件中可以利用鼠标来绘制任意图形。

1. 认识鼠标

按外观样式可以将鼠标分为两键鼠标、三键鼠标和多键鼠标等。目前市场上常见的鼠标为三键鼠标，主要由左键、右键及滚轮等部分组成。

为了提高效率，用户应该正确掌握使用鼠标时的握姿。使用鼠标时的正确握姿：将右手掌根部放在鼠标头部，右手大拇指与小拇指自然地放在鼠标的两侧，食指用于控制鼠标左键，中指用于控制鼠标滚轮，无名指用于控制鼠标右键。

2. 轻松用鼠标

鼠标的基本操作包括指向、单击、双击、右击和拖动鼠标等。

● 指向

移动鼠标使鼠标指针对准指定位置，方法很简单，直接将鼠标指针移动到要选择的对象上即可。

● 单击

单击动作是指将鼠标指针指向目标位置上后，按一下鼠标左键后立即松开。单击操作主要用于选择某个对象。例如将鼠标指针移动到桌面上的【我的电脑】图标上，然后单击鼠标左键，这时可以看到【我的电脑】图标被选中并呈蓝色显示。

双击

　　双击动作是指将鼠标指针指向目标位置上，然后快速地连续两次按下鼠标左键，再立即松开，特别注意的是，不能在两次单击鼠标之间移动鼠标的位置。双击操作一般用来打开一个对象。例如双击桌面上的【我的电脑】图标，就会打开【我的电脑】窗口。

拖动

　　按住鼠标左键或右键，同时拖动鼠标，当鼠标指针移动到指定位置后放开，常用于移动对象。

右击

　　按一下鼠标右键并立即放开，这时通常会弹出一个快捷菜单，根据对象不同菜单也不同，它常用于执行与当前对象相关的操作。

滚动

　　在浏览网页或者长文档时，滚动鼠标的滚轮，此时网页或者文档将向滚轮滚动的方向显示。

3.　自定义设置鼠标

　　为了使鼠标更加符合自己的使用习惯，用户可以对其进行自定义设置。具体操作步骤如下。

① 按照前面介绍的方法打开【控制面板】窗口，切换到【经典视图】界面。

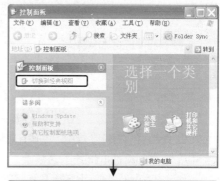

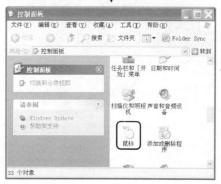

② 双击【鼠标】图标，弹出【鼠标 属性】对

话框。在【鼠标键配置】选项组中设置目前起主要作用的是哪个键，如果选中【切换主要和次要的按钮】复选框，则此时鼠标的主要键变成右键；拖动【双击速度】选项组中的【速度】滑块，设置其双击速度；在【单击锁定】选项组中选中【启用单击锁定】复选框，用户可以不用一直按着鼠标就可以突出显示或拖曳。

③ 单击 设置(E)... 按钮，弹出【单击锁定的设置】对话框，拖动滑块设置单击锁定的时间。

④ 设置完毕单击 确定 按钮，返回【鼠标 属性】对话框，切换到【指针】选项卡。

⑤ 在【方案】下拉列表中列出了各种不同样式的鼠标方案，从中选择自己喜欢的样式，如选择【怀旧式（系统方案）】选项。

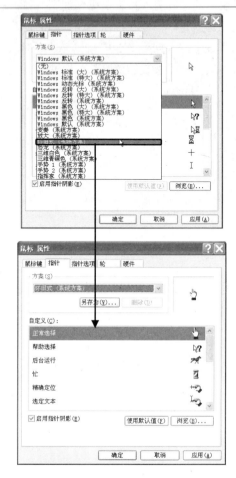

⑥ 在【自定义】列表框中选择一种状态，如选择【忙】选项，单击 浏览(B)... 按钮或双击该指针图标，弹出【浏览】对话框。其中列出了系统自带的所有指针形状，用户可以根据自己的喜好选择一种，如选择【drum】选项。选择完毕单击 打开(O) 按钮，返回【鼠标 属性】对话框，此时可以看到【后台运行】选项右侧的图标已经由"🖊"图形变成了"🥁"图形。

⑦ 切换到【指针选项】选项卡，在【移动】选项组中拖动【选择指针移动速度】滑块，设置指针的移动速度；在【可见性】选项组中进行相应的设置，如选中【在打字时隐藏指针】复选框。

⑧ 切换到【轮】选项卡，设置滚动滑轮一个齿格滚动的行数。

⑨ 依次单击　应用(A)　和　确定　按钮，完成鼠标的个性化设置。

1.3　打造个性化桌面

　　了解了电脑的基本知识之后，用户还可以根据自己的实际需要使系统环境更具个性，主要包括个性化桌面、设置屏幕保护程序、个性化【开始】菜单、个性化任务栏、安装和删除字体等。

1.3.1　个性化桌面

　　在 Windows XP 操作系统中，用户可以通过 3 种方法对桌面进行个性化设置，主要包括设置桌面背景、设置显示外观以及设置屏幕分辨率、颜色质量和屏幕刷新频率等。

1. 设置桌面背景

设置桌面背景的方法主要有两种，一种是使用 Windows XP 系统自带的桌面背景，另一种是将自己喜欢的图片设置为桌面背景。

使用系统自带的桌面背景

Windows XP 操作系统自带了很多桌面背景，用户可以根据自己的喜好进行选择，具体操作步骤如下。

① 在桌面空白处单击鼠标右键，从弹出的快捷菜单中选择【属性】菜单项。

② 弹出【显示 属性】对话框，切换到【桌面】选项卡，在【背景】列表框中选择自己喜欢的背景图片，如选择【Azul】选项，然后从【位置】下拉列表中选择背景图片的显示方式，如选择【拉伸】选项。

③ 设置完毕依次单击 应用(A) 和 确定 按钮即可。

小提示　在【位置】下拉列表中有 3 个选项，分别为平铺、拉伸和居中。图片平铺是以该图片为单元，一张一张拼接起来平铺在桌面上；图片居中是指在桌面上只显示一幅原始大小的图片，且位于桌面的正中间；图片拉伸是在桌面上只显示一幅图片，并将它拉伸成与桌面一样大小的尺寸。

▲ 图片平铺效果

▲ 图片居中效果

将自己喜欢的图片设置为桌面背景

此外，用户还可以将自己喜欢的图片设置为桌面背景，具体的操作步骤如下。

① 按照前面介绍的方法打开【显示 属性】对话框，切换到【桌面】选项卡，单击 浏览(B)... 按钮。

2 弹出【浏览】对话框，从中选择要设置为桌面背景的图片。

3 选择完毕单击 [打开(O)] 按钮，返回【显示 属性】对话框，从【位置】下拉列表中选择背景图片的显示方式，如选择【拉伸】选项。

4 设置完毕依次单击 [应用(A)] 和 [确定] 按钮即可。

小提示｜另外还有一种方法，也可将自己喜欢的图片设置为桌面背景，在要设置为桌面背景的图片上单击鼠标右键，从弹出的快捷菜单中选择【设为桌面背景】菜单项。

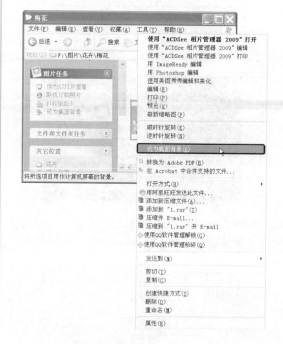

2. 设置屏幕保护程序

设置屏幕保护程序不仅能够防止别人在自己离开时窥视自己电脑中的内容，而且还能延长显示器的使用寿命。

使用系统自带的屏幕保护程序

系统自带了很多屏幕保护程序，用户可以根据自己的需要进行选择。具体操作步骤如下。

① 按照前面介绍的方法打开【显示 属性】对话框，切换到【屏幕保护程序】选项卡。从【屏幕保护程序】下拉列表中选择一种自己喜欢的屏幕保护程序图案，如选择【三维花盒】选项。

② 单击 预览(V) 按钮即可预览到屏幕保护程序的设置效果。

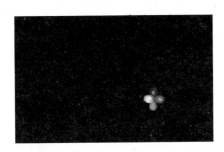

③ 轻移鼠标返回【显示 属性】对话框，在【等待】微调框中设置等待时间。

④ 依次单击 应用(A) 和 确定 按钮即可完成设置。

将自己喜欢的图片设置为屏幕保护程序

除了选择系统自带的屏幕保护程序之外，用户还可以将自己喜欢的图片设置为屏幕保护程序。具体操作步骤如下。

① 按照前面介绍的方法打开【显示 属性】对话框，切换到【屏幕保护程序】选项卡。从【屏幕保护程序】下拉列表中选择【图片收藏幻灯片】选项。

② 选择完毕单击 设置(T) 按钮，弹出【图片收藏屏幕保护程序选项】对话框，单击 浏览(B) 按钮。

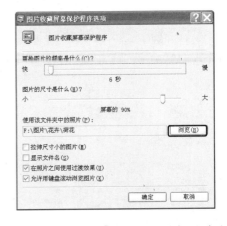

③ 弹出【浏览文件夹】对话框，选择要作为屏幕保护程序的图片文件夹，单击 确定 按钮。

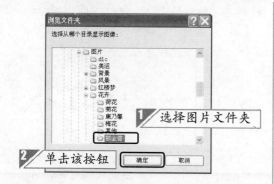

选择图片文件夹

单击该按钮

④ 返回【图片收藏屏幕保护程序选项】对话框，
单击 确定 按钮。

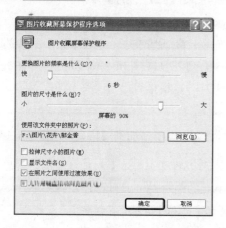

⑤ 返回【显示 属性】对话框，此时在上方的预
览框中可以预览设置屏幕保护程序的效果。

⑥ 依次单击 应用(A) 和 确定 按钮，将自
己喜欢的图片设置为屏幕保护程序。

3. 设置显示外观

设置显示外观的具体操作步骤如下。

① 按照前面介绍的方法打开【显示 属性】对话
框，切换到【外观】选项卡。在【窗口和按钮】
下拉列表中选择一种样式，如选择【Windows
XP 样式】选项，从【色彩方案】下拉列表中
选择一种色彩方案，如选择【橄榄绿】选项；
从【字体大小】下拉列表中选择字体的大小，
如选择【正常】选项。

选择该选项

选择该选项

选择该选项

② 单击 效果(E)... 按钮，弹出【效果】对话框，
用户可以在其中进行多种效果设置。例如，从
【为菜单和工具提示使用下列过渡效果】下拉
列表中选择【淡入淡出效果】选项，并选中【使
用大图标】复选框。

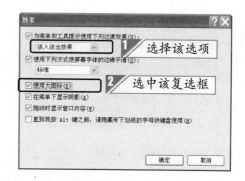

选择该选项

选中该复选框

③ 设置完毕单击 确定 按钮，返回【显示 属
性】对话框，依次单击 应用(A) 和
确定 按钮即可。

4. 设置屏幕分辨率、颜色质量和屏幕刷新频率

设置屏幕分辨率、颜色质量和屏幕刷新频率的具体操作步骤如下。

1️⃣ 按照前面介绍的方法打开【显示 属性】对话框，切换到【设置】选项卡。拖动【屏幕分辨率】滑块设置屏幕分辨率，然后从【颜色质量】下拉列表中选择一种颜色质量选项。

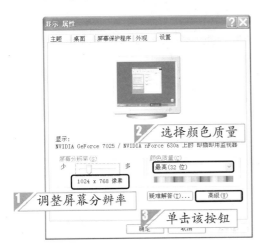

2️⃣ 单击 高级(V) 按钮，弹出【即插即用监视器 和 NVIDIA GeForce 7025/ NVIDIA nF…】对话框（此处的 NVIDIA GeForce 7025/ NVIDIA nF…是显卡的型号，会随电脑设置不同而不同），切换到【监视器】选项卡，从【屏幕刷新频率】下拉列表中选择一种合适的刷新频率。

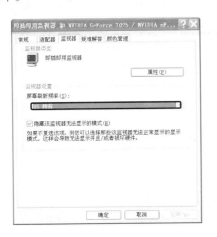

3️⃣ 依次单击 应用(A) 和 确定 按钮，返回【显示 属性】对话框，依次单击 应用(A) 和 确定 按钮即可完成设置。

1.3.2 个性化【开始】菜单

除了个性化桌面之外，用户还可以对【开始】菜单进行个性化设置，以便使其更符合自己的使用习惯。

1. 自定义【固定程序】列表

【固定程序】列表是指位于【开始】菜单左上方的列表，默认情况下，在【开始】菜单的【固定程序】列表中只有 Internet 和电子邮件两个选项。用户可以根据自己的需要添加或删除其中的应用程序。

将应用程序添加到【固定程序】列表中

这里以将【记事本】添加到【固定程序】列表中为例进行介绍。具体操作步骤如下。

1️⃣ 选择【开始】➢【所有程序】➢【附件】➢【记事本】菜单项，然后单击鼠标右键，从弹出的快捷菜单中选择【附到「开始」菜单】菜单项。

2️⃣ 单击 开始 按钮，在弹出的【开始】菜单中

可以看到【记事本】程序已被添加到【固定程序】列表中了。

将应用程序从【固定程序】列表中删除

当用户不再使用某个应用程序时，则可以将其从【固定程序】列表中删除。这里以删除刚刚添加的【记事本】程序为例进行介绍。具体操作步骤如下。

① 单击 开始 按钮，弹出【开始】菜单，在【固定程序】列表中的【记事本】选项上单击鼠标右键，从弹出的快捷菜单中选择【从「开始」菜单脱离】菜单项。

② 单击 开始 按钮，弹出【开始】菜单，可以看到【记事本】程序已经不在【固定程序】列表中了。

2. 更改【常用程序】列表中的程序数目

【常用程序】列表位于【固定程序】列表的下方。在【常用程序】列表中列出的是用户最经常使用的程序。默认情况下，在该【常用程序】列表中会列出 6 个最经常使用的程序，用户可以根据自己的实际需要更改该列表中显示的程序的数目。更改【常用程序】列表中程序数目的具体操作步骤如下。

① 在 开始 按钮上单击鼠标右键，然后从弹出的快捷菜单中选择【属性】菜单项。

② 弹出【任务栏和「开始」菜单属性】对话框，切换到【「开始」菜单】选项卡，单击 自定义(C)... 按钮。

③ 弹出【自定义「开始」菜单】对话框，在【「开始」菜单上的程序数目】微调框中设置【开始】菜单上的程序数目。

④ 设置完毕后单击　确定　按钮，返回【任务栏和「开始」菜单属性】对话框，依次单击　应用(A)　和　确定　按钮即可。再次单击　开始　按钮，可以看到【常用程序】列表中的程序数目已经改变了。

3. 更改【开始】菜单风格

默认情况下，Windows XP 系统中的【开始】菜单是新版本的风格，如果用户喜欢使用老版本的【开始】菜单风格，则可以进行更改。具体的操作步骤如下。

① 按照前面介绍的方法打开【任务栏和「开始」菜单属性】对话框，切换到【「开始」菜单】选项卡，选中【经典「开始」菜单】单选钮。

② 依次单击　应用(A)　和　确定　按钮，完成更改操作。单击　开始　按钮，可以看到【开

始】菜单的风格已经更改。

1.3.3 个性化任务栏

位于桌面最下方的条形区域是任务栏,用户可以对其进行个性化设置,主要包括调整任务栏的大小和位置,以及自定义任务栏外观。

1. 调整任务栏大小和位置

调整任务栏大小和位置的具体操作步骤如下。

① 在任务栏空白处单击鼠标右键,从弹出的快捷菜单中选择【锁定任务栏】菜单项。

② 当任务栏处于非锁定状态时,将鼠标指针移动到任务栏的边框处,当指针变成↕形状时,按住鼠标左键不放,同时向上拖曳鼠标,拖至合适的大小时释放鼠标左键即可。

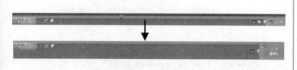

③ 当任务栏处于非锁定状态时,将鼠标指针移动到任务栏上,按住鼠标左键的同时,将任务栏拖曳至合适的位置,然后释放鼠标左键即可。

2. 自定义任务栏外观

自定义任务栏外观的具体操作步骤如下。

① 在任务栏空白处单击鼠标右键,从弹出的快捷菜单中选择【属性】菜单项。

② 弹出【任务栏和「开始」菜单属性】对话框,切换到【任务栏】选项卡。

③ 选中【锁定任务栏】复选框，可以将任务栏锁定，但要注意的是，任务栏锁定后将不能被随意移动或改变大小。

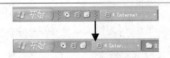

④ 选中【自动隐藏任务栏】复选框，可以将任务栏自动隐藏起来。

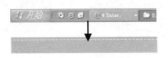

⑤ 选中【分组相似任务栏按钮】复选框，此时如果同时运行的程序过多，Windows XP 会自动将同一类型的程序按钮折叠成一个按钮。

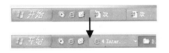

⑥ 选中【显示快速启动】复选框，则可以显示快速启动栏。

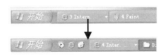

⑦ 依次单击　应用(A)　和　确定　按钮即可完成设置。

1.3.4　安装和删除字体

虽然系统自带了大量的字体，但有时候还是不能满足用户的需要。在编辑文档的过程中，有时需要用到系统中没有的字体，此时需要将该字体安装到电脑中。而当电脑中某些字体不再使用时，也可以将其删除。

1. 安装字体

安装字体主要分两种情况，分别是安装硬盘中的字体和安装网络驱动器中的字体。

● **安装电脑硬盘中的字体**

这里以安装字体"方正中等线简体"为例进行介绍。具体操作步骤如下。

① 选择【开始】➤【控制面板】菜单项，弹出【控制面板】窗口，切换到【经典视图】界面，双击【字体】图标。

② 弹出【字体】窗口，选择【文件】➤【安装新字体】菜单项。

③ 弹出【添加字体】对话框，从【驱动器】下拉列表中选择字体所在的磁盘驱动器，从【文件夹】列表框中选择字体所在的文件夹，然后从【字体列表】列表框中选择要添加到系统字体库中的新字体"方正中等线简体"。

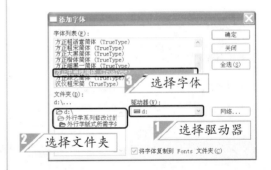

④ 选择完毕单击 [确定] 按钮，将该字体安装
到系统中。单击 [关闭] 按钮，返回【字体】
窗口。此时，在该窗口中可以看到刚刚添加的
字体"方正中等线简体"。

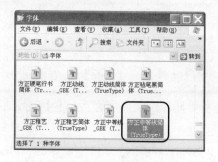

安装网络驱动器中的字体

这里以安装字体"方正新报宋简体"为例进
行介绍。具体操作步骤如下。

① 按照前面介绍的方法打开【添加字体】对话框，
单击 [网络...] 按钮。

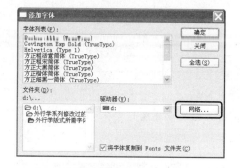

② 弹出【映射网络驱动器】对话框，单击【文件
夹】文本框右侧的 [浏览(B)...] 按钮。

③ 弹出【浏览文件夹】对话框，从中选择共享的
网络文件夹。

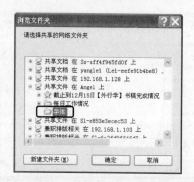

④ 选择完毕单击 [确定] 按钮，返回到【映射
网络驱动器】对话框，此时可以看到选择的文
件夹路径已自动添加到了文本框中。

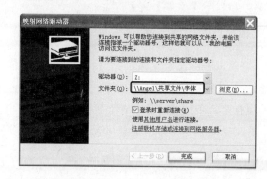

⑤ 单击 [完成] 按钮，返回到【添加字体】对
话框。在【驱动器】下拉列表中选择字体所在
的磁盘驱动器，在【文件夹】列表框中选择字
体所在的文件夹，然后从【字体列表】列表框
中选择要添加到系统字体库中的新字体"方正
新报宋简体"。

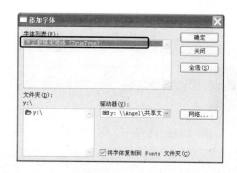

⑥ 选择完毕单击 [确定] 按钮，将该字体安装
到系统中。单击 [关闭] 按钮，返回【字体】
窗口。此时，在该窗口中可以看到刚刚添加的
字体"方正新报宋简体"。

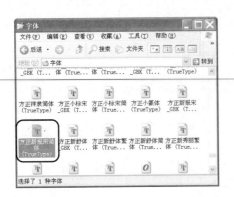

2. 删除字体

删除字体的方法有两种，分别是利用右键快捷菜单和利用【文件】➤【删除】菜单项。

● 利用右键快捷菜单

这里以删除刚刚安装的"方正新报宋简体"为例进行介绍。具体操作步骤如下。

① 按照前面介绍的方法打开【字体】窗口，选中要删除的字体"方正新报宋简体"，然后单击鼠标右键，从弹出的快捷菜单中选择【删除】菜单项。

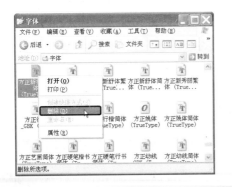

② 弹出【Windows 字体文件夹】对话框，询问用户是否确实要删除该字体，单击  按钮即可将其删除。

● 利用【文件】➤【删除】菜单项

这里以删除刚刚安装的"方正中等线简体"为例进行介绍。具体操作步骤如下。

① 选中要删除的字体，选择【文件】➤【删除】菜单项。

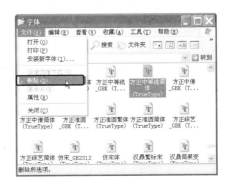

② 弹出【Windows 字体文件夹】对话框，询问用户是否确实要删除该字体，单击  按钮即可将其删除。

1.4　家庭电脑加密

在使用电脑的过程中，保护隐私和安全是一个很重要的问题，其常用的方法主要有多用户管理、设置开机密码、设置屏幕保护程序密码和锁定电脑。

1.4.1　多用户管理

作为一个多用户、多任务的系统，WindowsXP 系统允许用户使用不同的账户进行登录。

1. 创建新账户

要想使用另一个账户登录系统，首先需要创建一个新账户，例如要创建一个名为"女儿"的计算机管理员账户。具体操作步骤如下。

① 选择【开始】▶【控制面板】菜单项，弹出【控制面板】窗口，切换到【经典视图】界面，双击【用户账户】图标。

② 弹出【用户账户】窗口，单击【创建一个新账户】链接。

③ 进入【为新账户起名】界面，在【为新账户键入一个名称】文本框中输入要创建的账户名称，这里输入"女儿"。

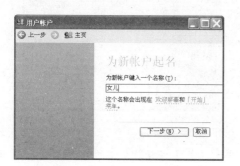

④ 输入完毕后单击 下一步(N) > 按钮，进入

【挑选一个账户类型】界面，从中选择要创建的账户类型，这里选中【计算机管理员】单选钮。

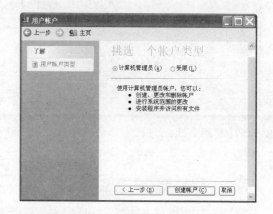

⑤ 选择完毕单击 创建帐户(C) 按钮创建一个名为"女儿"的计算机管理员类型的用户账户。

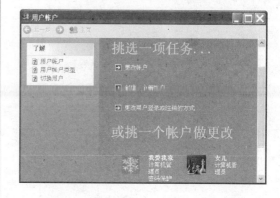

2. 设置账户

为了使账户具有个人特色，用户可以对其进行个性化设置，主要包括更改账户名称、设置账户图片、更改账户类型和设置账户密码等。

● 更改账户名称

将刚刚创建的用户账户"女儿"更改为"王宁"。具体操作步骤如下。

① 按照前面介绍的方法打开【用户账户】窗口，单击【女儿】图标。

2 进入【您想更改 女儿 的账户的什么？】界面，单击【更改名称】链接。

3 进入【为 女儿 的账户提供一个新名称】界面，在【为 女儿 键入一个新名称】文本框中输入新名称"王宁"。

4 输入完毕后单击 [改变名称(C)] 按钮即可。

设置账户图片

用户不仅可以使用系统自带的账户图片，还可以将自己喜欢的图片设置为账户图片。具体的操作步骤如下。

1 按照前面介绍的方法打开【用户账户】窗口，进入【您想更改 王宁 的账户的什么？】界面，单击【更改图片】链接。

2 进入【为 王宁 的账户挑选一个新图像】界面，在列表框中选择自己喜欢的图片。

3 选择完毕单击 [更改图片(C)] 按钮即可。

4 此外，用户还可以将自己喜欢的图片设置为账户图片，按照前面介绍的方法进入【为 王宁 的账户挑选一个新图像】界面，单击【浏览图片】链接。

⑤ 弹出【打开】对话框，选择一张喜欢的图片。

⑥ 选择完毕单击 打开(O) 按钮即可。

更改账户类型

不同类型的账户拥有的权限是不同的，用户可以根据自己的实际需要更改账户的类型。例如将账户"王宁"更改为受限类型，具体操作步骤如下。

① 按照前面介绍的方法打开【您想更改 王宁 的账户的什么？】界面，单击【更改账户类型】链接。

② 进入【为 王宁 挑选一个新的账户类型】界面，选中【受限】单选钮。

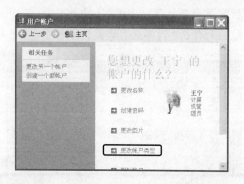

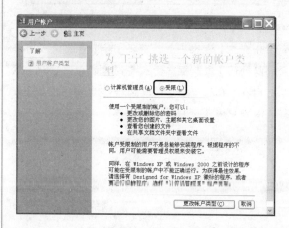

③ 设置完毕后单击 更改帐户类型(C) 按钮即可。

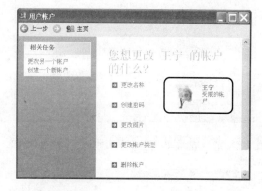

设置账户密码

为了能够更好地保护账户的安全，用户可以为账户创建密码，也可以经常更改密码，当用户不再需要密码时，还可以将其删除。

这里以为账户"王宁"设置密码为例进行介绍。具体操作步骤如下。

① 按照前面介绍的方法进入【您想更改 王宁 的账户的什么？】界面，单击【创建密码】链接。

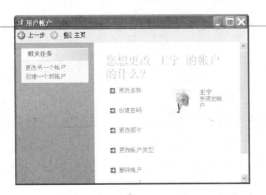

② 进入【为 王宁 的账户创建一个密码】界面，分别在【输入一个新密码】和【再次输入密码以确认】文本框中输入要创建的账户密码，然后在【输入一个单词或短语作为密码提示】文本框中输入密码的提示信息。

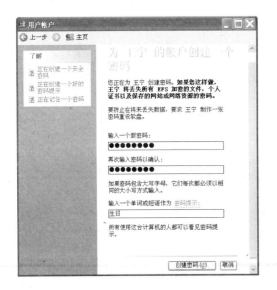

③ 输入完毕直接单击 创建密码(C) 按钮即可。

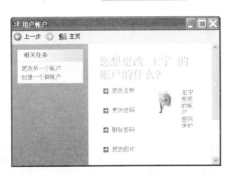

④ 用户也可以更改账户密码。按照前面介绍的方法进入【您想更改 王宁 的账户的什么？】界面，单击【更改密码】链接。

⑤ 进入【更改 王宁 的密码】界面。分别在【输入一个新密码】和【再次输入密码以确认】文本框中输入账户的新密码，然后在【输入一个单词或短语作为密码提示】文本框中输入密码的提示信息。

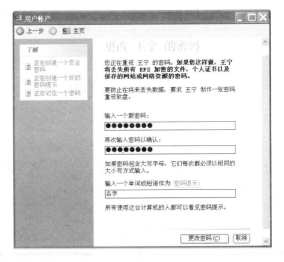

⑥ 输入完毕直接单击 更改密码(C) 按钮即可。

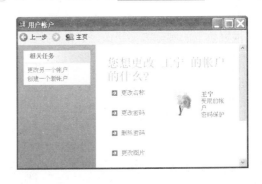

⑦ 当不再需要使用密码时，则可以将其删除。按
照前面介绍的方法进入【您想更改 王宁 的账
户的什么？】界面，单击【删除密码】链接。

⑧ 进入【您确实要删除 王宁 的密码吗？】界面，
单击 删除密码(R) 按钮。

⑨ 返回【您想更改 王宁 的账户的什么？】界面，
此时可以看到该账户的密码已经被删除了。

3. 快速切换用户

作为一个多用户、多任务的操作系统，
Windows XP 系统允许多个用户共同使用一台电

脑，并使每个用户拥有自己的设置和工作环境。
当用户想从当前用户切换到其他用户环境中时，
则可以通过切换用户的方法来实现。具体操作步
骤如下。

① 单击 开始 按钮，从弹出的开始菜单中单击
【注销】按钮。

② 弹出【注销 Windows】对话框。

③ 单击【切换用户】按钮，此时系统会自动
进入快速用户切换界面。如果没有密码，则直
接单击要切换的账户；如果有密码，则需要输
入账户密码进行登录。

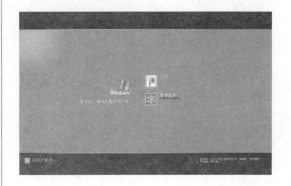

4. 删除账户

当用户不再使用某个账户时，可以将其删除。

这里以删除账户"王宁"为例进行介绍。具体操作步骤如下。

① 按照前面介绍的方法进入【您想更改 王宁 的账户的什么？】界面，单击【删除账户】链接。

② 进入【您想保留 王宁 的文件吗？】界面，单击 删除文件(N) 按钮。

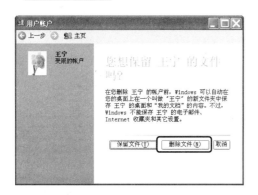

③ 进入【您确实要删除 王宁 的账户吗？】界面，单击 删除帐户(Y) 按钮。

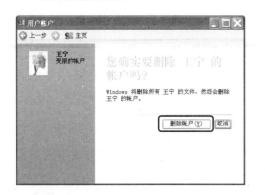

④ 返回【挑选一项任务…】界面，此时可以看到

该账户已经被删除了。

1.4.2　设置启动密码

设置了启动密码之后，Windows XP 启动时会要求用户输入启动密码。当不需要使用启动密码时，则可以将其删除。

1. 创建启动密码

创建启动密码的具体操作步骤如下。

① 选择【开始】➤【运行】菜单项，弹出【运行】对话框，在【打开】文本框中输入"syskey.exe"。

② 输入完毕单击 确定 按钮，弹出【保证 Windows XP 账户数据库的安全】对话框。

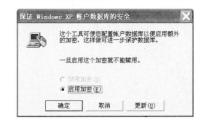

③ 单击 更新(U) 按钮，弹出【启动密码】对话框。选中【密码启动】单选钮，分别在【密码】和【确认】文本框中输入启动密码，例如输入

"123456"。

④ 输入完毕单击 确定 按钮，弹出【成功】对话框，单击 确定 按钮即可。

再次启动电脑时，会弹出【Windows XP 启动密码】对话框，根据系统的提示输入刚刚设置的启动密码，单击 确定 按钮即可。

2.　删除启动密码

删除启动密码的具体操作步骤如下。

① 按照前面介绍的方法打开【保证 Windows XP 账户数据库的安全】对话框，单击 更新(U) 按钮。

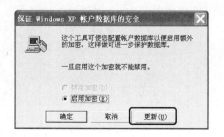

② 弹出【启动密码】对话框，选中【系统产生的密码】单选钮。

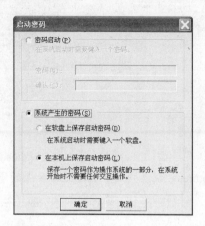

③ 单击 确定 按钮，弹出【Windows XP 启动密码】对话框，在【密码】文本框中输入刚刚设置的启动密码。

④ 输入完毕单击 确定 按钮，弹出【成功】对话框，单击 确定 按钮即可。

1.4.3　设置开机密码

除了启动密码之外，用户还可以设置开机密码。不同的主板设置开机密码的方法会有所区别，这里以技嘉 MCP55AM2 主板为例进行介绍。设置开机密码的具体操作步骤如下。

① 重新启动电脑，在出现第一个画面后按【Delete】键，进入 BIOS 设置界面。通过按键盘上的【↑】、【↓】键移动光标，选择【Advanced BIOS Features】选项。

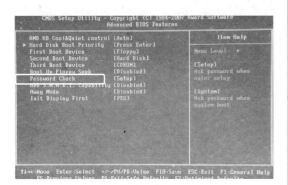

2 选择完毕按【Enter】键，进入【Advanced BIOS Features】设置界面。通过按键盘上的【↑】、【↓】键移动光标，选择【Password Check】选项。

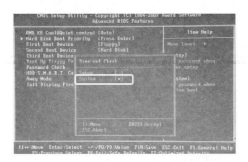

3 选择完毕按【Enter】键，进入【Password Check】界面，根据需要按键盘上的【↑】、【↓】键移动光标，设置电脑使用密码的情况，如选择【System】选项。

4 设置完毕按下【Enter】键确认，再按【Esc】键返回到 BIOS 设置界面，选择【Set Supervisor Password】选项，然后按【Enter】键，弹出一个密码录入框，输入密码，此时输入的字符会以"*"代替。

5 输入完毕按【Enter】键，再次输入刚刚设置的密码，然后再按下【Enter】键，密码录入框随即消失，返回 BIOS 设置界面。按【F10】键，屏幕上会出现"SAVE to CMOS and EXIT（Y/N）？"的提示，按【Y】键保存设置即可。

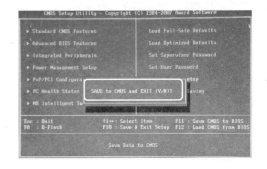

1.4.4　设置屏幕保护程序密码

设置屏幕保护程序密码也能起到保护电脑安全的作用。设置屏幕保护程序密码的前提是用户已经设置了登录密码，因为启动屏幕保护程序的密码和系统用户的登录密码是同一个密码。

设置屏幕保护程序的具体操作步骤如下。

1 按照前面介绍的方法打开【显示 属性】对话框，切换到【屏幕保护程序】选项卡，从【屏幕保护程序】下拉列表中选择一种屏幕保护程序，然后选中【在恢复时使用密码保护】复选框。

② 依次单击 应用(A) 和 确定 按钮即可
完成设置。当用户从屏幕保护程序返回操作界
面时，系统会提示用户输入登录密码。

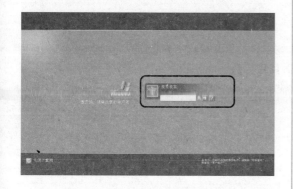

1.4.5　锁定电脑

除了设置屏幕保护程序之外，在暂时离开电
脑的时候还可以使用锁定电脑的方法保护电脑中
的个人隐私。锁定电脑的方法有两种，分别是利
用组合键和利用桌面快捷方式。

● **利用组合键**

按【WinKey】（即键盘上带有 ⊞图案的键）
+【L】组合键，系统即可进入锁定状态。

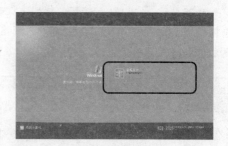

● **利用桌面快捷方式图标**

用户还可以利用桌面上的快捷方式图标锁定
电脑。不过需要在桌面上创建锁定电脑的快捷方
式图标。

具体操作步骤如下。

① 在桌面空白处单击鼠标右键，从弹出的快捷菜
单中选择【新建】➤【快捷方式】菜单项。

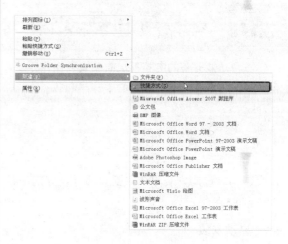

② 弹出【创建快捷方式】对话框，在【请键入项
目的位置】文本框中输入"rundll32.exe
user32.dll, LockWorkStation"。

③ 输入完毕单击 下一步(N) ＞ 按钮，弹出【选择程序标题】对话框，在【键入该快捷方式的名称】文本框中输入"锁定电脑"。

⑤ 双击该快捷方式图标， 即可将电脑锁定。

④ 输入完毕单击 完成 按钮即可。此时在桌面上可看到所创建的名为"锁定电脑"的快捷方式图标。

1.5 安装与卸载软件

　　一台功能完备的电脑不仅需要安装操作系统，而且还要为完成某些特定的任务安装相应的应用软件。本节就来介绍应用软件的安装与卸载。

1.5.1 安装软件

　　应用软件的安装方法主要有两种，分别是自动安装和手动安装。

● **自动安装**

　　自动安装一般是指软件存储在光盘上，将光盘插入光驱后，应用软件就会自动运行安装，例如主板驱动程序、Adobe Photoshop CS4 中文版以及 Microsoft Office 2003 等。

　　这里以安装 Microsoft Office 2003 为例，介绍自动安装应用软件的方法。具体操作步骤如下。

① 将 Windows Office 2003 的安装光盘插入光驱中，光盘运行后会弹出 Microsoft Office 2003 的欢迎界面。

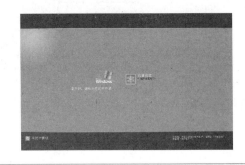

② 单击【Office 2003】选项，弹出【Microsoft Office 2003】对话框。

③ 稍等片刻，安装程序会自动进入【欢迎使用 Microsoft Office 2003 安装程序】界面。

④ 向导运行后会进入【产品密钥】界面，在【产品密钥】文本框中输入产品密钥。

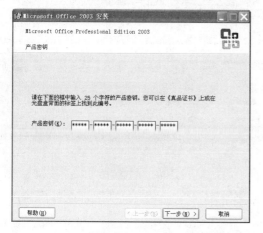

⑤ 单击 下一步(N) > 按钮，进入【用户信息】界面，分别在【用户名】、【缩写】以及【单位】文本框中输入信息。

⑥ 单击 下一步(N) > 按钮，进入【最终用户许可协议】界面，选中【我接受《许可协议》中的条款】复选框。

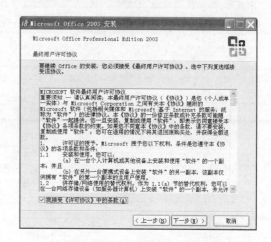

⑦ 单击 下一步(N) > 按钮，进入【安装类型】界面，选中【典型安装】单选钮。

⑧ 如果用户不想安装在系统默认的路径，则可以单击 浏览(R)... 按钮，弹出【选择目标文件夹】对话框，另外选择一个安装路径。

⑨ 设置完毕单击 确定 按钮,返回【安装类型】界面,单击 下一步(N) > 按钮,进入【摘要】界面。

⑩ 单击 安装(I) 按钮即可开始安装 Office 2003。

⑪ 安装完毕会进入【安装已完成】界面,单击 完成(F) 按钮即可完成整个程序的安装。

● 手动安装

需要手动安装的应用软件一般存储在电脑的

硬盘中,用户只要找到其安装程序后双击即可开始安装。这里以安装谷歌金山词霸合作版 2.0 为例进行介绍。具体操作步骤如下。

① 双击谷歌金山词霸合作版2.0的安装程序图标 ,弹出【谷歌金山词霸合作版2.0 安装】对话框。

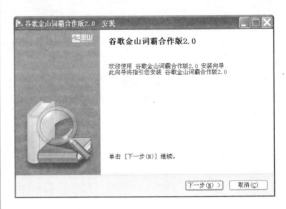

② 单击 下一步(N) > 按钮,进入【许可证协议】界面。

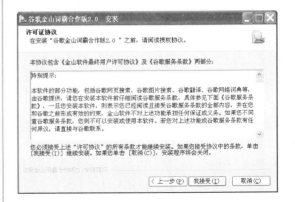

③ 单击 我接受(I) 按钮,进入【选择安装位置】界面。

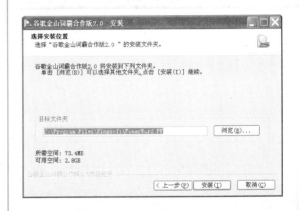

④ 单击 浏览(B)... 按钮，弹出【浏览文件夹】
对话框，在列表框中设置该软件的安装位置。

⑤ 设置完毕单击 确定 按钮，返回【选择安
装位置】界面，可以看到安装路径已经改变。

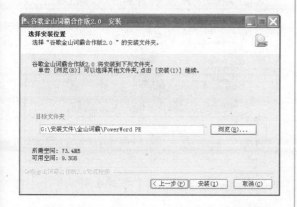

⑥ 单击 安装(I) 按钮，开始安装谷歌金山词霸
合作版2.0。

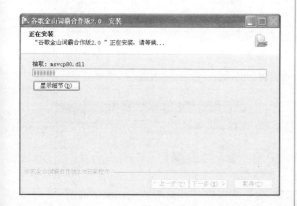

⑦ 稍等片刻，完成安装后会进入【安装完成】界
面。

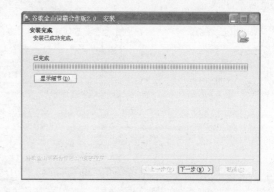

⑧ 单击 下一步(N) > 按钮，进入【聪明的 Google
谷歌拼音输入法帮助您更好地输入中文】界
面，选中【不安装谷歌拼音输入法】单选钮。

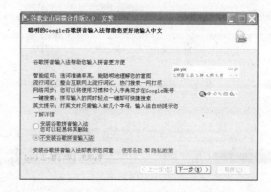

⑨ 选择完毕直接单击 下一步(N) > 按钮即可。

1.5.2 卸载软件

如果在电脑中安装了过多的应用软件，不仅
会占用大量的磁盘空间，还会影响电脑的运行速
度。此时，用户可将一些不经常使用或者不需要
的应用软件卸载。卸载软件的方法主要有两种，
分别是通过应用软件的卸载程序和通过【添加或
删除程序】窗口。

通过应用软件的卸载程序

例如卸载刚刚安装的谷歌金山词霸合作版
2.0。具体操作步骤如下。

① 单击 开始 按钮，在弹出的【开始】菜单中
选择【所有程序】➤【谷歌金山词霸合作版2.0】
➤【卸载谷歌金山词霸合作版2.0】菜单项。

② 弹出【谷歌金山词霸合作版 2.0 解除安装】对话框。

③ 单击 是(Y) 按钮，开始卸载谷歌金山词霸合作版 2.0。

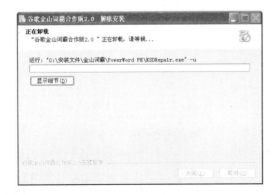

④ 稍等片刻卸载完成后会弹出一个提示软件已卸载的对话框，单击 确定 按钮即可。

通过【添加或删除程序】窗口

如果应用软件没有自带卸载程序，则用户可以通过【添加或删除程序】窗口将其卸载。这里以卸载 Office 2003 为例进行介绍。具体的操作步骤如下。

① 选择【开始】>【控制面板】菜单项，弹出【控制面板】窗口，切换到【经典视图】界面。

② 双击【添加或删除程序】图标，弹出【添加或删除程序】窗口，选择要删除的程序选项。

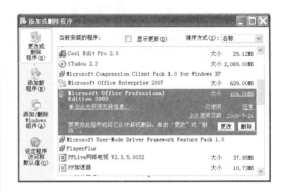

③ 单击 删除 按钮，弹出【添加或删除程序】对话框。

④ 单击 是(Y) 按钮，弹出【Microsoft Office Professional Edition 2003】对话框。

⑤ 稍等片刻即可开始卸载 Office 2003。

第2章 使用文件和文件夹

除了应用程序运行时产生的临时数据以外，电脑中所有的数据都是以文件的形式存在的，而文件夹是存放文件的容器，因此用户在使用电脑的过程中经常用到管理文件和文件夹的操作。

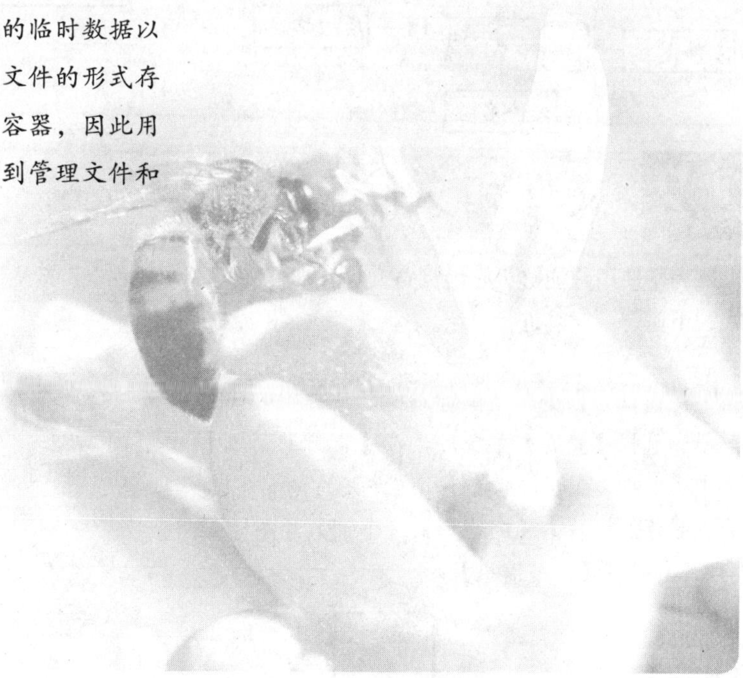

关于本章知识，本书配套教学光盘中有相关的多媒体教学视频，请读者参看光盘【文件和文件夹】。

- 认识文件和文件夹
- 文件和文件夹的显示方式
- 文件和文件夹的基本操作
- 文件和文件夹的保护

光盘链接

2.1 认识文件和文件夹

电脑中的数据大都是以文件的形式保存在硬盘中的，要想将这些文件管理得井井有条，则需要文件夹的辅助。

1. 认识文件

文件是数据和各种信息的载体，主要由文件图标和文件名两部分组成，而文件名又由文件名称和后缀名称两部分组成。

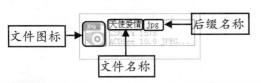

2. 认识文件夹

文件夹可用来保存和管理文件，它由文件夹图标和文件夹名称两部分组成。

2.2 文件和文件夹的显示方式

为了使用户能够更好地浏览文件和文件夹，Windows XP 系统提供了多种文件和文件夹的显示方式。下面一一对其进行介绍。

在窗口空白处单击鼠标右键，从弹出的快捷菜单中选择【查看】菜单项，在【查看】菜单中列出了 5 种（或 6 种）文件和文件夹的显示方式，分别是【幻灯片】、【缩略图】、【平铺】、【图标】、【列表】以及【详细信息】。

▲ 5 种显示方式

▲ 6 种显示方式

● 【幻灯片】显示方式

使用【幻灯片】显示方式的前提是文件夹中包含图片。当以这种方式显示文件和文件夹时，文件或者文件夹将以单行缩略图的形式显示。

● 【缩略图】显示方式

用户如果想快速地查找图片文件，则可以使用【缩略图】方式显示文件和文件夹。当以这种方式显示时，文件和文件夹的图标将位于其名称的上方，文件夹中包含的部分图片则会显示在文件夹图标上。

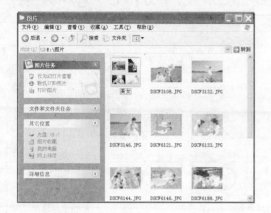

● **【平铺】显示方式**

当以【平铺】方式显示文件和文件夹时，文件和文件夹会以图标的形式显示，文件和文件夹的相关信息会显示在其图标的右侧。

● **【图标】显示方式**

当以【图标】方式显示文件和文件夹时，文件和文件夹名称会显示在其图标的下方，但是不显示文件或文件夹的大小等信息。

● **【列表】显示方式**

当以【列表】方式显示文件和文件夹时，文件和文件夹的图标在前面，其名称在后面，从而组成文件和文件夹列表。此时文件和文件夹的图标较小，且无法移动。

● **【详细信息】显示方式**

当用户需要查看文件和文件夹更详尽的信息时，则可以采用【详细信息】方式进行查看。此时系统会列出文件和文件夹中的所有内容，并且显示出有关文件的详细信息。

2.3 文件和文件夹的基本操作

为了能够更有效地管理电脑中的文件和文件夹，用户需要掌握文件和文件夹的基本操作。下面对这些基本操作进行详细介绍。

2.3.1 新建文件和文件夹

新建文件和文件夹是用户在管理文件和文件夹的过程中经常使用的操作。如果要在电脑中保留文件信息就需要创建文件；如果需要对杂乱的各种文件进行管理就必须创建文件夹。

1. 新建文件

新建文件的方法很简单，主要有两种。

例如，要在 E 盘的【美女】文件夹中创建一个记事本文档，可以通过以下两种方法来实现此操作。

⬤ **利用【文件】菜单**

打开 E 盘的【美女】文件夹窗口，选择【文件】➤【新建】➤【文本文档】菜单项。

此时系统会自动创建一个名为"新建 文本文档.txt"的文本文档。

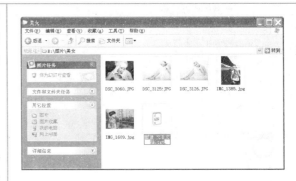

⬤ **利用右键快捷菜单**

打开对应的文件夹窗口，在空白处单击鼠标右键，从弹出的快捷菜单中选择【新建】➤【文本文档】菜单项即可新建一个文本文档。

2. 新建文件夹

文件夹是存储文件的容器，当用户需要存储文件的时候就需要创建一个新的文件夹。

创建新文件夹的方法主要有以下 3 种。

⬤ **利用【文件】菜单**

利用【文件】菜单项来创建新文件夹的方法很简单。选择【文件】➤【新建】➤【文件夹】菜单项。

此时在窗口空白处就会添加一个名为"新建文件夹"的文件夹。

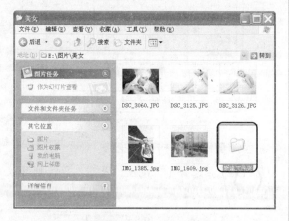

● **利用右键快捷菜单**

用户还可以通过右键快捷菜单创建一个新文件夹。

在窗口空白处单击鼠标右键，从弹出的快捷菜单中选择【新建】➤【文件夹】菜单项。

此时在窗口空白处就会添加一个名称为"新建文件夹 (2)"的文件夹。

● **利用【文件和文件夹任务】任务窗格**

单击【文件和文件夹任务】选项右侧的下箭头按钮 ⊗，然后将鼠标指针移至【创建一个新文件夹】链接上。

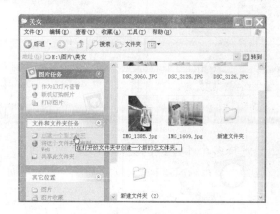

单击【创建一个新文件夹】链接即可创建一个名为"新建文件夹 (3)"的文件夹。

2.3.2 选择文件和文件夹

选择文件和文件夹是在对文件和文件夹的操作过程中经常遇到的，这是由于在对文件和文件夹进行各种操作之前首先需要将其选中。

1. 选择单个文件或文件夹

选择单个文件或文件夹的方法很简单，直接单击即可将其选中，且被选中的文件或文件夹会反白显示。

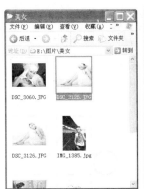

2. 选择多个不连续的文件和文件夹

用户如果想要选择多个不连续的文件和文件夹，则需要借助【Ctrl】键。选中第一个要选择的文件或文件夹，按住【Ctrl】键，然后用鼠标依次单击其他需要选择的文件或文件夹即可。

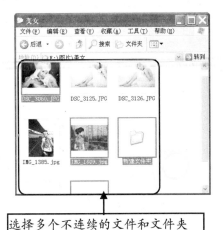

选择多个不连续的文件和文件夹

3. 选择多个连续的文件和文件夹

用户如果想要选择多个连续的文件和文件夹，则需要借助【Shift】键。选中第一个要选择的文件或文件夹，按住【Shift】键单击最后一个需要选择的文件或文件夹即可。

选择多个连续的文件或文件夹

4. 选择全部文件和文件夹

如果想要选择全部的文件和文件夹，则可以直接选择【编辑】➤【全部选定】菜单项。

选择全部文件和文件夹

小提示 按【Ctrl】+【A】组合键也可以选中窗口中所有的文件和文件夹。

2.3.3　重命名文件和文件夹

为了便于对文件和文件夹进行管理，用户需要为文件和文件夹起一个见文知意的名字，这时就需要用到文件和文件夹的重命名操作。

1. 重命名文件

例如，将文件"新建文本文档.txt"重命名为"个人档案.txt"。具体的操作步骤如下。

① 选中要重命名的文件"新建文本文档.txt"，选择【文件】➢【重命名】菜单项。

② 此时文件"新建文本文档.txt"的名称处于可编辑状态，在名称框中输入新名称"个人档案.txt"。

③ 输入完毕后在窗口空白处单击鼠标或按【Enter】键即可。

2. 重命名文件夹

重命名文件夹的方法与重命名文件类似，例如要将刚刚新建的文件夹"新建文件夹"重命名为"相册"。具体操作步骤如下。

① 选中要重命名的文件夹，单击左侧【文件和文件夹任务】任务窗格中的【重命名这个文件夹】链接。

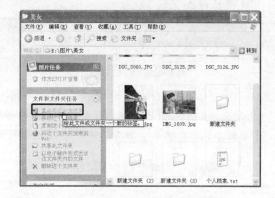

② 此时文件夹名称处于可编辑状态，在名称框中输入文件夹的新名称"相片"。

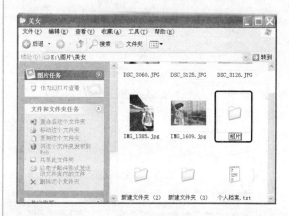

③ 输入完毕后在窗口空白处单击或按下【Enter】键即可。

2.3.4 复制与移动文件和文件夹

当用户要将文件和文件夹存储到别的位置时，就需要用到文件和文件夹的复制与移动操作。

1. 复制文件和文件夹

复制文件和复制文件夹的操作类似，这里仅以将文件"个人档案.txt"复制到另一个文件夹中为例进行介绍，具体的操作步骤如下。

① 打开文件"个人档案.txt"所在的文件夹窗口，选中要复制的文件"个人档案.txt"，然后选择【编辑】➤【复制】菜单项。

② 打开要复制到的目标文件夹窗口，单击鼠标右键，从弹出的快捷菜单中选择【粘贴】菜单项。

③ 此时即可将文件"个人档案.txt"复制到目标文件夹中。

2. 移动文件和文件夹

移动文件和移动文件夹的操作类似，这里仅以将文件夹【相片】移动到 D 盘中为例进行介绍。具体操作步骤如下。

① 选中要移动的文件夹【相册】，然后单击左侧【文件和文件夹任务】任务窗格中的【移动这个文件夹】链接。

② 弹出【移动项目】对话框，从中选择【相片】文件夹要移动到的目标位置。

③ 设置完毕单击　移动　按钮即可。打开【本地磁盘 D】窗口，可以看到【相片】文件夹已经移动过来了。

2.3.5 搜索文件和文件夹

如果电脑中存放了大量的文件和文件夹,则会给某个文件或文件夹的查找带来一定的困难,此时可以利用 Windows XP 提供的搜索功能来解决这个问题。下面介绍两种搜索文件和文件夹的方法。

1. 精确查找

当用户确切地知道要查找的文件或文件夹的名称时,可以采用精确查找的方法进行查找。例如,要查找一个名为【相片】的文件夹。具体操作步骤如下。

① 单击 开始 按钮,从弹出的【开始】菜单中选择【搜索】菜单项。

② 弹出【搜索结果】窗口,单击左侧窗格中的【所有文件和文件夹】链接。

③ 弹出【按下面任何或所有标准进行搜索】窗格。

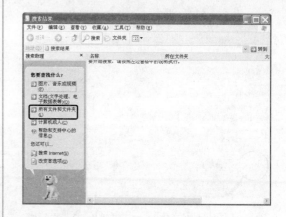

④ 在【全部或部分文件名】文本框中输入要搜索的文件或文件夹的名称,这里输入"相片",在【在这里寻找】下拉列表中选择搜索路径,单击 搜索(R) 按钮即可开始搜索。

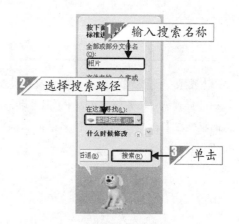

⑤ 稍等片刻即可显示查询结果。

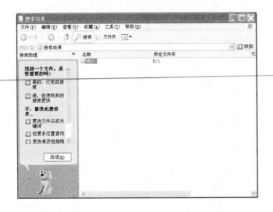

⑥ 从中选择搜索到的文件夹，双击即可将其打开。

2. 模糊查找

当用户只记得文件或文件夹名称的一部分时，可以通过模糊查询的方法进行查找。利用这种查找方法还可以查找同一类型的文件。例如，查找所有文件扩展名为"`.jpg`"的图片文件。具体操作步骤如下。

① 按照前面介绍的方法打开【搜索结果】窗口，单击【图片、音乐或视频】链接。

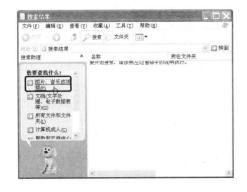

② 弹出【搜索一个类型的所有文件，或按类型或名称进行搜索】任务窗格，选中【图片和相片】复选框，在【全部或部分文件名】文本框中输入"`.jpg`"。

③ 设置完毕直接单击 搜索(R) 按钮，搜索所有的符合条件的图片文件。

2.3.6 删除与还原文件和文件夹

用户若不再使用电脑中的某些文件和文件夹时，则可以将其删除，以节省磁盘空间。

文件和文件夹的删除分两种情况，分别是删除到【回收站】和彻底删除。

1. 删除到【回收站】

当用户不确定要删除的文件或文件夹以后是否还要用到时，可以先将其删除到【回收站】中，当需要使用时可再将其恢复。

删除文件和文件夹的方法也很简单，下面介

绍几种方法。

利用右键快捷菜单

例如，将 D 盘中的【相片】文件夹删除到【回收站】中。具体的操作步骤如下。

① 选中要删除到【回收站】的【相片】文件夹，然后单击鼠标右键，从弹出的快捷菜单中选择【删除】菜单项。

② 弹出【确认文件夹删除】对话框，询问用户是否确实要将文件夹删除到【回收站】，单击 是(Y) 按钮即可将其删除到【回收站】。

③ 双击桌面上的【回收站】图标，弹出【回收站】窗口，从中可以看到刚刚删除的【相片】文件夹。

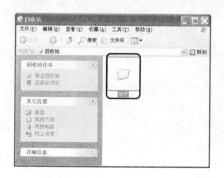

利用【文件和文件夹任务】任务窗格

用户还可以利用【文件和文件夹任务】任务窗格将文件和文件夹删除到【回收站】。具体操作步骤如下。

① 选中要删除到【回收站】的【天使爱情.jpg】图片文件，然后在左侧的【文件和文件夹任务】任务窗格中单击【删除这个文件】链接。

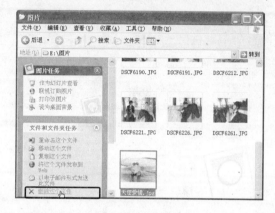

② 弹出【确认文件删除】对话框，询问用户是否确实要将该文件删除到【回收站】。

③ 单击 是(Y) 按钮即可将其删除到【回收站】中。双击桌面上的【回收站】图标，弹出【回收站】窗口，从中可以看到刚刚删除的【天使爱情.jpg】图片文件。

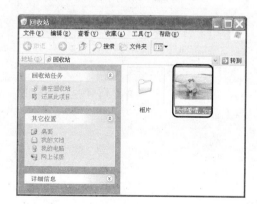

利用【文件】➤【删除】菜单项

此外用户还可以利用【删除】菜单项来删除文件和文件夹。首先选中要删除的文件或文件夹，然后选择【文件】➤【删除】菜单项即可。

利用快捷键

将文件和文件夹删除到【回收站】还有一种更简单的方法，那就是利用快捷键。首先选中要删除的文件或文件夹，然后按【Delete】键即可。

2. 还原与彻底删除【回收站】中的文件和文件夹

当用户需要再次使用删除到【回收站】中的文件和文件夹时，需要将其还原到原来的保存位置。反之，当确定不再使用时，则可以将其从【回收站】中彻底删除。

还原【回收站】中的文件和文件夹

还原【回收站】中的文件和文件夹的方法很简单，例如还原【回收站】中的【天使爱情.jpg】图片文件。具体操作步骤如下。

① 双击桌面上的【回收站】图标，弹出【回收站】窗口。

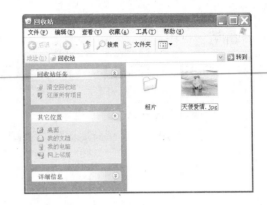

② 选中要还原的【天使爱情.jpg】图片文件，然后单击鼠标右键，从弹出的快捷菜单中选择【还原】菜单项。

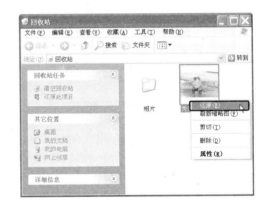

小提示 选中要还原的文件，然后单击左侧【回收站任务】任务窗格中的【还原此项目】链接也可以将其还原。

③ 此时，系统会自动地将该图片文件还原到原位置。

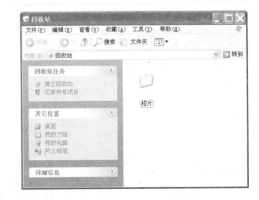

删除【回收站】中的文件和文件夹

删除【回收站】中的文件和文件夹的方法也很简单，例如删除【回收站】中的【相片】文件夹。具体操作步骤如下。

1. 选中要删除的【相片】文件夹，单击鼠标右键，从弹出的快捷菜单中选择【删除】菜单项。

2. 弹出【确认文件删除】对话框，询问用户是否确实要删除该文件夹。

3. 单击 是(Y) 按钮即可将其从【回收站】中删除。

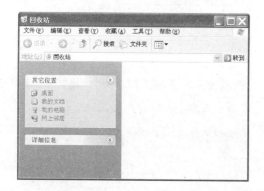

3. 彻底删除文件和文件夹

如果用户确定某些文件和文件夹已经没有用了，可以直接将它们删除，而无须删除到【回收站】中。例如，彻底删除 E 盘中的【天使爱情.jpg】图片文件。具体操作步骤如下。

1. 选中要彻底删除的【天使爱情.jpg】图片文件，按下【Shift】键，单击鼠标右键，从弹出的快捷菜单中选择【删除】菜单项。

2. 弹出【确认文件删除】对话框，询问用户是否确实要删除该文件。

3. 单击 是(Y) 按钮即可不经过回收站直接将文件彻底删除。

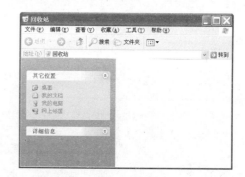

小提示｜还有两种彻底删除文件和文件夹的方法：按住【Shift】键单击左侧【文件和文件夹任务】任务窗格中的【删除这个文件】链接（或按【Delete】键）。

2.4 文件和文件夹的保护

在管理文件和文件夹的过程中，保护其安全和隐私是一个很重要的问题。下面介绍一些常用的保护文件和文件夹安全的方法。

2.4.1 隐藏与显示文件和文件夹

如果用户不想让其他人看到自己建立的某些文件或文件夹，则可以将其隐藏起来，当需要查看时再将其显示出来。

1. 隐藏文件和文件夹

隐藏文件和文件夹的操作类似，这里以隐藏【美女】文件夹为例进行介绍。具体的操作步骤如下。

1 选中要隐藏的【美女】文件夹，然后单击鼠标右键，从弹出的快捷菜单中选择【属性】菜单项。

2 弹出【美女 属性】对话框，在【属性】选项组中选中【隐藏】复选框。

3 设置完毕单击 应用(A) 按钮，弹出【确认属性更改】对话框。

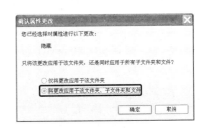

4 保持默认设置，单击 确定 按钮返回【相册 属性】对话框，再单击 确定 按钮可看到【美女】文件夹颜色变浅。

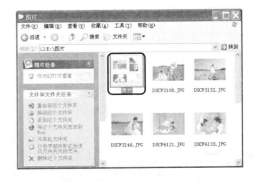

5 选择【工具】>【文件夹选项】菜单项，弹出

【文件夹选项】对话框，切换到【查看】选项卡，在【高级设置】列表框中选中【不显示隐藏的文件和文件夹】单选钮。

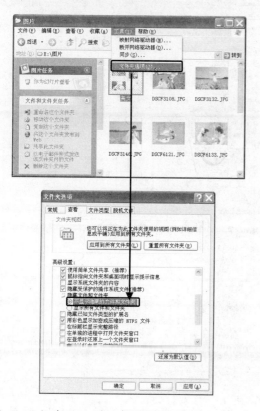

⑥ 设置完毕依次单击 应用(A) 和 确定 按钮，图片将被隐藏。

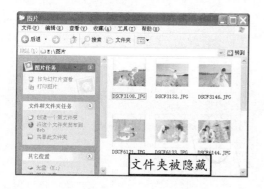

🖱 **小提示**｜如果用户的电脑中已经选中【不显示隐藏的文件和文件夹】单选钮，就不必进行第⑤步的操作。

2. 显示隐藏的文件和文件夹

显示隐藏文件和文件夹的操作步骤与隐藏文件和文件夹正好相反。首先在【文件夹选项】对话框中选中【显示所有文件和文件夹】单选钮，然后在【美女 属性】对话框中取消选中【隐藏】复选框即可。

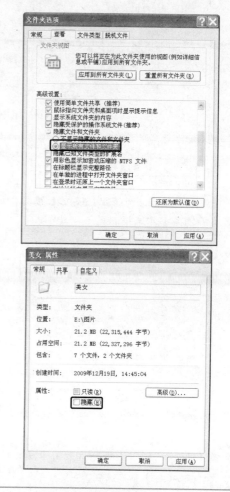

2.4.2　加密与解密文件和文件夹

除了隐藏文件和文件夹之外，用户还可以通过加密的方法保护文件和文件夹的安全。

1. 加密文件和文件夹

加密文件和加密文件夹的操作类似，这里仅

以加密文件夹"美女"为例进行介绍。具体的操作步骤如下。

① 按照前面介绍的方法打开【美女 属性】对话框，单击 高级(D)... 按钮。

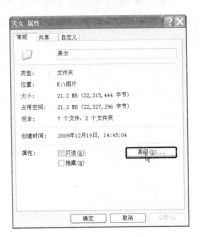

② 弹出【高级属性】对话框，选中【加密内容以便保护数据】复选框。

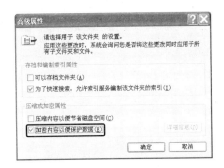

③ 单击 确定 按钮，返回【美女 属性】对话框，单击 应用(A) 按钮，弹出【确认属性更改】对话框，选中【将更改应用于该文件夹、了文件夹和文件】单选钮。

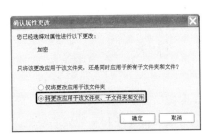

④ 选择完毕单击 确定 按钮，开始加密该文件夹。

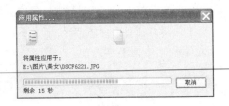

⑤ 加密完毕，随即返回【美女 属性】对话框，单击 确定 按钮即可。

加密后的文件

2. 撤消文件和文件夹的加密

撤消文件的加密和撤消文件夹的加密的操作类似，这里仅以撤消对【美女】文件夹的加密为例进行介绍。具体的操作步骤如下。

① 选中【美女】文件夹，然后单击鼠标右键，从弹出的快捷菜单中选择【属性】菜单项，弹出【花卉 属性】对话框，切换到【常规】选项卡，单击 高级(D)... 按钮。

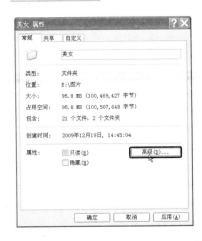

② 弹出【高级属性】对话框，取消选中【加密内容以便保护数据】复选框。

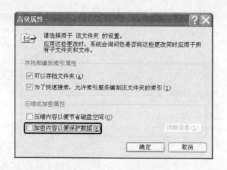

1. 备份文件和文件夹

　　备份文件和备份文件夹的操作类似，这里仅以备份"美女"文件夹为例进行介绍。具体操作步骤如下。

① 选择【开始】➤【所有程序】➤【附件】➤【系统工具】➤【备份】菜单项。

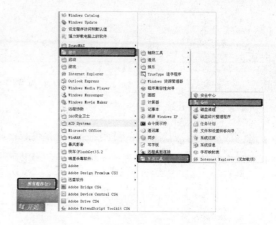

③ 单击　确定　按钮，返回【美女 属性】对话框，单击　应用(A)　按钮，弹出【确认属性更改】对话框，选中【将更改应用于该文件夹、子文件夹和文件】单选钮。

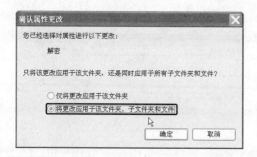

④ 选择完毕单击　确定　按钮，开始撤消文件夹的加密。

⑤ 撤消完毕后返回【美女 属性】对话框，单击　确定　按钮完成解密操作。

② 弹出【备份或还原向导】对话框，单击　下一步(N) >　按钮。

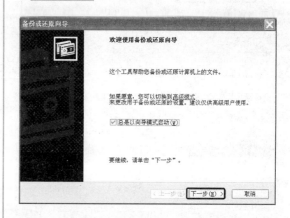

2.4.3　备份与还原文件和文件夹

③ 进入【备份或还原】界面，选中【备份文件和设置】单选钮。

　　Windows XP 系统自带了一个备份工具，用户可以通过它备份系统中的重要文件和文件夹。这样，当系统出现一些问题时就可以将以前的备份文件还原。

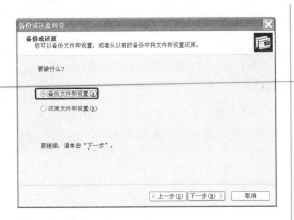

④ 单击 下一步(N) > 按钮，进入【要备份的内容】界面，选中【让我选择要备份的内容】单选钮。

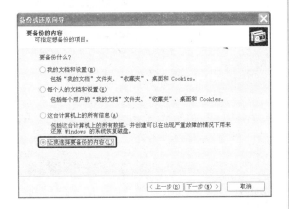

⑤ 单击 下一步(N) > 按钮，进入【要备份的项目】界面，在【要备份的项目】列表框中选择要备份的项目，这里选择【美女】文件夹。

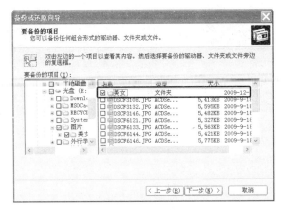

⑥ 单击 下一步(N) > 按钮，进入【备份类型、目标和名称】界面，单击 浏览(W)... 按钮。

⑦ 弹出【另存为】对话框，在其中设置备份文件的保存位置和保存名称，设置完毕单击 保存(S) 按钮。

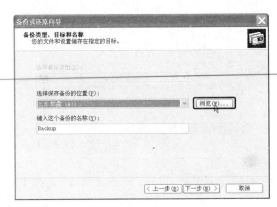

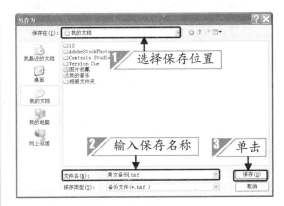

⑧ 返回【备份类型、目标和名称】界面，可以看到其保存位置和名称已经更改，单击 下一步(N) > 按钮。

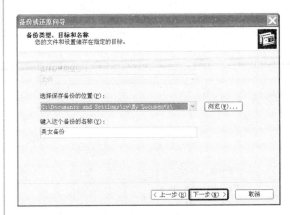

⑨ 进入【正在完成备份或还原向导】界面，单击 完成 按钮。

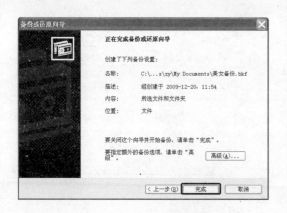

10 系统开始备份【美女】文件夹。

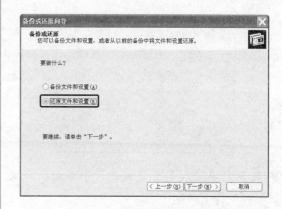

11 备份完毕后进入【已完成备份】界面，单击
　　关闭(C) 按钮即可。

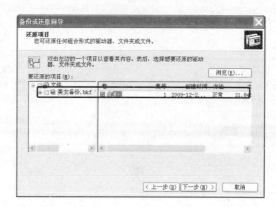

2. 还原文件和文件夹

　　当系统出现一些问题时就可以将以前的备份
文件还原，例如还原刚刚备份的【美女】文件夹，
具体操作步骤如下。

1 按照前面介绍的方法打开【备份或还原向导】
　　对话框，选中【还原文件和设置】单选钮。

2 单击 下一步(N) > 按钮进入【还原项目】界面，
　　从中选择要还原的项目。

3 设置完毕单击 下一步(N) > 按钮，进入【正在完
　　成备份或还原向导】界面。

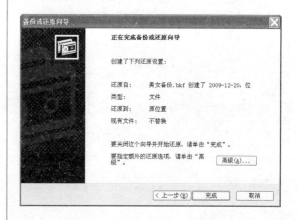

4 单击 完成 按钮，开始还原【美女】文件
　　夹。

5 还原完毕进入【已完成还原】界面，单击
　　 关闭(C) 按钮即可。

第3章

轻松学打字

在使用电脑的过程中，用户经常进行的操作莫过于打字。为了提高输入汉字的速度，用户需要选择一种适合自己的输入法。本章将介绍有关输入法的基本知识以及几种常用的输入法。

关于本章知识，本书配套教学光盘中有相关的多媒体教学视频，请读者参看光盘【轻松学打字】。

光盘链接

- 输入法基本知识
- 输入汉字
- 输入字符
- 使用适合自己的输入法

3.1 输入法基本知识

　　用户在操作电脑的过程中，经常需要输入文字，要输入文字就会用到输入法，所以这里首先了解一些关于输入法的基本知识。

3.1.1 认识语言栏和输入法状态条

1. 语言栏

　　Windows XP 系统中存在一个可以移动的【语言栏】，其中各按钮的功能如下。

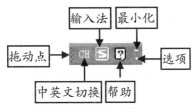

【中/英文切换】按钮

　　该按钮可用来切换中文或英文输入法。单击该按钮会弹出一个快捷菜单，其中【CH 中文（中国）】选项表示中文输入法，【EN 英语（美国）】选项表示英文输入法，用户可以根据需要进行选择。

【输入法】按钮

　　该按钮可用来切换中文输入法。当选择【CH 中文（中国）】选项后，单击该按钮会弹出一个快捷菜单，从中可以选择需要的中文输入法。

　　另外，按【Ctrl】+【Shift】组合键也可以在不同的输入法之间进行切换。

【帮助】按钮

　　单击该按钮，选择【语言栏帮助】选项会弹出【语言栏】窗口，从中可以浏览帮助信息。

【最小化】按钮

　　单击该按钮可以将【语言栏】放置在任务栏中，此时该按钮会变成【还原】按钮。单击【还原】按钮，【语言栏】就会还原成可移动状态。

【选项】按钮

　　单击该按钮会弹出一个快捷菜单，从中可以选择具体的选项。

拖动点

　　将鼠标指针移至点上，待指针呈"✥"状态

时，按住鼠标左键拖动即可移动【语言栏】的位置。

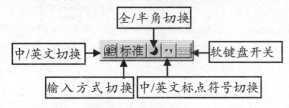

2. 状态条

当选择一种中文输入法后，除了【语言栏】的输入法图标发生变化外，还会出现该输入法的状态条。不同的输入法的状态条可能会有所区别，但基本上都会包括【中/英文切换】按钮、【全/半角切换】按钮和【软键盘开关】按钮等。下面以【智能 ABC 输入法】为例进行介绍。

● 【中/英文切换】按钮

单击该按钮可以在中文输入状态和英文输入状态之间进行切换。当该按钮图标显示为　时，表示当前处于中文输入状态；当图标显示为 A 时，则表示当前处于英文输入状态。

另外，按下【Ctrl】+【空格】组合键也可以在中文输入状态和英文输入状态之间进行切换。

● 【输入方式切换】按钮 标准

单击该按钮可以切换【智能 ABC 输入法】的输入方式。当该按钮图标显示为 标准 时，表示当前是【智能 ABC 输入法】的标准输入方式；当图标显示为 双打 时，则表示当前是【智能 ABC 输入法】的双打输入方式。

● 【全/半角切换】按钮

单击该按钮可以使输入法在全角和半角状态之间进行切换。当该按钮图标显示为　时，表示输入的字母、字符和数字都占一个汉字的位置；当图标显示为　时，表示输入的字母、字符和数字都占半个汉字的位置。

● 【中/英文标点符号切换】按钮

单击该按钮可以在中文标点符号和英文标点符号之间进行切换。当该按钮图标显示为　时，表示当前处于中文标点符号输入状态；当图标显示为　时，表示当前处于英文标点符号输入状态。

● 【软键盘开关】按钮

单击该按钮屏幕上会弹出一个与普通键盘相似的模拟键盘，该键盘主要用于输入序号和一些特殊符号。

在【软键盘开关】按钮　上单击鼠标右键会弹出一个快捷菜单，从中可以选择需要的软键盘类型。例如选择【数字符号】选项，可打开用于输入数字符号的软键盘。

3.1.2　添加和删除输入法

随着系统的安装，Windows XP 中自带的一些输入法会自动显示在输入法列表中，用户可以根据自己的喜好删除或添加一些输入法。

1. 删除输入法

这里以删除【中文（简体）－郑码】输入法为例进行介绍。具体操作步骤如下。

① 在任务栏右侧的【语言栏】上单击鼠标右键，从弹出的快捷菜单中选择【设置】菜单项。

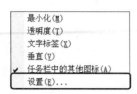

② 弹出【文字服务和输入语言】对话框，从【已安装的服务】列表框中选择要删除的输入法，这里选择【中文（简体）－郑码】选项，单击 删除(R) 按钮即可将其从【已安装的服务】列表框中删除，单击 确定 按钮关闭该对话框。

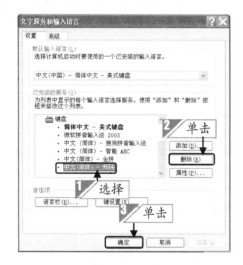

③ 此时单击输入法图标按钮，在弹出的列表中已看不到【中文（简体）－郑码】选项。

2. 添加输入法

输入法的添加分两种，一种是添加系统自带的但是不存在于输入法列表中的输入法，另一种是添加非系统自带的输入法。

添加系统自带的输入法

这里以添加刚刚删除的【中文（简体）－郑码】输入法为例进行介绍。具体操作步骤如下。

① 在任务栏右侧的【语言栏】上单击鼠标右键，从弹出的快捷菜单中选择【设置】菜单项，弹出【文字服务和输入语言】对话框，切换到【设置】选项卡，单击 添加(D)... 按钮。

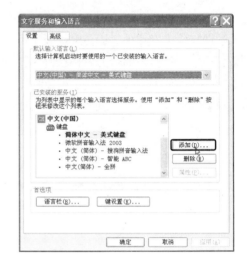

② 弹出【添加输入语言】对话框，在【输入语言】下拉列表中选择【中文（中国）】选项，在【键盘布局/输入法】下拉列表中选择【中文（简体）－郑码】选项，然后单击 确定 按钮。

③ 返回【设置】选项卡，可以看到【中文（简体）－郑码】选项已经出现在【已安装的服务】列表框中。单击 确定 按钮关闭该对话框。

话框。

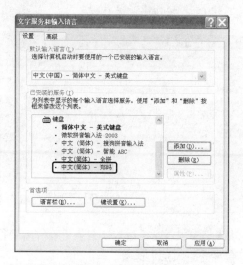

④ 此时单击输入法图标按钮，从弹出的列表中可以看到【中文（简体）－郑码】选项。

● **添加非系统自带的输入法**

对于非系统自带的输入法，用户需要将其安装到电脑中，这里就以添加【搜狗拼音输入法】为例进行介绍。具体操作步骤如下。

① 双击【搜狗拼音输入法】的安装程序图标，弹出【搜狗拼音输入法 4.3 正式版 安装】对话框，单击 下一步(N) > 按钮。

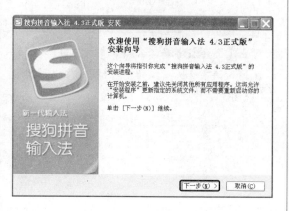

② 随即进入【许可证协议】界面，单击 我同意(I) 按钮。

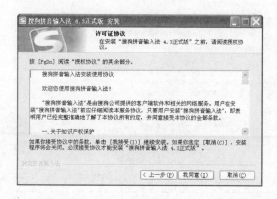

③ 进入【选择安装位置】界面，可以在【目标文件夹】选项组中修改文件的安装路径，然后单击 下一步(N) > 按钮。

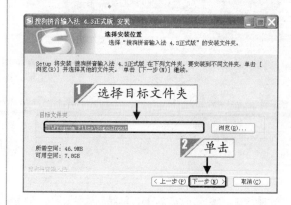

④ 进入【选择"开始菜单"文件夹】界面，设置是否创建程序的快捷方式，这里取消选中【不要创建快捷方式】复选框，单击 下一步(N) > 按钮。

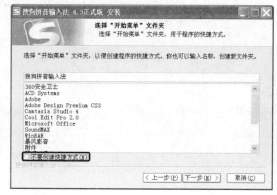

⑤ 进入如下图所示的界面，这里保持默认设置，单击 安装(I) 按钮。

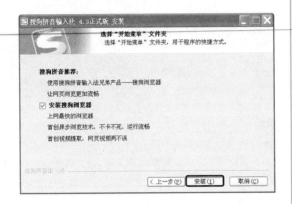

⑥ 随即进入【正在安装】界面，从中可以看到安装进度。

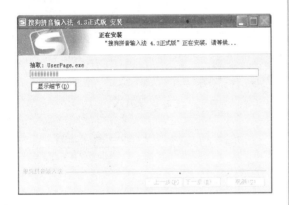

⑦ 稍后进入安装完成界面，单击 完成(F) 按钮即可。

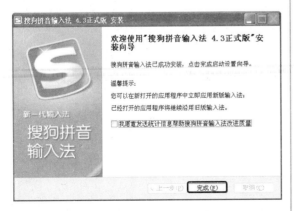

⑧ 随即还会弹出【搜狗拼音输入法 个性化设置

向导】对话框，用户可以根据需要单击 下一步(N) > 按钮逐步进行设置。

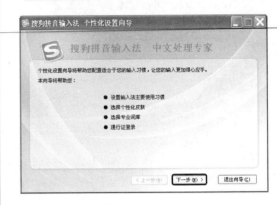

⑨ 安装设置完毕，在输入法列表中即可看到【搜狗拼音输入法】选项。

3.1.3　设置默认输入法

　　一般情况下，打开电脑时启动的是英文输入法，用户也可以将自己常用的中文输入法设置为默认输入法。下面以设置搜狗拼音输入法为开机默认输入法为例进行介绍。具体操作步骤如下。

① 在任务栏右侧的【语言栏】上单击鼠标右键，从弹出的快捷菜单中选择【设置】菜单项。

② 弹出【文字服务和输入语言】对话框，在【默认输入语言】选项组的下拉列表中选择【中文（中国）－中文（简体）－搜狗拼音输入法】选项，单击 确定 按钮即可。

3.2　输入汉字

输入汉字是用户在使用电脑的过程中经常要遇到的操作，不同的输入法在输入汉字时会有所区别，但一般都可以分为单个汉字输入和多个汉字一次输入的情况。

1.　输入单个汉字

这里以输入"美"和"丽"为例，介绍如何使用【智能 ABC 输入法】在记事本中输入这两个字。具体的操作步骤如下。

① 选择【开始】➤【所有程序】➤【附件】➤【记事本】菜单项，弹出【记事本】窗口，并将输入法切换到【智能 ABC 输入法】状态。

② 依次输入"美"字的汉语拼音字母"m"、"e"、"i"，按【Enter】键，此时在组字窗口中显示了各种可能的汉字，从中可以看到"美"字对应的序号是"5"。

③ 按【5】键，即可将"美"字输入到记事本中。按照同样方法输入"丽"字的汉语拼音字母"l"、"i"，按【Enter】键，此时"丽"字并没有显示在组字窗口中，这是因为汉字拼音中的同音字比较多，组字窗口中不能全部显示出来，此时就需要进行翻页查找。

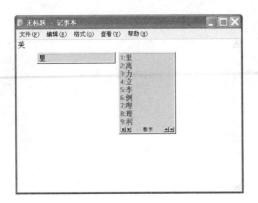

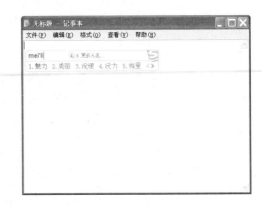

④ 按【+】键翻到下一页，此时可以看到"丽"字对应的序号为"5"，按下【5】键，即可将"丽"字输入到记事本中。

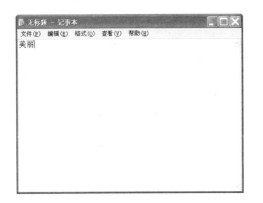

2. 输入词组

在上例中，虽然"美丽"两字是词组，但是是分别输入的。下面以【搜狗拼音输入法】为例，介绍如何同时输入"美丽"两个字。

全拼输入

所谓全拼输入是指按照汉语拼音进行输入，其输入过程与书写汉语拼音时相同，而且可以一次性输入多个汉字的拼音。例如输入汉语拼音字母"meili"，在组字窗口中就显示出了词组"美丽"，按【2】键，即可将其输入到记事本中。

简拼输入

所谓简拼输入是指取各个音节的第一个字母。对于包含复合声母（如"sh"、"ch"、"zh"）的音节取前面的两个字母。例如输入汉语拼音字母"ml"，在组字窗口中就显示出词组"美丽"。

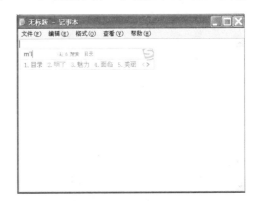

混拼输入

所谓混拼输入是指对于两个音节以上的词组一部分用全拼输入，一部分用简拼输入。例如输入"mli"，在组字窗口中就会显示出词组"美丽"。当然也可以输入"meil"。

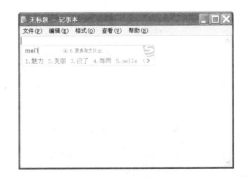

3.3 输入字符

　　在文字的输入过程中，除了输入汉字外，有时候还需要输入标点符号、数字、字母以及一些特殊符号等，本节将介绍如何输入这些字符。

1. 输入数字

　　输入普通的数字符号（如"1"、"2"、"3"等）的操作很简单，只需按相应的数字键即可。

2. 输入字母

　　由于系统默认输入的是小写字母，因此只需按相应的字母键即可输入小写字母。

　　大写字母的输入可以分为两种情况。输入单个大写字母时，按住【Shift】键（上挡键）的同时按下相应的字母键即可；当需要连续输入若干个大写字母时，则可以先按下大小写转换键【CapsLock】（大小写转换）键，此时小键盘区的大小写指示灯亮起，然后按相应的字母键即可。

3. 输入标点

　　大部分标点符号都可以通过按键盘上相应的按键输入。需要注意的是，并不是一个键上只有一个符号，例如冒号"："和分号"；"就在同一个键上。这种情况下，在两个符号间切换可使用【Shift】键，不按【Shift】键输入的是分号"；"，按【Shift】键输入的是冒号"："。

　　此外，用户还可以借助于中文输入法的【软键盘开关】按钮⌨输入这些标点符号。

① 在记事本或其他编辑文档中，将光标定位在要插入标点符号的位置。

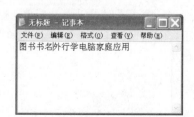

② 单击输入法状态条中的【软键盘】按钮⌨，从弹出的快捷菜单中选择【标点符号】菜单项。

③ 在弹出的软键盘中单击标点符号"《"。

④ 此时可看到插入的标点符号。按照同样方法还可以继续输入其他标点符号。

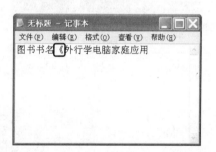

⑤ 标点符号输入完毕单击【软键盘】按钮⌨，关闭软件盘。

4. 输入特殊字符

　　在输入汉字的过程中经常需要输入一些特殊的符号，而这些特殊符号在键盘上又无法找到，如"◆"、"※"以及"★"等，可以使用软键盘进行输入。

3.4　使用适合自己的输入法

中文输入法的种类众多，用户在使用的过程中应该选择适合自己的，这样才能提高输入速度。本节将介绍一些常用的输入法。

3.4.1　智能 ABC 输入法

【智能 ABC 输入法】在前面的章节中已经多次使用到了，它是初学者经常使用的一种输入法。本节将对其进行进一步介绍。

【智能 ABC 输入法】是一种以拼音为主的智能化键盘输入法，其操作简单，输入方便。使用智能 ABC 输入汉字主要有以下几种方式。

全拼输入

单个字和普通词应采取全拼输入，即输入汉字时依次输入每一个汉字的所有拼音字母。

在输入时用户可以同时输入多个拼音字母，然后再进行汉字转换。具体操作步骤如下。

1 打开记事本，这里输入"家庭应用"的汉语拼音"jiatingyingyong"。

2 连续按两次空格键后即可将拼音转换为汉字。

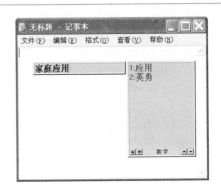

3 如果发现错误，还可以按【Backspace】（退格）键重新选择同音汉字或重新输入拼音。

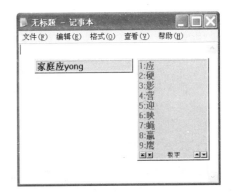

简拼输入

【智能 ABC 输入法】提供了简拼输入方式。例如，输入"计算机"时可以输入"jsj"；输入"长城"时可以输入"cc"、"cch"、"chc"和"chch"等多种形式。

混拼输入

【智能 ABC 输入法】提供了全拼输入方式。例如，输入"有机酸"时可以输入"yjis"，即中间音节"机"为全拼，其他两个音节为简拼。

特殊输入

输入时，有时会用到两个特殊符号。例如输入"女"字时可以使用"v"替代"u"；输入"西安"时可以使用隔音符号（'），即输入"xi'an"，否则就会变成"xian（先）"。

高频字输入

一些常用的单音节词可以用【简拼】+【空格键】的方式输入。例如，输入"我"字可以在输入字母"w"后按空格键。这些高频字有："他"、"去"、"有"、"一"、"是"、"的"、"个"、"和"、"就"、"可"、"了"、"在"、"小"、"才"、"不"、"年"、"没"、"这"、"上"和"出"等。

3.4.2　搜狗拼音输入法

【搜狗拼音输入法】是一种使用比较广泛的拼音输入法，具有简单易学、智能组词和输入速度快等特点。

【搜狗拼音输入法】在输入时可以用全拼、简拼和混拼等多种输入方式。除此之外，【搜狗拼音输入法】还具有以下一些功能。

（1）在中文输入法状态下输入英文时，不必切换到英文输入法状态，只需在输入字母后按【Enter】键即可。

（2）支持模糊音输入，用户可以选择自己容易弄混的读音。

（3）用户可以自定义特殊的字词和短语，方便输入。

（4）在中文输入法状态下，可以输入网址和E-mail 等英文符号串。

（5）遇到不会读的字可以使用 U 模式输入。方法是在输入 u 后，依次输入一个字的笔画，即可得到该字。笔画分为 h（横）、s（竖）、p（撇）、

n（捺）、z（折），如"仐"字可以输入"upnh"。

（6）可以进行笔画筛选。笔画筛选用于输入单字时，用笔画来快速定位该字。使用方法是输入一个字或多个字后，按下【Tab】键，然后用 h（横）、s（竖）、p（撇）、n（捺）、z（折）依次输入第一个字的笔画，直到找到该字为止。

（7）拥有丰富的皮肤设置。用户可以根据自己的喜好来设置输入法的皮肤。例如，在输入法状态条上右击，从弹出的快捷菜单中选择【<推荐>更换皮肤】➤【Q 版 AK - 寻主人】菜单项，将输入法皮肤切换到对应的状态。

（8）提供细胞词库功能。该功能提供一个可以在线自动升级的专业词库，方便用户的使用。

【搜狗拼音输入法】还具有一些其他的功能特点，这里就不一一叙述了。下面介绍如何设置其属性。具体的操作步骤如下。

❶ 在输入法状态条上单击鼠标右键，从弹出的快捷菜单中选择【设置属性】菜单项。

② 弹出【搜狗拼音输入法设置】对话框，用户可以根据需要进行相应的功能设置，设置完毕单击 确定 按钮即可。

3.4.3　五笔字型输入法

【五笔字型输入法】是基于汉字字型特征的输入法，它将汉字的基本笔画按规律编成字根，以字根作为组成汉字的基础进行编码。目前的五笔字型输入法有很多种，主要包括王码五笔、万能五笔以及陈桥五笔等。本小节以王码五笔 86 版为例介绍五笔字型输入法的基本知识。

1.　汉字结构

● 汉字的 3 个层次

从汉字结构来划分，汉字可以分为笔画、字根和单字 3 个层次。

● 汉字的 5 种笔画

笔画是书写汉字时一次写成的一个连续不断的线段，它是构成汉字的最小单位。从一般书写形态上认为汉字的笔画有点、横、竖、撇、捺、提、钩和折等 8 种。五笔字型编码将汉字的笔画分为横、竖、撇、捺、折（一、丨、丿、乀、乙）等 5 种。根据它们使用频率的高低，依次用 1、2、3、4、5 作为编号。

笔画名称	代号	笔画走向	笔画及其变形
横	1	左→右	一、乁
竖	2	上→下	丨、亅
撇	3	右上→左下	丿
捺	4	左上→右下	乀、丶
折	5	带转折	乙、乁、乚、亅、巛

● 汉字的 3 种类型

在五笔字型输入法中，根据构成汉字的各个字根之间的相对位置关系，可以把汉字分为 3 种类型，即左右型、上下型以及杂合型。

字型	代号	图示	字例
左右型	1	▯▯▯ ▯▯ ▯▯▯	一、乁
上下型	2	▭ ▭ ▯ ▯	丨、亅
杂合型	3	▯▯▯▯▯▯▯	丿

（1）左右型：左右型的汉字，其字根在汉字中的组成位置上属于左右排列的关系，如"清"、"作"等，是标准的左右型的汉字。像汉字"做"、"树"、"例"等，总体上可以将其分为左、中、右 3 个部分。在五笔字型输入法中，这两种结构的汉字都被视为左右型汉字。

（2）上下型：上下型的汉字，其字根在汉字中的组成位置上属于上下排列的关系，如"委"、"杲"、"李"等，是标准的上下型汉字。像汉字"菱"、"赏"、"萝"等，在总体上可以分为上、中、下 3 个部分。在五笔字型输入法中，这两种结构的汉字都被视为上下型汉字。

（3）杂合型：字由单体、内外、包围等结构组成。该种结构的汉字，其字根在汉字中的组成位置并没有固定的排列关系，如"国"、"区"、"建"、"电"等。

2. 五笔字根的键盘分布

字根是构成汉字的基本单位，汉字中由若干个笔画交叉连接而成的相对不变结构称作字根。字根的个数很多，但并不是所有的字根都可以作为五笔字型的基本字根，而只是把那些组字能力特强，而且被大量重复使用的字根挑选出来作为基本字根。在五笔字型中这样的基本字根共 130个，绝大多数汉字都可以由这些基本字根组成。为了叙述方便，以下简称五笔字型的基本字根为"字根"。

五笔字根的键盘分布如下图所示。

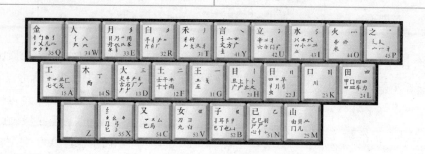

区位		助记口诀	键名汉字
1 区	G 键（11）	王旁青头戋（兼）五一	王
	F 键（12）	土士二干十寸雨	土
	D 键（13）	大犬三手（羊）古石厂	大
	S 键（14）	木丁西	木
	A 键（15）	工戈草头右框七	工
2 区	H 键（21）	目且(具)上止卜虎皮	目
	J 键（22）	日早两竖与虫依	日
	K 键（23）	口与川，字根稀	口
	L 键（24）	田甲方框四车力	田
	M 键（25）	山由贝，下框几	山
3 区	T 键（31）	禾竹一撇双人立（亻），反文条头（夂）共三一	禾
	R 键（32）	白手看头三二斤	白
	E 键（33）	月彡（衫）乃用家衣底（"家衣底"即"豕"）	月
	W 键（34）	人和八，三四里	人
	Q 键（35）	金勺缺点（勹）无尾鱼，犬旁留儿一点夕，氏无七（妻）	金
4 区	Y 键（41）	言文方广在四一，高头一捺谁人去	言
	U 键（42）	立辛两点六门疒	立
	I 键（43）	水旁兴头小倒立	水
	O 键（44）	火业头，四点米（"火"、"业"、"灬"）	火
	P 键（45）	之宝盖，摘礻（示）（衣）	之

续表

区位		助记口诀	键名汉字
5区	N键（51）	已半已满不出己，左框拆尸心和羽	已
	B键（52）	子耳了也框向上（"框向上"指"凵"）	子
	V键（53）	女刀九臼山朝西（"山朝西"为"彐"）	女
	C键（54）	又巴马，丢矢矣（"矣"丢掉"矢"为"厶"）	又
	X键（55）	慈母无心弓和匕，幼无力	纟

3. 轻松学会汉字拆分

使用五笔字型输入法输入汉字时需要将汉字拆分成字根。

汉字的4种字根结构

大量的字根看起来很乱，但其实它们都是按照一定的结构关系组成汉字的。在五笔字型中根据组成汉字的字根间的位置关系分为单、散、连、交4种类型。

(1) 单字根结构汉字：是指构成汉字的字根只有一个，该字根本身就是一个汉字，如"王"、"已"、"女"等。

(2) 散字根结构汉字：是指构成汉字的字根不止一个，而且构成汉字的基本字根之间有一定的距离，如"吴"、"钟"、"棋"等。

(3) 连字根结构汉字：是指一个基本字根与一个单笔画相连而组成的汉字，如"自"、"勺"等。

(4) 交叉字根结构汉字：是指由几个基本字根交叉相叠构成的汉字，字根之间没有距离，如"果"、"美""申"等。

汉字拆分的5个原则

在拆分汉字的过程中，需要掌握以下5个原则。

(1) 书写顺序。在拆分汉字时，首先应该按照汉字的书写顺序，即按照从左到右、从上到下、从外到内的顺序进行拆分。例如，"吴"应该从上到下拆分为"口"和"天"。

(2) 取大优先。"取大优先"原则也称为"优先取大"，指的是按书写顺序拆分汉字时，应保证拆分出最可能大的字根，也就是说拆分出的字根数量应该最少。例如"国"字应该拆分为"口"、"王"和"丶"，而不能拆分为"冂"、"王"、"丶"和"一"。

(3) 能散不连。当能够将汉字拆分为散结构的字根时就不要将其拆分为连结构的字根。例如"午"字，能拆成"宀"、"十"散的结构，就不要拆成"丿"、"干"连的结构。

(4) 能连不交。当能够将汉字拆分为相互连接的字根时就不要将其拆分为相互交叉的字根。例如"天"字可以拆分为"一"和"大"，也可以拆分为"二"和"人"，但是按照"能连不交"的原则拆分应该将其拆分为"一"和"大"。

(5) 兼顾直观。拆分出来的字根应该符合一般人的直观感觉。例如"自"字应该拆分成"丿"和"目"，而不能拆分为"白"和"一"。

4. 输入单个汉字

将汉字拆分为基本的字根之后，按照一定的规则就可以将汉字输入到电脑中了。

输入键名汉字

键名汉字在键盘左上角，使用频率比较高的汉字（X键上的纟除外）。五笔字型中规定的键名汉字有"王、土、大、木、工、目、日、口、田、山、禾、白、月、人、金、言、立、水、火、之、已、子、女、又、纟"，共计25个。这些键名汉字的输入很简单，将键名对应的键连敲4次即可，如"金"字只需要连续按【Q】键 4 次即可。需要注意的是，并不是所有键名汉字都需要单击 4 次，如按【Y】键 3 次就可以出现"言"字。

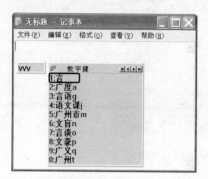

输入成字字根汉字

在五笔字型字根键盘的每个字母键上，除了一个键名字根外，还有一些其他类型的字根。有些字根其本身就是一个汉字，这样的字根称为成字字根，如【F】键上的"雨"字、【L】键上的"车"字等。它们的输入方法是"键名代码+首笔画代码+次笔画代码+末笔画代码"。例如"雨"字等，它的键名代码是【F】键，首笔画代码是【G】键，次笔画代码是【H】键，末笔画代码是【Y】键，依次输入即可输入汉字"雨"。

输入一般汉字

除了键名汉字和成字字根外，其余的汉字都是由几个字根组成的，这样的汉字称为合体字。根据合体字的字根数量，其输入的方法有以下两种。

（1）4 个及 4 个字根以上的汉字。输入方法：根据书写顺序将汉字拆分成字根，取汉字的第一、二、三与最末字根，并敲击这 4 个字根所对应的键位即可。例如"露"字，它由 5 个字根组成，分别为"雨、口、止、夂、口"，这时就取前 3 个字根和最后一个字根，其编码为"FKHK"。

（2）不足 4 个字根的汉字。拆分不足 4 个字根的汉字时需要用到末笔字型交叉识别码。末笔字型交叉识别码由该汉字的末笔笔画和字型结构信息共同构成，即末笔字型交叉识别码=末笔识别码+字型识别码。汉字的笔画有 5 种，字型结构有 3 种，所以末笔字型交叉识别码有 15 种，每个区前 3 个区位号将作为识别码使用。

末笔代码 字型代码	横(1)	竖(2)	撇(3)	捺(4)	折(5)
左右型 1	G(11)	H(21)	T(31)	Y(41)	N(51)
上下型 2	F(12)	J(22)	R(32)	U(42)	B(52)
杂合型 3	D(13)	K(23)	E(33)	I(43)	V(53)

输入方法：由该汉字拆分字根的编码，加上末笔字型交叉识别码。例如，"江"字可以拆成"氵、工"，编码为 I、A，末笔画横为 1，左右型为 1，末笔字型交叉识别码为 11（G 键），因此"江"字的编码为 IAG。

输入简码

为了加快打字速度，五笔字型输入法按照汉字使用频率的高低，对一些常用的汉字制定了一级简码、二级简码、三级简码规则，只要输入该汉字的前一个、两个或者三个字根所在的键，然后再按下空格键即可输入该汉字。例如一级简码汉字"发"字，只需按【V】键，再按空格键即可。

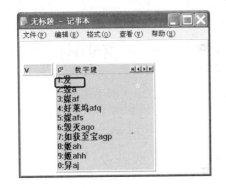

要输入二级简码汉字"家"，则只需依次按【P】、【E】键，然后再按空格键即可。

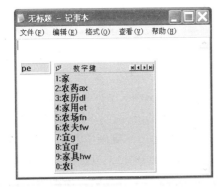

5. 输入词组

通过输入词组可以提高汉字的录入速度。

输入双词组

所谓双字词是指两个汉字构成的词组，取码时分别取第一个字和第二个字的前两码。例如"计算"一词，分别取"言"、"十"、"竹"、"目"构成输入码 YFTH。

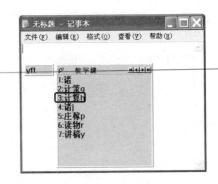

输入三字词组

取码时前两个字各取一个字根，第 3 个字取前两个字根构成编码。例如"计算机"一词，可取"言"、"竹"、"木"、"几"构成输入码 YTSM。

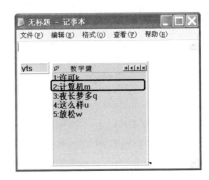

输入四字词组

取码时每个字取第一个字根作为编码。例如"程序设计"一词，可取"禾"、"广"、"言"、"言"构成输入码 TYYY。

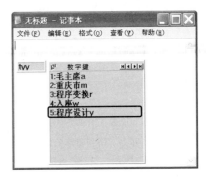

输入多字词组

取码时取第一、第二、第三和最后一个字的第一个字根构成编码。例如"中华人民共和国"

一词，可取"口"、"人"、"人"、"口"组成输入码 KWWL。

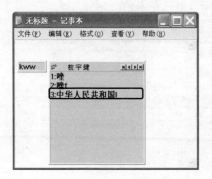

3.4.4　手写板输入法

随着电脑的普及，许多老年人也加入到了使用电脑的行列中来。对于那些想要使用电脑的年龄较大的用户来说，使用键盘输入汉字相对困难一些。手写板的出现解决了这个问题，用户可以不用学习其他的汉字输入法就可以轻松地输入汉字。

系统自带的微软拼音输入法中就自带了一种手写板输入法，该输入法中提供了手写识别和字典查询两种模式。

1. 手写识别

使用手写识别模式时，用户只要能够写出汉字的形状便可输入汉字。具体的操作步骤如下。

① 单击输入法图标，从弹出的输入法列表中选择【微软拼音输入法 2003】选项，此时会弹出微软拼音状态条。

② 单击微软拼音状态条中的【选项】按钮，在弹出的下拉列表中选择【输入板】选项。

③ 此时在状态条中添加了一个【开启/关闭输入板】按钮，单击该按钮，即可弹出【输入板－手写识别】对话框。

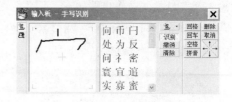

④ 在左侧的窗格中拖曳鼠标指针书写文字，然后在右侧的检索结果窗格中选择要输入的字即可。另外微软拼音可以识别草书，因此用户不必一笔一画地输入。

⑤ 如果在输入的过程中想撤消上一笔的书写，单击 撤消 按钮即可。

⑥ 如果要清除输入的全部笔画，单击 清除 按钮即可。

7 标点符号等字符也可进行手写输入，输入方法与输入汉字的方法相同。

2. 字典查询

使用字典查询模式，用户不需要进行手写便可以输入汉字。具体操作步骤如下。

1 单击【字典查询】按钮，弹出【输入法 – 字典查询（CH）】对话框。

2 例如在记事本中输入"张"字，在该对话框中切换到【GB2312】选项卡，在【总笔画】下拉列表中选择【7画】选项，在【部首】下拉列表中选择【3画】，在左侧的列表框中找到

"张"字的部首"弓"并单击，此时在右侧的列表框中会出现"张"字，单击该字，即可将其输入到记事本中。

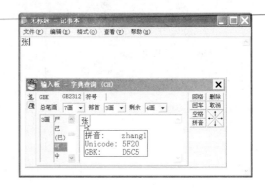

3 切换到【符号】选项卡，单击列表框中的按钮可输入具体的符号。

第 **4** 章　Word 文档编辑

在日常的生活、学习和工作中，用户经常需要进行文档的编辑。Word 2003 是目前众多电脑用户广泛使用的文档编辑软件，使用它可以编辑各种文档，还可以使文档图文并茂，制作名片和表格等。

关于本章知识，本书配套教学光盘中有相关的多媒体教学视频，请读者参看光盘【Office软件应用\Word文档编辑】。

- 初识 Word 2003
- 制作精美名片
- 制作家庭收支统计表

光盘链接

4.1 初始 Word 2003

为了能够更好地使用 Word 2003 处理文本，首先需要认识一下 Word 2003。本节主要介绍启动和退出 Word 2003、熟悉 Word 2003 工作界面、Word 2003 视图方式和文档的基本操作。

4.1.1 启动和退出 Word 2003

1. 启动 Word 2003

启动 Word 2003 程序的方法主要有 4 种，分别是通过桌面上的快捷图标、通过【开始】菜单、通过任务栏中的快捷方式图标和打开已保存的 Word 文档。

● **通过【开始】菜单**

单击 [开始] 按钮，在弹出的【开始】菜单中选择【所有程序】➢【Microsoft Office】➢【Microsoft Office Word 2003】菜单项，即可启动 Word 2003。

● **通过桌面上的快捷图标**

在【Microsoft Office Word 2003】菜单项上单击鼠标右键，从弹出的快捷菜单中选择【发送到】➢【桌面快捷方式】菜单项，此时即可在桌面上出现一个 Word 2003 桌面快捷方式图标，双击这个图标即可启动 Word 2003 程序。

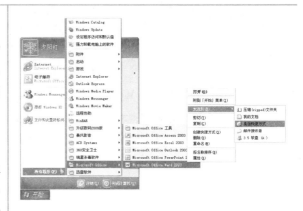

● **通过任务栏中的快捷方式图标**

选中所创建的 Word 2003 桌面快捷方式图标，将其拖曳至任务栏中，此时在任务栏中将出现一个【Word 2003】图标，单击此图标即可启动 Word 2003 程序。

● **打开已保存的 Word 文档**

如果电脑中已经存在 Word 文件，可以通过打开 Word 文件的方式启动 Word 2003。首先找到存放 Word 2003 文件的位置，然后双击 Word 文件即可启动 Word 2003。

2. 退出 Word 2003

退出 Word 2003 程序的方法主要有 3 种，下面分别进行介绍。

● **通过【文件】菜单**

在打开的 Word 2003 主窗口中选择【文件】➤【退出】菜单项，即可退出 Word 2003 程序。

● **通过【关闭】按钮** ✕

单击 Word 2003 主窗口右上角的【关闭】按钮✕，即可退出 Word 2003 程序。

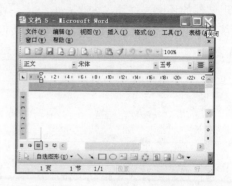

> **小提示**　如果用户只是想关闭当前文档，则可以按【Alt】+【F4】组合键。此外，单击标题栏最左边的【控制窗口】图标，从弹出的下拉菜单中选择【关闭】菜单项也可以关闭当前文档。

4.1.2　认识 Word 工作界面

启动 Word 2003 程序之后，即可打开 Word 2003 的主窗口。下面介绍一下 Word 2003 的工作界面。

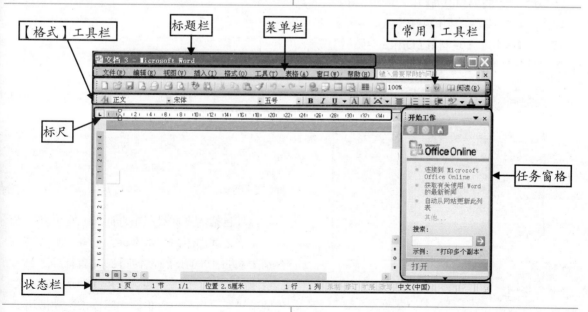

● **标题栏**

标题栏位于 Word 工作界面的最上方，用于

显示当前正在使用的文件名。其中包括【控制窗口】图标，单击该图标就会弹出快捷菜单，从

而实现文件的还原、移动、大小、最小化、最大化和关闭等操作;双击该图标,则会自动退出 Word 2003 程序。

标题栏最右侧有 3 个控制按钮,分别为【最小化】按钮、【最大化】按钮和【关闭】按钮。当单击【最大化】按钮后,窗口处于最大化状态,并且【最大化】按钮变为【向下还原】按钮,此时单击【向下还原】按钮,则还原窗口大小,并且该按钮又会变为【最大化】按钮。

菜单栏

菜单栏位于标题栏的下方,主要包括 9 个菜单,分别为:文件、编辑、视图、插入、格式、工具、表格、窗口和帮助菜单。

每个菜单中包含多个菜单项,单击菜单项上的菜单命令即可执行相应操作。例如单击【编辑】菜单,可看到该菜单项中包括【撤消清除】、【重复清除】、【剪切】、【复制】、【Office 剪贴板】、【粘贴】、【选择性粘贴】等菜单项。

小提示 在下拉菜单中,有些菜单项显示为灰色,表示不可用,只有在进行了某些操作之后才能使用;有些菜单项的后面带有省略号"…",表示单击此菜单项会弹出一个对话框;有些菜单项的后面带有一个黑色的小三角▶,表示有级联菜单。

工具栏

工具栏位于菜单栏的下方,通常情况下只显示【常用】工具栏和【格式】工具栏,用户可以根据需要显示更多的工具栏。例如在文档中绘制一个笑脸图形,或是插入几幅图片,就可以将【绘图】工具栏调出来,以便于绘制图形或插入图片。调用【绘图】工具栏的方法:选择【视图】▶【工具栏】▶【绘图】菜单项。

标尺

标尺包括水平标尺和垂直标尺,它可以用来调节文字之间的距离。水平标尺上有几个滑块,分别为【左缩进】、【右缩进】、【首行缩进】、【悬挂缩进】,这些滑块可以用来增加或减少文档的缩进量,用户可以根据实际需求拖动滑块进行设置。

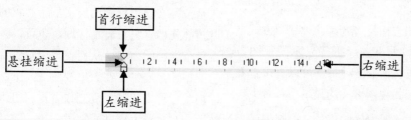

工作区

位于工作界面中最大的一块矩形空白区域就是 Word 2003 的工作区，用户可以在工作区中进行输入、编辑以及查阅文档等操作。

任务窗格

任务窗格是位于工作区右侧的一个分栏窗口，使用它可以及时获得所需的工具，它会根据用户的操作需求弹出相应的任务窗格。如果在主窗口中没有显示任务窗格，则可选择【视图】➢【任务窗格】菜单项将其显示出来。

视图切换区

在视图切换区中可以切换文档窗口的显示方式。Word 2003 提供有 5 种视图方式：普通视图、Web 版式视图、页面视图、大纲视图和阅读版式。这 5 种视图方式分别对应 5 个按钮，单击不同的视图按钮，可以在不同的视图之间进行操作，以便于输入文本和进行排版等操作。

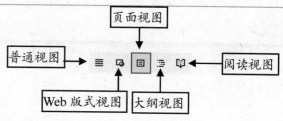

状态栏

状态栏位于工作窗口的最下方，主要用于显示当前文档的页码以及当前光标定位符在文档中的位置等信息，以帮助用户快速查看当前文档的编辑状态。

4.1.3　Word 2003 视图方式

Word 2003 包括 5 种视图方式，分别是普通视图、Web 版式视图、页面视图、大纲视图以及阅读版式。

普通视图

普通视图可以显示文本格式，但简化了页面的布局，可以便捷地进行输入和编辑等操作。在普通视图中不显示页边距、页眉和页脚、背景、图形对象以及没有设置为"嵌入型"环绕方式的图片，比较适合编辑内容和格式比较简单的文章。

Web 版式视图

Web 版式视图方式是 Word 几种视图方式中唯一一种按照窗口大小进行折行显示的视图方式，使用户不用拖动水平滚动条就可以直接查看整行文字。Web 版式视图方式的显示字体较大，便于用户联机阅读，使用户能快捷、清晰地浏览文档。

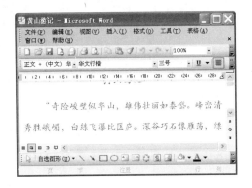

页面视图

页面视图方式是直接按照用户设置的页面大小进行显示的，此时的显示效果与打印效果完全一致。

用户可以从页面视图方式中看到页眉、页脚、水印和图形等各种对象在页面中的实际打印位置，便于用户编辑页眉和页脚、调整页边距以及处理边框和图形对象。

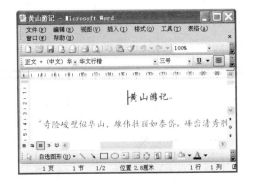

大纲视图

对于一个具有多重标题的文档而言，用户往往需要按照文档中标题的层次来查看文档，此时

可采用大纲视图方式解决这一问题。大纲视图方式是按照文档中标题的层次显示文档的，用户可以折叠文档，只查看主标题，也可以扩展文档查看整个文档的内容，从而使得用户查看文档的结构变得十分容易。在大纲视图方式下，用户还可以拖动标题来移动、复制或者重新组织正文，方便用户对文档大纲进行修改。

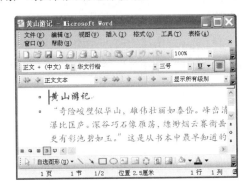

阅读版式

Word 2003 增加了独特的"阅读版式"，该视图方式最适合阅读长篇文章。阅读版式将原来的文章编辑区缩小，而文字大小保持不变。如果字数较多，它会自动分成多屏。在该视图下，用户同样可以进行文字的编辑工作，而且视觉效果好，眼睛不会感到疲劳。

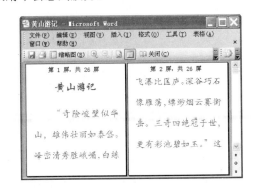

小提示　阅读版式视图中隐藏了除【阅读版式】和【审阅】工具栏以外的所有工具栏，这样不仅扩大了显示区，而且便于用户进行审阅编辑。

4.1.4　文档的基本操作

了解了 Word 2003 的基础知识以后，下面学习关于文档的基本操作，包括新建文档、保存文档、打开文档和关闭文档。

1.　新建文档

启动 Word 2003 应用程序以后，首先需要建立一个新文件（或打开已有的文件），然后才能进行文档的编辑操作。

新建文档的方法主要分为新建空白 Word 文档、利用设计模板创建文档和根据现有文档创建文档。

● 新建空白 Word 文档

新建空白 Word 文档的具体操作步骤如下。

① 按照前面介绍的方法打开 Word 2003 主窗口，选择【文件】➤【新建】菜单项。

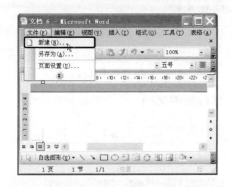

② 窗口右侧将弹出【新建文档】任务窗格，单击【新建】选项组中的【空白文档】链接。

③ 此时即可创建一个新的空白 Word 文档。

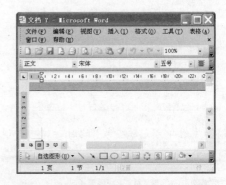

● 根据设计模板创建文档

利用设计模板创建 Word 文档仍然需要通过任务窗格来实现。这里以创建一个现代型简历为例进行介绍。具体操作步骤如下。

① 选择【文件】➤【新建】菜单项，弹出【新建文档】任务窗格，单击【新建】选项组中的【本机上的模板】链接。

② 弹出【模板】对话框，切换到【其他文档】选项卡，选择【现代型简历】选项。

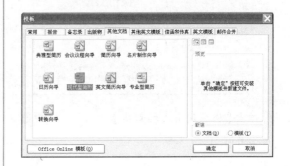

③ 选择完毕单击 ⌈ 确定 ⌋ 按钮即可。如果该类型的文档未安装，则开始安装该模板。

④ 稍等片刻即可完成安装，此时新建一个现代型简历文档。

根据现有文档创建文档

用户还可以在以前编辑的文档基础上创建新的文档。具体操作步骤如下。

① 按照前面介绍的方法打开【新建文档】任务窗格，单击【根据现有文档】链接。

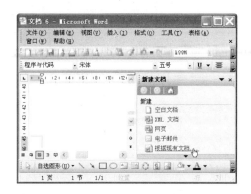

② 弹出【根据现有文档新建】对话框，从中选择已有的 Word 文档。

③ 选择完毕单击 ⌈ 创建(C) ⌋ 按钮即可。

2. 保存文档

保存文档是编辑文档过程中重要的一步。如果想要在其他的时间再一次看到已经编辑好的文档，就必须先将文档保存在磁盘中。

保存新的文档

保存新文档的具体操作步骤如下。

① 选择【文件】➤【保存】菜单项。

② 弹出【另存为】对话框，从中设置 Word 文档
的保存位置和保存名称。

③ 设置完毕后单击 保存(S) 按钮即可。

● **保存已有的文档**

保存已有文档的方法很简单，可以选择【文
件】▷【保存】菜单项，也可以单击工具栏中的
【保存】按钮。

● **另存文档**

如果要修改某个文档，又希望保留原文档，
就可以对文档进行另存。

另存文档的方法和初次保存文档的方法几乎
一样。具体操作步骤如下。

① 打开要另存的文档，按下【F12】键或选择【文
件】▷【另存为】菜单项。

② 弹出【另存为】对话框，从中设置 Word 文档
的另存位置和名称。

③ 设置完毕后单击 保存(S) 按钮即可。

3. 打开文档

打开文档的具体操作步骤如下。

① 单击【常用】工具栏中的【打开】按钮，或
选择【文件】▷【打开】菜单项。

2 弹出【打开】对话框，在【查找范围】下拉列表中选择要打开文档的存放路径，然后选择要打开的 Word 文档。

3 选择完毕单击 打开(O) ·按钮，打开文档。

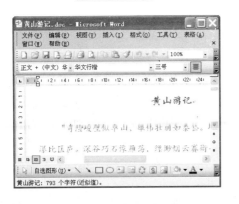

4. 关闭文档

文档编辑完成并保存后，如果暂时不再使用则可以将其关闭，以节省电脑资源。关闭文档的方法有很多种，最常用的有以下 3 种。

● **利用【文件】➤【关闭】菜单项**

选择【文件】➤【关闭】菜单项即可关闭当前文档。

● **利用【关闭】按钮**

单击菜单栏右侧的【关闭】按钮×即可关闭当前文档。

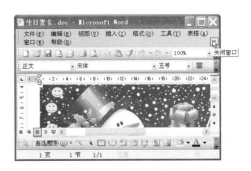

● **利用【Ctrl】+【F4】组合键**

按【Ctrl】+【F4】组合键即可关闭当前文档。

4.2 制作精美名片

用户使用 Word 2003 可以制作很多美观、实用的卡片，如生日贺卡、邀请函、名片等。本节以制作精美名片为例进行介绍。

4.2.1　设置页面

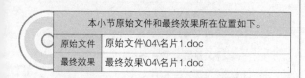

本小节原始文件和最终效果所在位置如下。	
原始文件	原始文件\04\名片1.doc
最终效果	最终效果\04\名片1.doc

要想制作名片，首先要进行页面设置，具体操作步骤如下。

1 打开本小节的原始文件，选择【文件】▷【页面设置】菜单项。

2 弹出【页面设置】对话框，切换到【页边距】选项卡，分别在【上】、【下】、【左】、【右】微调框中输入"0.5 厘米"。

3 切换到【纸张】选项卡，从【纸张大小】下拉列表中选择【自定义大小】选项，然后分别在

【宽度】和【高度】微调框中输入"9.1 厘米"和"5.2 厘米"。

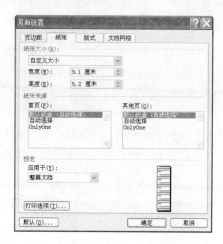

4 设置完毕单击 确定 按钮即可。

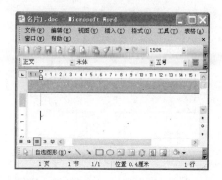

4.2.2　设置页面背景

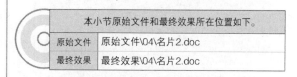

本小节原始文件和最终效果所在位置如下。	
原始文件	原始文件\04\名片2.doc
最终效果	最终效果\04\名片2.doc

为了使名片看起来更加美观，用户还可以为其设置页面背景。具体的操作步骤如下。

1 打开本小节的原始文件，选择【格式】▷【背景】▷【其他颜色】菜单项。

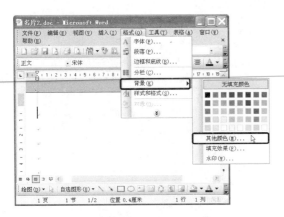

2 弹出【颜色】对话框，切换到【自定义】选项卡，分别在【红色】、【绿色】、【蓝色】微调框中输入"226"、"106"和"42"。

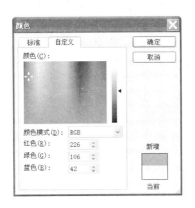

3 设置完毕单击 确定 按钮即可。

4.2.3 输入文本

原始文件	原始文件\04\名片3.doc
最终效果	最终效果\04\名片3.doc

在文档中输入文本的具体操作步骤如下。

1 打开本小节的原始文件，将光标定位到要输入文本的位置，然后输入"总经理：胡浩文"。

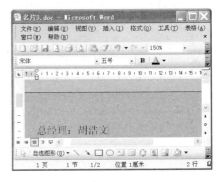

2 按照同样的方法输入其他的文本内容。

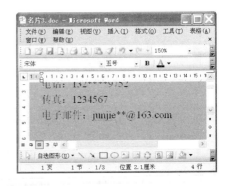

4.2.4 美化文本

原始文件	原始文件\04\名片4.doc
最终效果	最终效果\04\名片4.doc

下面开始美化文本。具体操作步骤如下。

1 打开本小节的原始文件，选择文本内容"总经

理：胡浩文"，然后选择【格式】▷【字体】
菜单项。

单项。

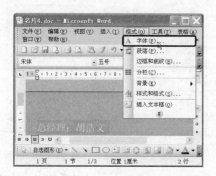

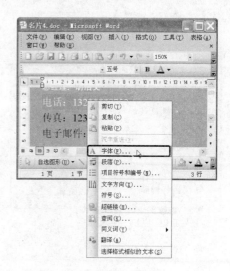

② 弹出【字体】对话框，切换到【字体】选项
卡，从【中文字体】下拉列表中选择【文鼎
CS 中黑】选项（该字体非系统自带，需要用
户自己安装），在【字号】文本框中输入"8.5"，
从【字体颜色】下拉列表中选择合适的字体
颜色，这里选择【白色】。

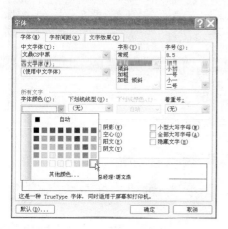

⑤ 弹出【字体】选项卡，从【中文字体】下拉列
表中选择【文鼎 CS 中黑】选项，在【字号】
文本框中输入"8.5"，从【字体颜色】下拉列
表中选择合适的字体颜色，这里选择【白色】。

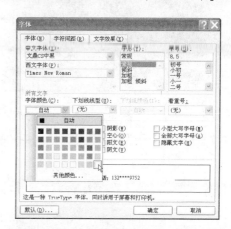

③ 设置完毕单击 确定 按钮即可。

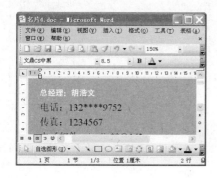

⑥ 设置完毕单击 确定 按钮即可。

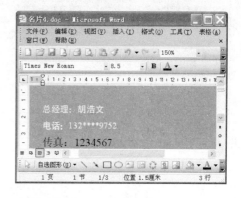

④ 选择文本"电话：132****9752"，然后单击鼠
标右键，从弹出的快捷菜单中选择【字体】菜

7 选中其他的文本内容，从【字体】下拉列表中
选择【文鼎 CS 中黑】选项。

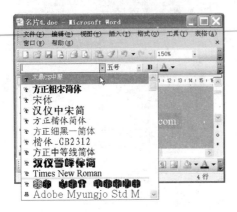

8 在【字号】文本框中输入"8.5"。

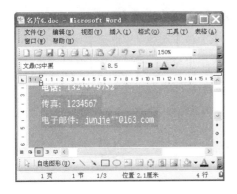

9 单击【字体颜色】按钮右侧的下箭头按钮，从弹出的下拉列表中选择字体颜色，这里
选择【白色】。

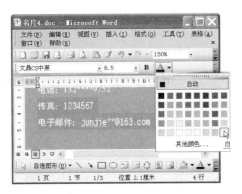

10 选中所有的文本内容，然后选择【格式】▶【段
落】菜单项。

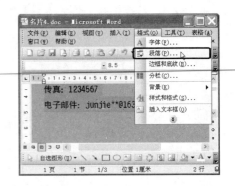

11 弹出【段落】对话框，切换到【缩进和间距】
选项卡，在【缩进】选项组中的【左】微调框
中输入"9 字符"。

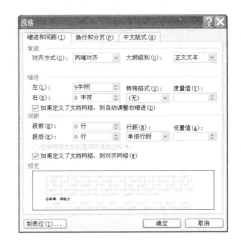

12 设置完毕单击　确定　按钮即可。

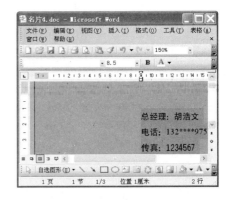

13 选择文本"总经理：胡浩文"后单击鼠标右键，
从弹出的快捷菜单中选择【段落】菜单项。

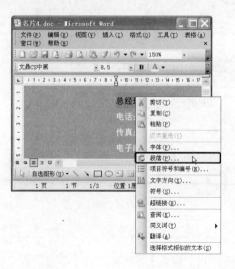

⑭ 弹出【段落】对话框，切换到【缩进和间距】选项卡，在【间距】选项组中的【段前】微调框中输入"1 行"。

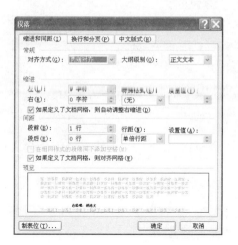

⑮ 设置完毕单击 确定 按钮即可。

4.2.5　插入艺术字

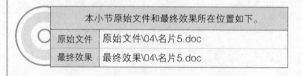

本小节原始文件和最终效果所在位置如下。	
原始文件	原始文件\04\名片5.doc
最终效果	最终效果\04\名片5.doc

　　如果用户觉得自己设置的字体格式不是特别美观，则可以使用插入艺术字的方式将其美化。

　　在文档中插入艺术字的具体操作步骤如下。

① 打开本小节的原始文件，将光标定位到要插入艺术字的位置，选择【插入】➤【图片】➤【艺术字】菜单项。

② 弹出【艺术字库】对话框，从【请选择一种"艺术字"样式】列表框中选择合适的艺术字样式。

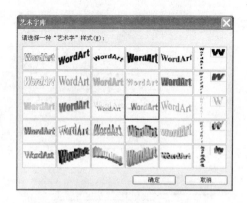

③ 选择完毕单击 确定 按钮，弹出【编辑"艺术字"文字】对话框，从【字体】下拉列

表中选择【华文行楷】选项，从【字号】下拉列表中选择【20】选项，然后在【文字】文本框中输入"俊杰广告有限公司"。

下拉列表中选择【灰色-80%】选项，然后在【粗细】微调框中输入"0磅"。

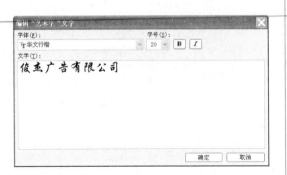

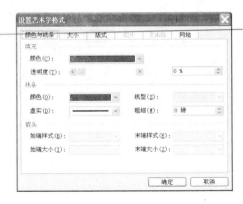

④ 设置完毕单击 确定 按钮即可。

⑦ 切换到【版式】选项卡，在【环绕方式】选项组中选择【浮于文字上方】选项。

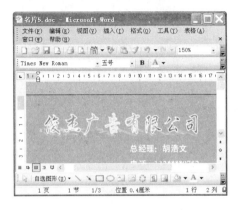

⑤ 选中刚刚插入的艺术字，然后单击鼠标右键，从弹出的快捷菜单中选择【设置艺术字格式】菜单项。

⑧ 设置完毕单击 确定 按钮即可。

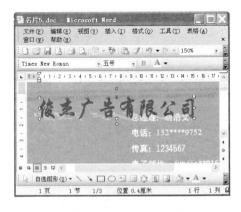

⑥ 随即弹出【设置艺术字格式】对话框，从【填充】选项组中的【颜色】下拉列表中选择【灰色-80%】；从【线条】选项组中的【颜色】

⑨ 将鼠标指针移动到刚刚插入的艺术字上，此时鼠标指针变成 形状，按住鼠标左键不放，将其拖曳到文档中合适的位置。

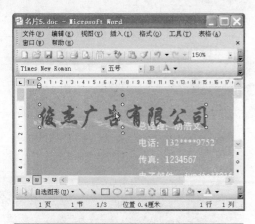

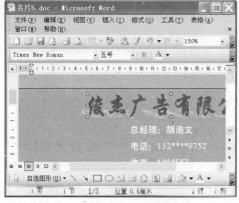

4.2.6　插入图片和剪贴画

本小节素材文件、原始文件和最终效果所在位置如下。	
素材文件	素材文件\04\01.png、02.png、03.jpg
原始文件	原始文件\04\名片6.doc
最终效果	最终效果\04\名片6.doc

用户在使用 Word 2003 软件编辑文档的过程中，还可以插入一些图片和剪贴画来美化所做的文档。

● 插入图片

在文档中插入图片的具体操作步骤如下。

① 打开本小节的原始文件，将光标定位到要插入图片的位置，选择【插入】➢【图片】➢【来自文件菜单项。

② 弹出【插入图片】对话框，从中选择要插入的图片文件，这里选择素材文件"01.png"。

③ 选择完毕单击 插入(S) 按钮即可。

④ 选中刚刚插入的图片文件，然后单击鼠标右键，从弹出的快捷菜单中选择【设置图片格式】菜单项。

⑤ 随即弹出【设置图片格式】对话框,切换到【版式】选项卡,从【环绕方式】选项组中选择【浮于文字上方】选项。

⑥ 单击 高级(A)... 按钮,弹出【高级版式】对话框,切换到【图片位置】选项卡,分别从【水平对齐】和【垂直对齐】选项组中的【绝对位置】右侧的下拉列表中选择【页面】选项,然后在【右侧】和【下侧】微调框中分别输入"0厘米"和"1.28厘米"。

⑦ 单击 确定 按钮,返回【设置图片格式】对话框,单击 确定 按钮即可。

⑧ 按照同样的方法打开【插入图片】对话框,从中选择素材文件"02.png"。

⑨ 选择完毕单击 插入(S) 按钮即可。

⑩ 在编辑图片的过程中,有时候需要用到【图片】工具栏。如果该工具栏已经隐藏,则可以将其显示出来,选择【视图】➤【工具栏】➤【图片】菜单项即可。

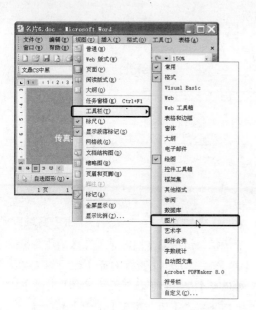

⑪ 单击【图片】工具栏中的【文字环绕】按钮，从弹出的下拉列表中选择【浮于文字上方】选项。

⑫ 此时图片文件将浮于文字上方，选中该图片文件，单击【图片】工具栏中的【设置图片格式】按钮。

⑬ 随即弹出【设置图片格式】对话框，切换到【版式】选项卡。

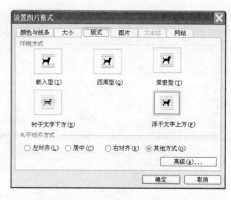

⑭ 单击 高级(A)... 按钮，弹出【高级版式】对话框，切换到【图片位置】选项卡，分别在【水平对齐】和【垂直对齐】选项组中的【绝对位置】右侧的下拉列表中选择【页面】选项，然后在【右侧】和【下侧】微调框中分别输入 "7.48 厘米" 和 "2.2 厘米"。

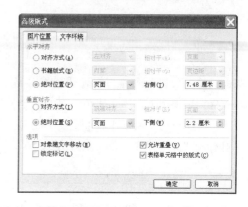

⑮ 单击 确定 按钮，返回【设置图片格式】对话框，单击 确定 按钮即可。

⑯ 按照同样的方法打开【插入图片】对话框，从中选择素材文件"03.jpg"。

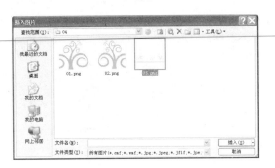

⑰ 选择完毕单击　插入(S)　按钮即可。

⑱ 双击刚插入的图片文件，弹出【设置图片格式】对话框，切换到【大小】选项，在【尺寸和旋转】选项组中的【高度】和【宽度】微调框中分别输入"5.18 厘米"和"9.07 厘米"。

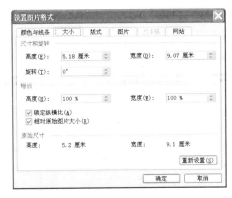

⑲ 切换到【版式】选项卡，在【环绕方式】选项组中选择【衬于文字下方】选项。

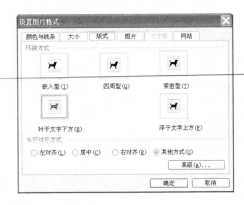

⑳ 单击　高级(A)...　按钮，弹出【高级版式】对话框，切换到【图片位置】选项卡，分别在【水平对齐】和【垂直对齐】选项组中的【绝对位置】右侧的下拉列表中选择【页面】选项，然后分别在【右侧】和【下侧】微调框中输入"0.01 厘米"。

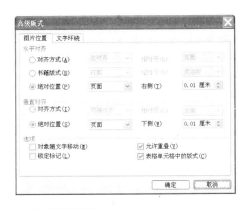

㉑ 单击　确定　按钮，返回【设置图片格式】对话框，单击　确定　按钮即可。

插入剪贴画

在文档中插入剪贴画的具体操作步骤如下。

① 将光标定位到要插入剪贴画的位置，然后选择【插入】➤【图片】➤【剪贴画】菜单项。

② 弹出【剪贴画】任务窗格，在【搜索文字】文本框中输入搜索关键字"图标"。

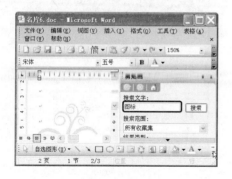

③ 输入完毕单击 搜索 按钮，开始搜索符合关键字要求的剪贴画文件。

④ 从搜索结果列表框中选择要插入的剪贴画，单击即可将其插入到文档中。单击【剪贴画】任务窗格右上角的【关闭】按钮×。将任务窗格关闭。

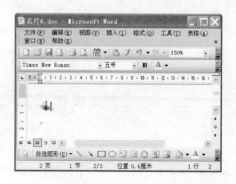

⑤ 选中刚刚插入的剪贴画文件，单击【图片】工具栏中的【文字环绕】按钮，然后从弹出的下拉列表中选择【浮于文字上方】选项。

⑥ 在该剪贴画文件上双击，弹出【设置图片格式】对话框，切换到【版式】选项卡。

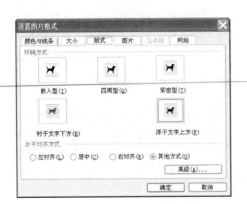

7 单击 高级(A)... 按钮，弹出【高级版式】对话框，切换到【图片位置】选项卡，分别在【水平对齐】和【垂直对齐】选项组中的【绝对位置】右侧的下拉列表中选择【页面】选项，然后在【右侧】和【下侧】微调框中分别输入"0.3 厘米"和"4.68 厘米"。

8 单击 确定 按钮，返回【设置图片格式】对话框，单击 确定 按钮即可。

9 选中该剪贴画，单击鼠标右键，从弹出的快捷菜单中选择【复制】菜单项。

10 将光标定位到文档中，单击鼠标右键，然后从弹出的快捷菜单中选择【粘贴】菜单项。

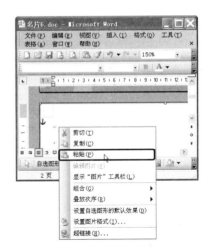

11 选中刚刚复制的剪贴画，按照前面介绍的方法打开【高级版式】对话框，切换到【图片位置】

选项卡，分别从【水平对齐】和【垂直对齐】选项组中的【绝对位置】右侧的下拉列表中选择【页面】选项，然后在【右侧】和【下侧】微调框中分别输入"8.4 厘米"和"4.68 厘米"。

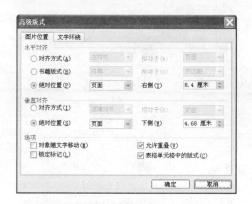

⑫ 单击 确定 按钮，返回【设置图片格式】对话框，单击 确定 按钮即可。

4.2.7　插入文本框和自选图形

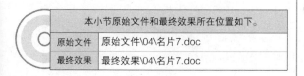

本小节原始文件和最终效果所在位置如下。	
原始文件	原始文件\04\名片7.doc
最终效果	最终效果\04\名片7.doc

本小节将介绍在文档中插入文本框和自选图形的方法。

● **插入文本框**

除了在文档中直接输入文本之外，用户还可以通过文本框输入文本。具体操作步骤如下。

① 打开本小节的原始文件，选择【插入】➤【文本框】➤【横排】菜单项。

② 待鼠标指针变成"十"形状后，在文档中合适的位置绘制一个横排文本框，然后从中输入"Jun jie guang gao you xian gong si"。

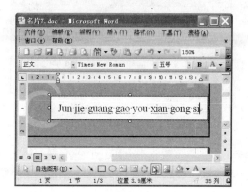

③ 选中刚刚输入的文本，选择【格式】➤【字体】菜单项。

④ 弹出【字体】对话框, 切换到【字体】选项卡, 从【西文字体】下拉列表中选择【Bell Gothic Std Light】选项, 在【字号】文本框中输入"9.5"。

⑤ 设置完毕单击 确定 按钮即可。

⑥ 选中刚刚绘制的文本框, 单击鼠标右键, 从弹出的快捷菜单中选择【设置文本框格式】菜单项。

⑦ 弹出【设置文本框格式】对话框, 切换到【颜色与线条】选项卡, 在【填充】选项组中的【颜色】下拉列表中选择【无填充颜色】选项, 从【线条】选项组中的【颜色】下拉列表中选择【无线条颜色】选项。

⑧ 设置完毕单击 确定 按钮即可。

⑨ 按照前面介绍的方法在第 2 页文档中合适的位置绘制一个横排文本框, 从中输入"俊杰广告有限公司"。

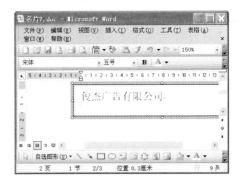

⑩ 选中刚刚输入的文本内容, 单击鼠标右键, 然后从弹出的快捷菜单中选择【字体】菜单项。

⑪ 弹出【字体】对话框，切换到【字体】选项卡，从【中文字体】下拉列表中选择【方正琥珀简体】选项，从【字号】下拉列表中选择"小二"选项，从【字体颜色】下拉列表中选择【其他颜色】选项。

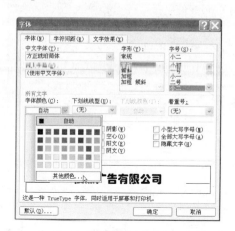

⑫ 弹出【颜色】对话框，切换到【自定义】选项卡，在【红色】、【绿色】、【蓝色】微调框中分别输入"226"、"106"、"42"。

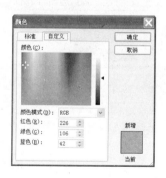

⑬ 设置完毕单击 确定 按钮，返回【字体】对话框，单击 确定 按钮即可。

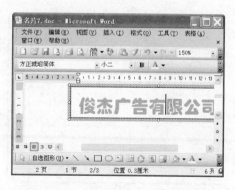

⑭ 按照前面介绍的方法将文本框设置为无填充颜色和无线条颜色。

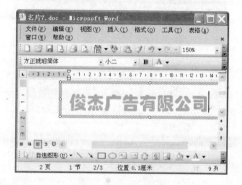

⑮ 按照前面介绍的方法在第 2 页文档中合适的位置绘制一个横排文本框，从中输入"Jun jie guang gao you xian gong si"。

⑯ 选中刚刚输入的文本，打开【字体】对话框，切换到【字体】选项卡，从【西文字体】下拉列表中选择【Bell Gothic Std Light】选项，从【字号】下拉列表中选择【五号】选项。

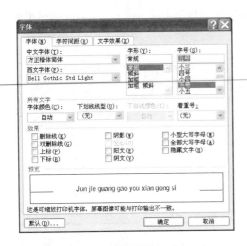

⑳ 选中文本框中的内容，打开【字体】对话框，切换到【字体】对话框，从【中文字体】下拉列表中选择【文鼎 CS 中黑】选项，在【字体】文本框中输入"6"。

⑰ 设置完毕单击 确定 按钮即可。

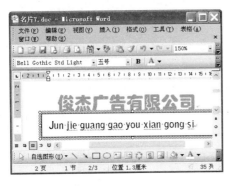

⑱ 按照前面介绍的方法将文本框设置为无填充颜色和无线条颜色。

㉑ 设置完毕单击 确定 按钮即可。

⑲ 按照前面介绍的方法在第 2 页文档中合适的位置绘制一个横排文本框，从中输入"承接广告业务范围：平面广告设计与制作 三位效果图设计与制作 条幅、横批、广告牌制作"，如右上图所示。

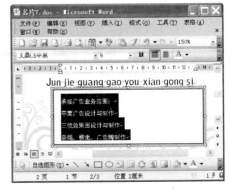

㉒ 选中刚刚输入的文本，选择【格式】➤【段落】菜单项。

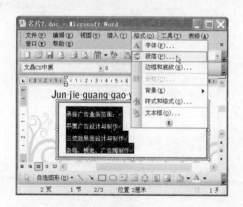

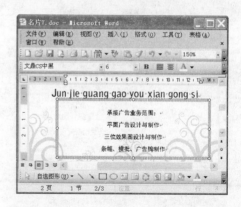

23 弹出【段落】对话框，切换到【缩进和间距】选项卡，从【常规】选项组的【对齐方式】下拉列表中选择【居中】选项。

26 按照同样的方法在第 2 页文档中合适的位置绘制一个横排文本框，从中输入"地址：数码港 1801 室 网址：http://www.junjie**.com"。

24 设置完毕单击 确定 按钮即可。

27 选中文本框中的内容，打开【字体】对话框，切换到【字体】对话框，从【中文字体】下拉列表中选择【文鼎 CS 中黑】选项，在【字体】文本框中输入"8"。

25 按照前面介绍的方法将文本框设置为无填充颜色和无线条颜色。

28 设置完毕单击 确定 按钮即可。

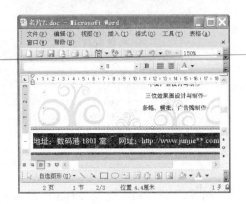

29 按照前面介绍的方法将文本框设置为无填充颜色和无线条颜色，并根据实际需要调整文本框的大小。

● 插入自选图形

在文档中插入自选图形的具体操作步骤如下。

1 选择【插入】➤【图片】➤【自选图形】菜单项。

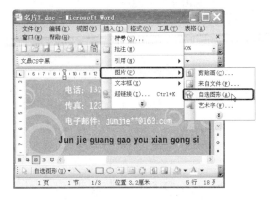

2 弹出【自选图形】工具栏，单击【基本形状】按钮，然后从弹出的下拉列表中选择【矩形】

选项。

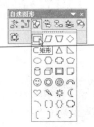

3 待鼠标指针变成"十"形状后，在文档中合适的位置绘制一个矩形。

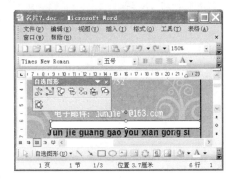

4 双击该矩形，弹出【设置自选图形格式】对话框，切换到【颜色与线条】选项卡，从【填充】选项组中的【颜色】下拉列表中选择【其他颜色】选项。

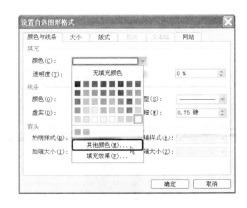

5 弹出【颜色】对话框，切换到【自定义】选项卡，在【红色】、【绿色】、【蓝色】微调框中分别输入"247"、"149"、"61"。

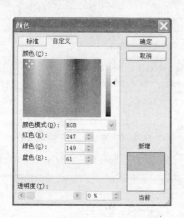

6 设置完毕单击 ▭ 确定 ▭ 按钮，返回【设置自
选图形格式】对话框，在【线条】选项组中的
【颜色】下拉列表中可以看到刚刚自定义的颜
色，从中选择该颜色。

7 切换到【大小】选项卡，在【高度】微调框中
输入"0.1 厘米"。

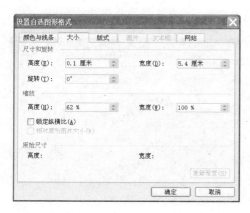

8 设置完毕单击 ▭ 确定 ▭ 按钮即可。

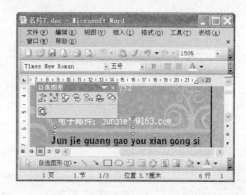

9 按照前面介绍的方法在第 2 页文档中绘制一
个矩形。

10 打开【设置自选图形格式】对话框，切换到【颜
色与线条】选项卡，从【填充】选项组中的【颜
色】下拉列表中选择【其他颜色】选项。

11 弹出【颜色】对话框，切换到【自定义】选项
卡，在【红色】、【绿色】、【蓝色】微调框中分
别输入"209"、"211"、"212"。

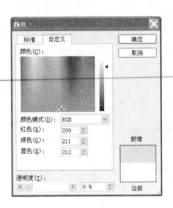

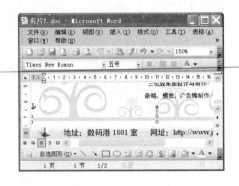

⑫ 设置完毕单击 确定 按钮，返回【设置自选图形格式】对话框，在【线条】选项组中的【颜色】下拉列表中可以看到刚刚自定义的颜色，从中选择该颜色。

⑬ 切换到【大小】选项卡，在【高度】和【宽度】微调框中分别输入"0.1 厘米"和"9.07 厘米"。

⑭ 设置完毕单击 确定 按钮，根据实际需要调整矩形的位置，然后删除文档中多余的空白行。

4.2.8　打印名片

名片制作好之后，就可以将其打印出来。具体的操作步骤如下。

① 选择【文件】➤【打印预览】菜单项，可在打印前预览一下效果。

② 此时即可预览文档的打印效果。

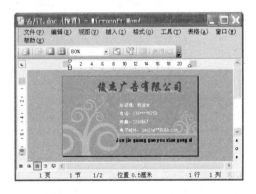

③ 从【显示比例】下拉列表中选择【50%】选项。

栏中的【打印】按钮即可开始打印名片。

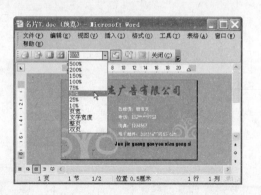

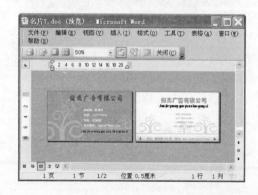

④ 此时即可同时预览名片的正反两面。单击工具

4.3　制作家庭收支统计表

Word 2003 具有表格统计的功能，用户可以在文档中插入表格和图表，并且可以对其进行编辑和美化，从而更加直观地表达文档内容。本节将以制作家庭收支统计表为例进行介绍。

4.3.1　插入表格

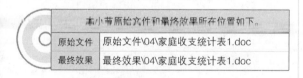

原始文件	原始文件\04\家庭收支统计表1.doc
最终效果	最终效果\04\家庭收支统计表1.doc

本小节以利用菜单栏创建表格为例进行介绍。具体操作步骤如下。

① 打开本小节的原始文件，将插入点定位到需要插入表格的位置，选择【表格】➤【插入】➤【表格】菜单项。

② 弹出【插入表格】对话框，在【表格尺寸】选项组中的【列数】和【行数】微调框中分别输入表格的列数和行数值，在【"自动调整"操作】选项组中选择一种合适的表格自动调整方式，这里选中【固定列宽】单选钮。

③ 单击 自动套用格式(A)... 按钮，弹出【表格自动套用格式】对话框，在【表格样式】列表框中选择一种合适的样式，这里选择【流行型】选项，在下方的【预览】窗格中可以看到所选样式的效果。

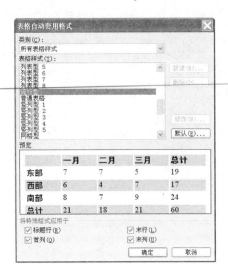

4 单击 ┃ 确定 ┃ 按钮，返回【插入表格】对话框，此时可看到【表格样式】显示为【流行型】。

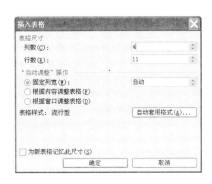

5 单击 ┃ 确定 ┃ 按钮，在插入点位置插入所设置的表格。

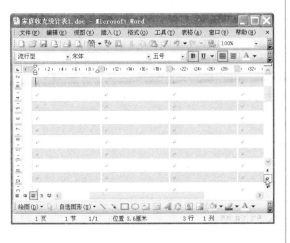

4.3.2　编辑表格

本小节原始文件和最终效果所在位置如下。	
原始文件	原始文件\04\家庭收支统计表2.doc
最终效果	最终效果\04\家庭收支统计表2.doc

　　在文档中插入表格后，用户可以根据实际需要对其进行各种编辑操作，如输入数据、插入行或列以及设置字体格式等。

　　编辑表格的具体操作步骤如下。

1 打开本小节的原始文件，将光标定位到第一行第一列单元格中，输入"家庭支出统计表"。

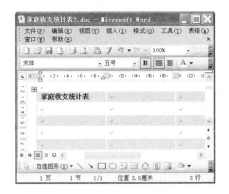

2 选择第一行所有的单元格，然后单击鼠标右键，从弹出的快捷菜单中选择【合并单元格】菜单项。

3 第一行单元格将合并为一个单元格。

④ 将光标定位到第一行单元格中，单击格式工具栏中的【居中】按钮，将单元格中的文本居中显示。

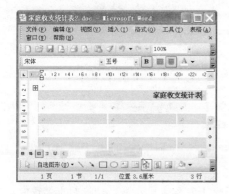

⑤ 按照同样的方法输入其他文本内容。

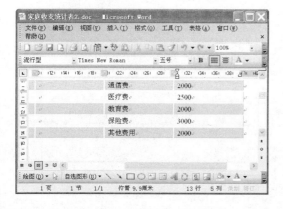

⑥ 在编辑表格的过程中，用户有时候还需要插入行或列。例如要在表格的最下方插入新的行，可将光标定位到最后一行单元格中，选择【表格】➢【插入】➢【行（在下方）】菜单项。

⑦ 此时表格的最下方将插入一个空白行，用户可在其中输入相应的内容。

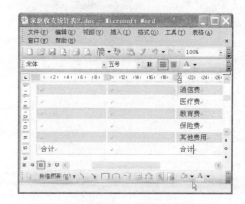

⑧ 选中第一行单元格中的文本内容，选择【格式】➢【字体】菜单项。

⑨ 弹出【字体】对话框，切换到【字体】选项卡，从【中文字体】下拉列表中选择【方正魏碑简体】选项，从【字形】列表框中选择【常规】选项，从【字号】列表框中选择【小二】选项，从【字体颜色】下拉列表中选择合适的字体颜色，如选择【深蓝】。

⑩ 设置完毕单击 确定 按钮即可。

⑪ 选中第 2 行和最后一行单元格中的所有文本，打开【字体】对话框，切换到【字体】选项卡，从【中文字体】下拉列表中选择【文鼎 CS 中黑】选项，从【字号】列表框中选择【四号】选项，从【字体颜色】下拉列表中选择合适的字体颜色，如选择【蓝色】。

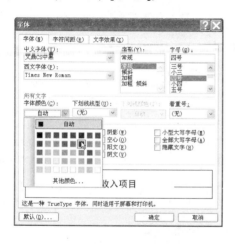

⑫ 设置完毕单击 确定 按钮即可。

⑬ 选中第 2 行和最后一行单元格中的所有文本，选择【格式】➤【段落】菜单项。

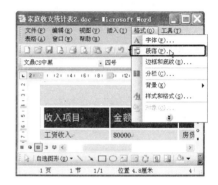

⑭ 弹出【段落】对话框，切换到【缩进和间距】选项卡，从【常规】选项组的【对齐方式】下拉列表中选择【居中】选项。

⑮ 选择完毕后单击 确定 按钮即可。

⑯ 按照同样的方法将其余的文本设置为文鼎 CS
中黑、五号、蓝色、居中对齐的样式。

4.3.3　使用公式

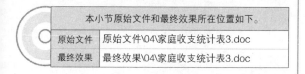

本小节原始文件和最终效果所在位置如下。	
原始文件	原始文件\04\家庭收支统计表3.doc
最终效果	最终效果\04\家庭收支统计表3.doc

　　对表格中数据进行计算的具体操作步骤如
下。

① 打开本小节的原始文件，将光标定位到最后一
行第 2 列的单元格中，选择【表格】▶【公式】
菜单项。

② 弹出【公式】对话框，在【公式】文本框中输
入要使用的公式，这里保持默认公式。

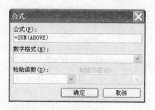

③ 此时系统会自动计算插入点所在单元格上方
的所有单元格中的数据之和，并显示出计算结
果。

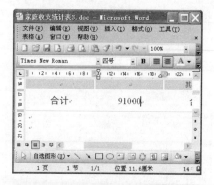

④ 按照同样的方法计算出支出项目的费用合计。

4.3.4　插入图表

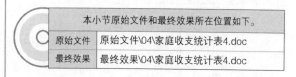

本小节原始文件和最终效果所在位置如下。	
原始文件	原始文件\04\家庭收支统计表4.doc
最终效果	最终效果\04\家庭收支统计表4.doc

　　为了更加直观、清晰地表达表格中数据之间
的关系，用户可以在文档中插入图表。具体操作

步骤如下。

① 打开本小节的原始文件，将插入点定位到需要插入图表的位置，选择【插入】➤【图片】➤【图表】菜单项。

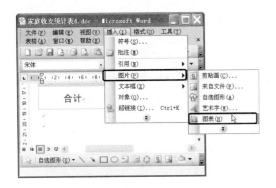

② 此时即可在文档中插入一个图表。

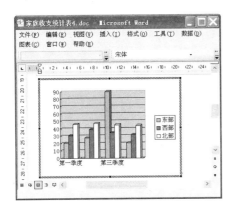

③ 在插入图表的同时还会打开一个 Excel 工作表，用户可根据实际需要输入相应的数据。

		A	B	C	D	E
		第一季度	第二季度	第三季度	第四季度	
1	东部	20.4	27.4	90	20.4	
2	西部	30.6	38.6	34.6	31.6	
3	北部	45.9	46.9	45	43.9	
4						

		A	B	C
	房贷	12000		
1	衣食费	6000		
2	水电费	1000		
3	交通费	1200		
4	通信费	2000		
5	医疗费	2500		
6	教育费	2000		
7	保险费	3000		
8	其他费用	2000		
9				

④ 单击 Excel 工作表右上角的【关闭】按钮 将其关闭，此时图表会随着 Excel 工作表中的数据的更改而改变。

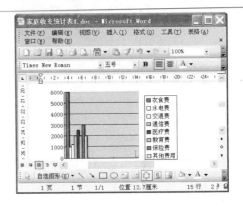

⑤ 选中刚刚插入的图表，单击格式工具栏中的【居中】按钮，将该图表居中显示。

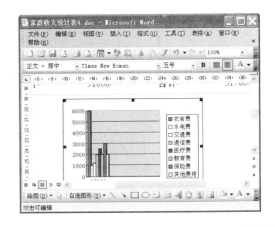

4.3.5 美化图表

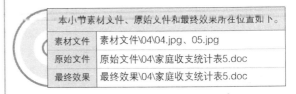

	本小节素材文件、原始文件和最终效果所在位置如下。
素材文件	素材文件\04\04.jpg、05.jpg
原始文件	原始文件\04\家庭收支统计表5.doc
最终效果	最终效果\04\家庭收支统计表5.doc

为了使插入的图表看起来更加美观，用户还可以对图表进行美化设置。具体操作步骤如下。

① 打开本小节的原始文件，选中刚刚插入的图表，单击鼠标右键，从弹出的快捷菜单中选择【图表 对象】➤【编辑】菜单项。

② 此时图表处于可编辑状态,在图表区上单击鼠标右键,然后从弹出的快捷菜单中选择【设置图表区格式】菜单项。

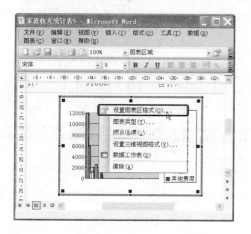

③ 弹出【图表区格式】对话框,切换到【图案】选项卡。

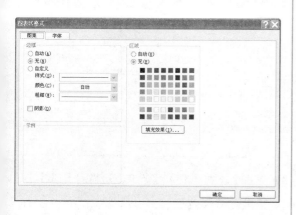

④ 单击 填充效果(I)... 按钮,弹出【填充效果】对话框,切换到【图片】选项卡。

⑤ 单击 选择图片(L)... 按钮,弹出【选择图片】对话框,从中选择要作为图表区填充背景的图片文件,这里选择 "04.jpg"。

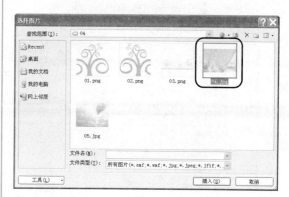

⑥ 选择完毕单击 插入(S) 按钮,返回【填充效果】对话框,在【图片】框和右下角的【示例】框中可以预览设置效果。

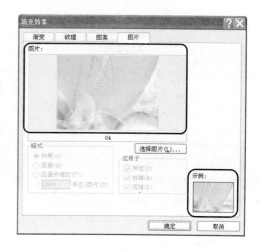

⑦ 单击 确定 按钮, 返回【图表区格式】对话框, 单击 确定 按钮即可。

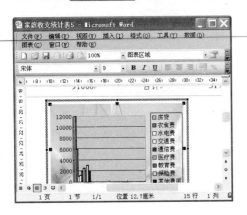

⑧ 在背景墙上单击鼠标右键, 从弹出的快捷菜单中选择【设置背景墙格式】菜单项。

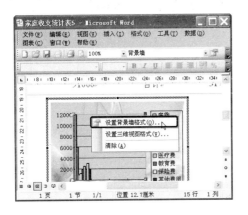

⑨ 弹出【背景墙格式】对话框, 在【区域】选项组中选择背景墙的填充颜色。

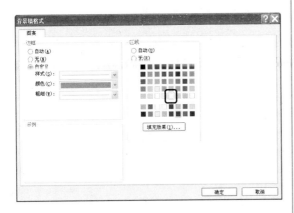

⑩ 设置完毕单击 确定 按钮即可。

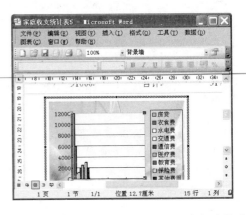

⑪ 在图例上单击鼠标右键, 然后从弹出的快捷菜单中选择【设置图例格式】菜单项。

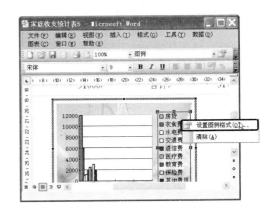

⑫ 随即弹出【图例格式】对话框, 切换到【图案】选项卡, 单击 填充效果(I)... 按钮。

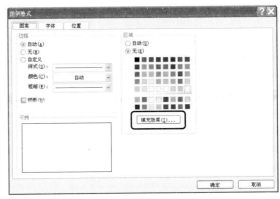

⑬ 弹出【填充效果】对话框, 切换到【图片】选项卡, 单击 选择图片(L)... 按钮。

⑭ 弹出【选择图片】对话框，从中选择要作为图例填充背景的图片文件，这里选择 "05.jpg"。

⑮ 选择完毕单击 插入(S) 按钮，返回【填充效果】对话框，在【图片】框和右下角的【示例】框中可以预览设置效果。

⑯ 单击 确定 按钮，返回【图例格式】对话框，单击 确定 按钮即可。

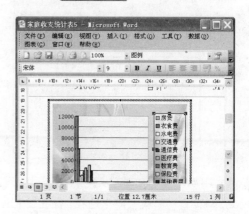

⑰ 在图表上单击鼠标右键，从弹出的快捷菜单中选择【图表选项】菜单项。

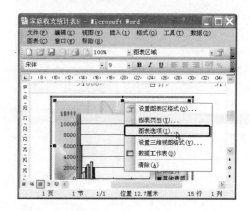

⑱ 弹出【图表选项】对话框，切换到【标题】选项卡，在【图表标题】文本框中输入 "家庭支出项目图表"。

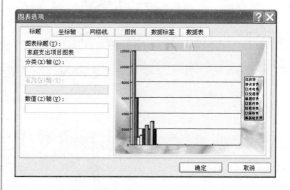

⑲ 设置完毕单击 确定 按钮即可。

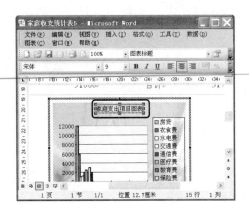

项，从【字号】列表框中选择【18】选项，从【颜色】下拉列表中选择合适的字体颜色，如选择【深蓝】选项。

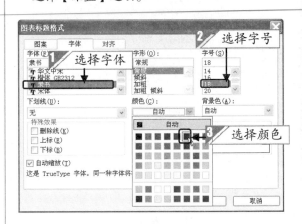

20 选中刚刚添加的图表标题，然后单击鼠标右键，从弹出的快捷菜单中选择【设置图表标题格式】菜单项。

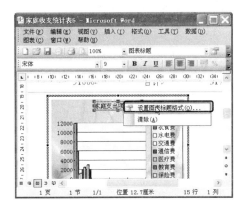

22 设置完毕单击 ＿确定＿ 按钮即可。

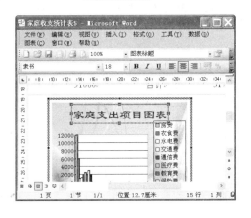

21 弹出【图表标题格式】对话框，切换到【字体】选项卡，从【字体】列表框中选择【隶书】选

 练兵场 制作生日贺卡

按照 4.2 节介绍的方法，制作生日贺卡文档。操作过程可参见"配套光盘\练兵场\制作生日贺卡"。

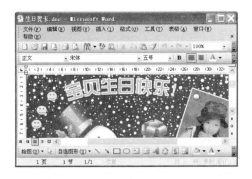

第5章 Excel 家庭理财

Excel 2003 是 Office 办公软件系列中一款优秀的电子表格处理软件，它功能强大、被广泛使用。该软件具有操作方便、善于进行数据处理和数据分析等特点，是用户在工作、生活、学习中必不可少的软件之一。

关于本章知识，本书配套教学光盘中有相关的多媒体教学视频，请读者参看光盘【Office软件应用\Excel理财】。

- ▶ 初识 Excel 2003
- ▶ 制作房屋贷款分析表
- ▶ 制作股票投资分析图

光盘链接

5.1 初识Excel 2003

为了能够更好地使用 Excel 处理表格数据，首先需要认识一下 Excel 2003，包括启动和退出 Excel 2003、熟悉 Excel 2003 工作界面和工作簿的基本操作。

5.1.1 启动和退出 Excel 2003

1. 启动 Excel 2003

启动 Excel 2003 程序的方法主要有 4 种：通过桌面上的快捷图标，通过【开始】菜单，通过任务栏中的快捷方式图标，打开已保存的 Excel 工作簿。

● **通过【开始】菜单**

这是最简单的一种启动 Excel 2003 的方法。单击 [开始] 按钮，在弹出的菜单中选择【所有程序】➤【Microsoft Office】➤【Microsoft Office Excel 2003】菜单项，即可启动 Excel 2003。

● **通过任务栏中的快捷方式图标**

选中所创建的 Excel 2003 桌面快捷方式图标，将其拖曳至任务栏中，此时任务栏中将出现一个 Excel 2003 图标，单击此图标即可启动 Excel 2003 程序。

● **通过桌面快捷方式图标**

双击桌面上的 Excel 2003 快捷方式图标，即可启动 Excel 2003 程序。不过要想通过桌面上的 Excel 2003 快捷方式图标启动 Excel 2003，首先需要在桌面上创建快捷方式图标，方法很简单：选择【所有程序】➤【Microsoft Office】菜单项，在【Microsoft Office Excel 2003】菜单项弹出的级联菜单中右击，从弹出的快捷菜单中选择【发送到】➤【桌面快捷方式】菜单项。

此时桌面上将出现一个 Excel 2003 的桌面快捷方式图标。

2. 退出Excel 2003

退出 Excel 2003 程序的方法有以下几种。

(1) 单击 Excel 工作簿右上角的【关闭】按钮。

(2) 单击标题栏中的【控制菜单】图标，从弹出的快捷菜单中选择【关闭】菜单项（或直接双击【控制菜单】图标）。

(3) 选择【文件】➢【退出】菜单项。

(4) 按【Alt】+【F4】组合键，即可退出 Excel 2003 应用程序。

5.1.2　认识 Excel 工作界面

启动 Excel 2003 程序后，即可看到 Excel 2003 的主窗口。

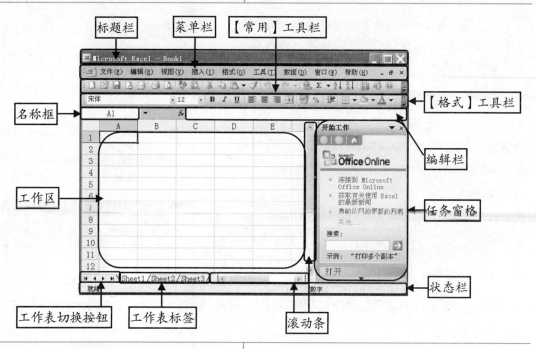

Excel 2003 与 Word 2003 的主窗口界面基本类似，由标题栏、菜单栏、工具栏、编辑栏、工作区、任务窗格以及状态栏等部分组成。

标题栏

标题栏位于 Excel 2003 工作窗口的最上方，用于显示当前的文件名称。

菜单栏

菜单栏位于标题栏的下方，包含了所有用于显示和执行的命令。

【格式】工具栏

【格式】工具栏中包含了一些在使用 Excel 2003 时经常用到的格式操作按钮，使用这些格式操作按钮可大大地提高工作效率。

【常用】工具栏

Excel 2003 将一些常用的功能以图标按钮的形式在【常用】工具栏中列出来以便于用户的使用，利用这些按钮可以快速地进行相应的操作。

任务窗格

任务窗格是位于 Excel 2003 右侧的一个分栏

窗口，它会根据用户的操作需求弹出相应的任务窗格，以使用户及时获得所需的工具。

名称框

名称框可显示当前活动单元格的地址。

编辑栏

编辑栏用于显示和隐藏当前活动单元格中的数据或公式。

工作区

工作界面中最大的一块区域即为 Excel 的工作区，用户可以在该区域中进行工作表内容的显示和编辑等操作。

滚动条

滚动条包含水平滚动条和垂直滚动条，拖动滚动条中的滑块可以查看超出窗口显示范围而未显示出来的内容。

状态栏

状态栏位于工作窗口的最下方，用于提供相关命令或显示当前操作进程等信息。

工作表切换按钮

工作表切换按钮包括、、和按钮。

工作表标签

工作表标签位于工作表切换按钮的右侧，主要用于在各个工作表之间进行切换。默认情况下，一个工作簿只显示 3 个工作表标签。

5.1.3　工作簿基本操作

工作簿的基本操作主要包括新建工作簿、保存工作簿、打开工作簿和关闭工作簿。

1.　新建工作簿

新建工作簿分新建空白工作簿和根据模板新

建工作簿两种，下面分别进行介绍。

新建空白工作簿

启动 Excel 2003 后系统会自动创建一个名称为"Book1"的工作簿，用户可以直接使用这个工作簿。具体操作步骤如下。

1 单击【常用】工具栏中的【新建】按钮，或选择【文件】➢【新建】菜单项。

2 窗口右侧将弹出【新建工作簿】任务窗格，单击【新建】选项组中的【空白工作簿】链接。

3 此时即可创建一个新的空白工作簿。

根据模板新建工作簿

这里以新建一个"个人预算表"工作簿为例进行介绍。具体操作步骤如下。

① 按照前面介绍的方法打开【新建工作簿】任务窗格，单击【本机上的模板】链接。

② 弹出【模板】选项卡，切换到【电子方案表格】选项卡，在下方的列表框中选择【个人预算表】选项。

③ 选择完毕单击 ___确定___ 按钮，如果该模板没有安装，则会弹出【正在安装 Micorsoft Excel 组件】对话框。

④ 安装完毕即可创建一个"个人预算表"工作簿。

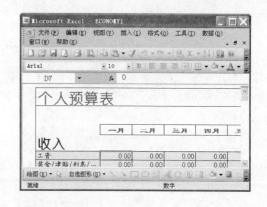

2. 保存工作簿

完成工作簿数据的输入和编辑操作后，用户需要保存该工作簿便于以后使用。保存工作簿分为保存新建工作簿、保存已有的工作簿、另存工作簿和自动保存工作簿，下面分别进行介绍。

保存新的工作簿

保存新建工作簿的具体操作步骤如下。

① 选择【文件】▶【保存】菜单项。

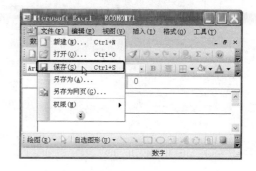

② 弹出【另存为】对话框，从中设置 Excel 工作簿的保存位置和保存名称。

③ 设置完毕单击 ___保存(S)___ 按钮即可。

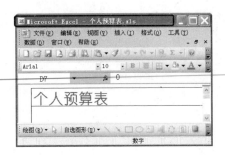

保存已有的工作簿

保存已有的工作簿的方法：选择【文件】➤【保存】菜单项，或单击工具栏中的【保存】按钮📄即可。

另存工作簿

如果要修改某个工作簿，但又希望保留原工作簿不变，就可以对工作簿进行另存。

另存工作簿的方法和初次保存工作簿的方法类似，具体操作步骤如下。

①　打开要另存的工作簿，然后按【F12】键或选择【文件】➤【另存为】菜单项。

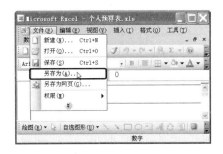

②　弹出【另存为】对话框，从中设置 Excel 工作簿的另存位置和名称。

③　设置完毕单击　保存(S)　按钮即可。

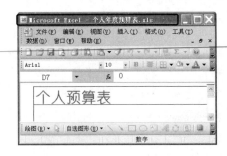

自动保存工作簿

自动保存功能就是每隔一段时间系统就自动保存正在编辑的工作簿。利用此功能可以尽量减少因死机、停电等原因所造成的损失。

设置自动保存的具体操作步骤如下。

①　选择【工具】➤【选项】菜单项。

②　弹出【选项】对话框，切换到【保存】选项卡，在【设置】选项组中选中【保存自动恢复信息，每隔】复选框，在其右侧的微调框中输入"6"。

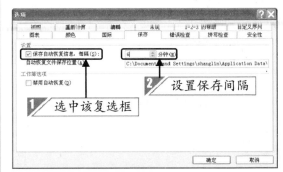

③　设置完毕后单击　确定　按钮即可。

3.　打开工作簿

打开工作簿的具体操作步骤如下。

① 单击【常用】工具栏中的【打开】按钮，或选择【文件】➤【打开】菜单项。

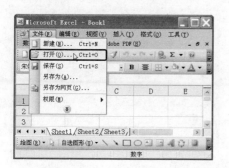

② 弹出【打开】对话框，在【查找范围】下拉列表中选择要打开工作簿的存放路径，然后选择要打开的工作簿。

③ 选择完毕单击 打开(O) 按钮即可打开工作簿。

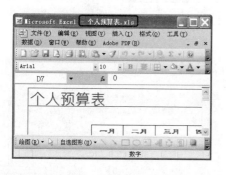

4.　关闭工作簿

工作簿编辑完成并保存后，如果暂时不再使用则可以将其关闭，以节省电脑资源。关闭工作簿的方法有很多种，最常用的有以下 3 种。

● **利用【文件】➤【关闭】菜单项**

选择【文件】➤【关闭】菜单项即可关闭当前工作簿。

● **利用【关闭】按钮**

单击菜单栏右侧的【关闭】按钮 × 即可关闭当前工作簿。

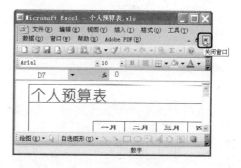

● **利用【Ctrl】+【F4】组合键**

按【Ctrl】+【F4】组合键即可关闭当前工作簿。

5.2　制作房屋贷款分析表

随着房价的日益提高，越来越多的工薪家庭选择贷款买房，那么应该如何选择合适的房屋贷款方式呢？本节将使用 Excel 2003 制作一个房屋贷款分析表，以帮助用户分析关于房屋贷款的各种数据。

5.2.1 创建房屋贷款分析表

	本小节原始文件和最终效果所在位置如下。
原始文件	原始文件\05\房屋贷款分析表1.xls
最终效果	最终效果\05\房屋贷款分析表1.xls

创建房屋贷款分析表的具体操作步骤如下。

1 打开本小节的原始文件，在工作表标签【Sheet2】上单击鼠标右键，从弹出的快捷菜单中选择【删除】菜单项。

2 工作表【Sheet2】已被成功地删除。

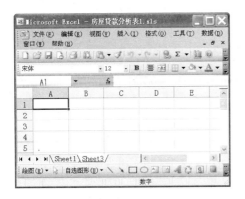

3 使用相同的方法删除工作表【Sheet3】，然后在工作表标签【Sheet1】上单击鼠标右键，从弹出的快捷菜单中选择【重命名】菜单项。

4 此时工作表标签名为可编辑状态，输入"房屋贷款分析表"，按【Enter】键即可将工作表【Sheet1】重命名为"房屋贷款分析表"。

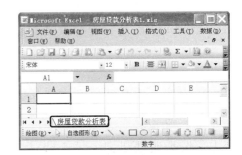

5 选中单元格 B2，输入"房屋贷款分析"，按【Enter】键确认。

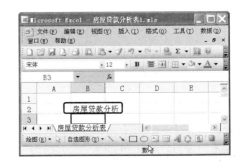

6 按照同样的方法输入其他的表格信息。

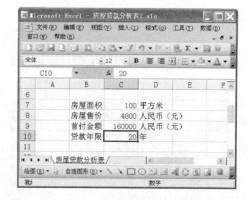

5.2.2　计算贷款金额及利息

本小节原始文件和最终效果所在位置如下。

原始文件	原始文件\05\房屋贷款分析表2.xls
最终效果	最终效果\05\房屋贷款分析表2.xls

1. 认识应用支付函数

要完善计算器的功能，就要输入与贷款金额及利息相关的计算公式，即应用支付函数。

应用支付函数即 PMT 函数，利用 PMT 函数可以计算基于固定利率及等额分期付款方式下的贷款的每期付款额。其语法格式如下：

```
PMT（rate,nper,pv,fv,type）
```

PMT 函数每个参数的含义如下。

● rate

rate 指的是贷款利率。例如，按 4.92％的年利率借入一笔贷款来购买住房，并按月偿还贷款，月利率则为 4.92％/12（0.41％）。用户可以在公式中输入 4.92％/12、0.41％或 0.0041 作为参数 rate 的值。

● nper

nper 指的是贷款期数，即该项贷款的付款期总数。例如一笔 12 年期按月偿还的住房贷款，有 12×12(=144)个贷款期数，这时参数 nper 的值就是 144。

● pv

pv 代表现值，即一系列未来付款的当前值的累计和，也就是贷款金额。

● fv

fv 代表未来终值，即在最后一次付款后希望得到的现金金额。如果省略 fv，则默认其值为 0。银行贷款的该参数值一般都为 0。

● type

type 是数字 0 或 1，用来表示各期的付款时间是期初还是期末。如果 type 值为 1，则表明是期初付款，否则就是期末付款。

2. 计算贷款金额及利息

这里以一个实例来讲解使用房屋贷款计算器计算贷款金额等信息的方法。假设银行年利率为 5.33％，房屋面积为 100 平方米，房屋售价为每平方米 4800 元，首付金额为 160000 元，贷款年限为 20 年。

计算贷款金额及利息的具体操作步骤如下。

1 打开本小节的原始文件，分别在单元格 E4、C7、C8、C9、C10 中输入相应的数值。

2 由于"总金额＝房屋面积×房屋售价"，因此可选中单元格 C13，然后输入总金额的计算公式：

```
＝C7*C8
```

3 输入完毕按下【Enter】键，此时在单元格 C13 中可以看到总金额的计算结果。

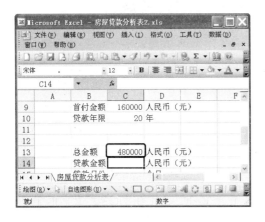

4 由于"贷款金额=总金额－首付金额"，因此可选中单元格 C14，输入贷款金额的计算公式：＝C13-C9

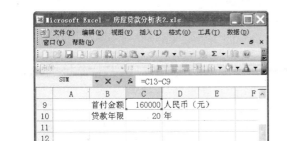

5 输入完毕按下【Enter】键，此时在单元格 C14 中可以看到贷款金额的计算结果。

6 由于"贷款月份=贷款年限×12"，因此可选中单元格 C15，输入贷款金额的计算公式：＝C10*12

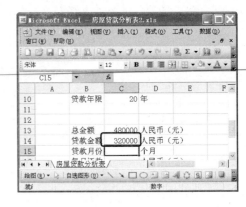

7 输入完毕按【Enter】键，此时在单元格 C15 中可以看到贷款月份的计算结果。

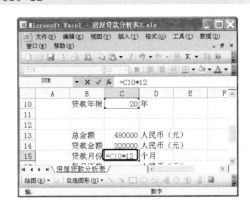

8 选中单元格 C16，输入 PMT 函数的计算公式：＝-PMT(E4/12,C15,C14)

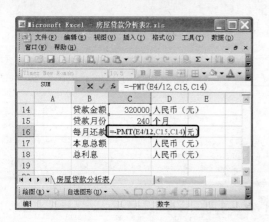

中可以看到本息总额的计算结果。

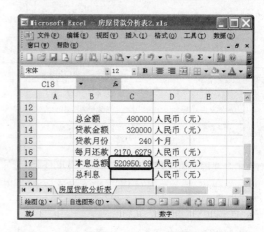

⑨ 输入完毕按【Enter】键，此时在单元格 C16
中可以看到每月还款的计算结果。

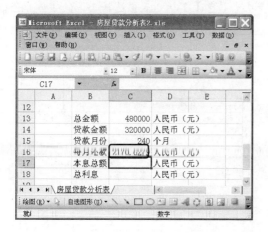

⑩ 由于"本息总额＝每月还款×贷款月份"，因此
可选中单元格 C17，输入贷款金额计算公式：

＝C16*C15

⑫ 由于"总利息＝本息总额－贷款金额"，因此可
选中单元格 C18，输入贷款金额的计算公式：

＝C17－C14

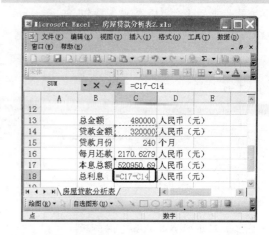

⑬ 输入完毕按【Enter】键，此时在单元格 C18
中可以看到总利息的计算结果。

⑪ 输入完毕按【Enter】键，此时在单元格 C17

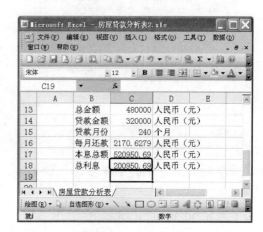

5.2.3 美化工作表

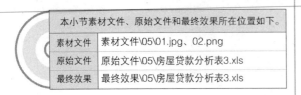

本小节素材文件、原始文件和最终效果所在位置如下。	
素材文件	素材文件\05\01.jpg、02.png
原始文件	原始文件\05\房屋贷款分析表3.xls
最终效果	最终效果\05\房屋贷款分析表3.xls

为了使制作的表格更加漂亮，用户还可以对其进行美化设置，主要包括设置单元格格式、设置工作表背景和插入文本框。

1. 设置单元格格式

设置单元格格式的具体操作步骤如下。

① 选中单元格区域"B2:E2"，然后单击【格式】工具栏中的【合并及居中】按钮。

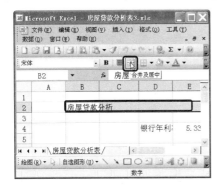

② 标题的居中对齐效果如下图所示。

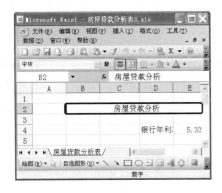

③ 选中单元格 B2，选择【格式】▶【单元格】菜单项。

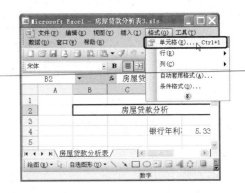

④ 弹出【单元格格式】对话框，切换到【字体】选项卡，从【字体】列表框中选择【华文新魏】选项，从【字号】列表框中选择【16】选项，从【颜色】下拉列表中选择合适的字体颜色，如选择【深青】。

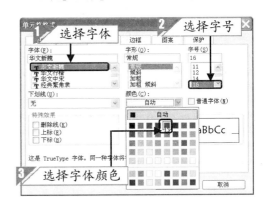

⑤ 设置完毕后单击 确定 按钮即可。

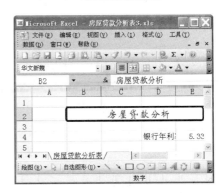

⑥ 选中单元格 D4，按住【Ctrl】键依次选择单元格区域"B7:B10"和"B13:B18"，单击【格式】工具栏中的【右对齐】按钮。

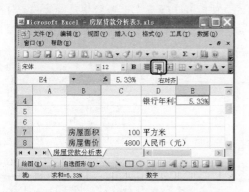

⑦ 此时选中区域的文本将向右对齐。

⑧ 选中单元格区域"D4:E4"和"B7:D10"，然后单击鼠标右键，从弹出的快捷菜单中选择【设置单元格格式】菜单项。

⑨ 弹出【单元格格式】对话框，切换到【字体】选项卡，从【字体】列表框中选择【华文新魏】选项，从【颜色】下拉列表中选择合适的字体颜色，如选择【紫罗兰】。

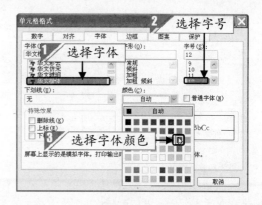

⑩ 切换到【边框】选项卡，在【样式】列表框中选择一种外边框的线条样式，然后在【预置】选项组中选择【外边框】选项，即可在下面的预览框中看到外边框的预览效果。

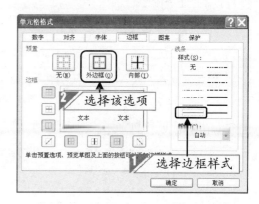

⑪ 在【样式】列表框中选择一种内边框的线条样式，然后在【预置】选项组中选择【内部】选项，即可在下面的预览框中看到设置的内边框的预览效果。

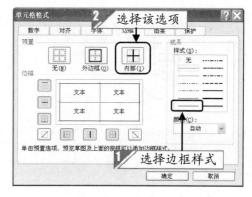

⑫ 设置完毕单击 确定 按钮即可。

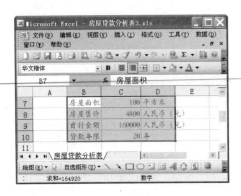

式，然后在【预置】选项组中选择【内部】选项，即可在下面的预览框中看到设置的内边框的预览效果。

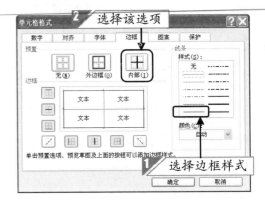

⑬ 选中单元格区域"B13:D18"，选择【格式】➤【单元格】菜单项，弹出【单元格格式】对话框，切换到【字体】选项卡，在【字体】列表框中选择【华文宋体】选项，在【颜色】下拉列表中选择【海绿】。

⑯ 设置完毕单击　确定　按钮即可。

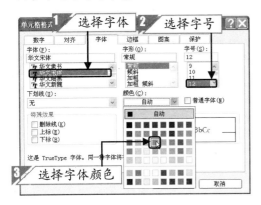

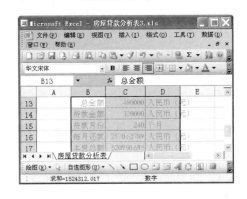

⑰ 选中单元格 E4、单元格区域"C7:C10"和"C13:C18"，选择【格式】➤【单元格】菜单项，弹出【单元格格式】对话框，切换到【图案】选项卡，在【颜色】面板中选择填充颜色，此时在【示例】框中可以预览到设置效果。

⑭ 切换到【边框】选项卡，在【样式】列表框中选择一种外边框的线条样式，然后在【预置】选项组中选择【外边框】选项，即可在下面的预览框中看到设置的外边框的预览效果。

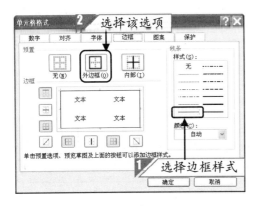

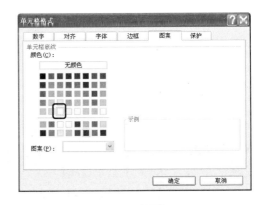

⑮ 在【样式】列表框中选择一种内边框的线条样

⑱ 设置完毕单击　确定　按钮即可。

⑲ 将鼠标指针移到 B 列 C 列之间的分隔线上，此时鼠标指针变成"╋"形状。

⑳ 双击后系统会自动地调整 B 列的宽度，使 B 列单元格中的数据完全显示。

㉑ 按照同样的方法调整其他单元格的列宽，使表格中的数据完全显示。

2. 设置工作表背景

除了设置单元格格式之外，用户还可以为工作表设置背景。具体操作步骤如下。

① 选择【工具】▶【选项】菜单项。

② 弹出【选项】对话框，切换到【视图】选项卡，取消勾选【窗口选项】选项组中的【网格线】复选框。

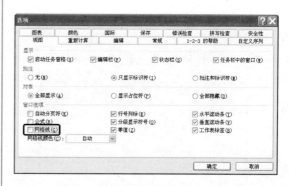

③ 设置完毕单击 确定 按钮，返回工作表，即可看到隐藏网格线后的效果。

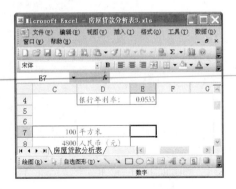

④ 选择【格式】➢【工作表】➢【背景】菜单项。

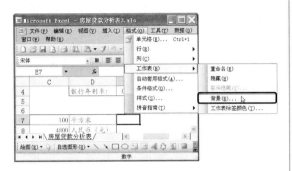

⑤ 弹出【工作表背景】对话框，从中选择要作为
　　工作表背景的图片文件，这里选择素材文件
　　"01.jpg"。

⑥ 设置完毕单击　　插入(S)　　按钮即可。

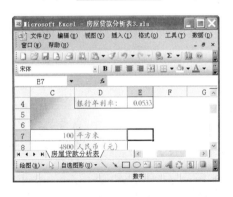

3. 添加文本框

　　在制作工作表的过程中，常常需要添加一些
文字说明，这时可以使用插入文本框的方法添加
文字说明。

　　具体操作步骤如下。

① 单击【绘图】工具栏中的【横排文本框】
　　按钮　　。

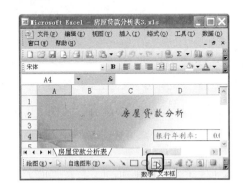

小提示　有时候Excel 2003中的【绘
图】工具栏是隐藏的，此时需要将其显示出来，
方法很简单，选择【视图】➢【工具栏】➢【绘
图】菜单项即可。

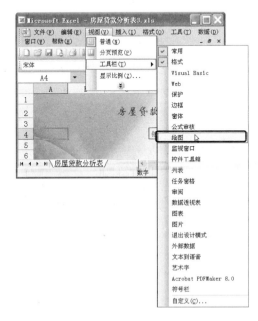

② 此时鼠标指针变成"↓"形状按住左键不放，
　　拖曳鼠标绘制矩形框。

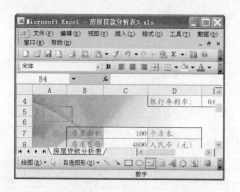

③ 释放鼠标左键即可在工作表中添加一个文本框，将光标定位在文本框中，输入"说明"。

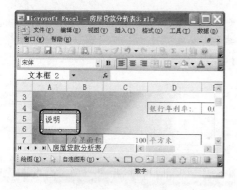

④ 在文本框的边框上单击鼠标右键，从弹出的快捷菜单中选择【设置文本框格式】菜单项。

⑤ 弹出【设置文本框格式】对话框，切换到【字体】选项卡，从【字体】列表框中选择【楷体_GB2312】选项，从【字形】列表框中选择【加粗】选项，从【颜色】下拉列表中选择【靛蓝】。

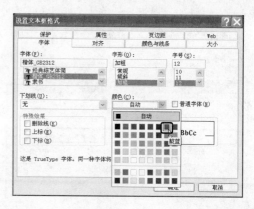

⑥ 切换到【对齐】选项卡，分别从【文本对齐方式】选项组中的【水平】和【垂直】下拉列表中选择【居中】选项。

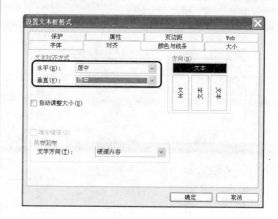

⑦ 切换到【颜色与线条】选项卡，从【填充】选项组中的【颜色】下拉列表中选择【象牙色】选项，从【线条】选项组中的【颜色】下拉列表中选择【紫罗兰】。

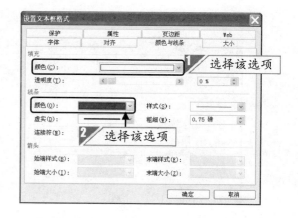

⑧ 切换到【大小】选项卡，在【高度】和【宽度】微调框中分别输入 "0.76 厘米" 和 "1.31 厘米"。

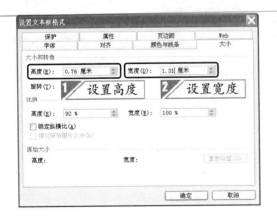

⑨ 设置完毕单击 确定 按钮即可。

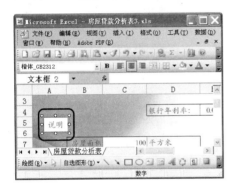

⑩ 再次单击【绘图】工具栏中的【文本框】按钮，将鼠标指针移至工作表中，待其变成 "十" 形状时按住左键不放，拖曳鼠标绘制矩形框，释放鼠标左键即可添加一个文本框，然后在文本框中输入文本内容。

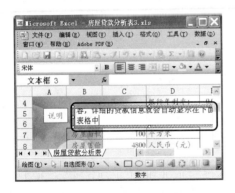

⑪ 选中刚刚插入的文本框，选择【格式】➤【文本框】菜单项。

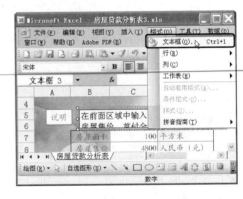

⑫ 弹出【设置文本框格式】对话框，切换到【字体】选项卡，从【字体】列表框中选择【华文楷体】选项，从【字号】列表框中选择【10】选项，从【颜色】下拉列表框中选择合适的字体颜色，如选择【浅蓝】。

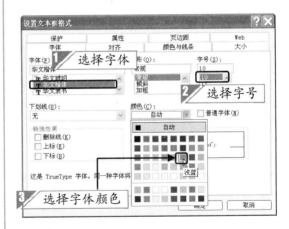

⑬ 切换到【对齐】选项卡，从【垂直】下拉列表中选择【居中】选项。

14 切换到【颜色与线条】选项卡，在【填充】选
项组中的【颜色】下拉列表中选择【淡蓝】选
项，从【线条】选项组中的【颜色】下拉列表
中选择【紫罗兰】，从【虚实】下拉列表中选
择【圆点】选项。

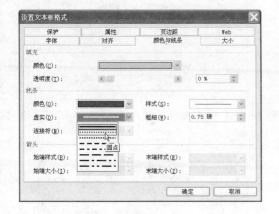

15 设置完毕单击 确定 按钮即可。

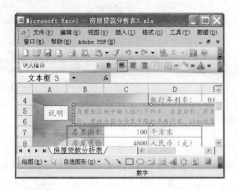

16 将鼠标指针移至第 6 行和第 7 行之间的分隔线
上，此时鼠标指针变成"↕"形状。

17 按住鼠标左键不放，向下拖动至合适的位置后
释放鼠标左键即可。

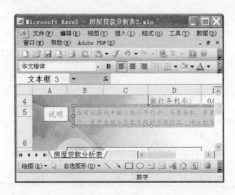

18 将鼠标指针移至第 2 个文本框下方边框中间
的空心点上，此时鼠标指针变成"↕"形状，
按住鼠标左键不放向下拖动。

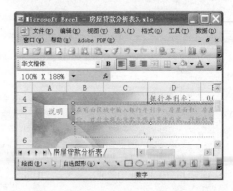

19 拖动至合适的位置释放鼠标左键即可，此时文
本框中的文本将完全显示。

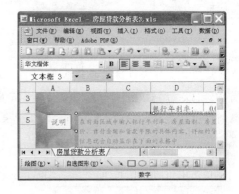

4. 插入图片

　　除了前面介绍的方法之外，用户还可以在工
作表中插入自己喜欢的图片。具体操作步骤如下。

1 选择【插入】➤【图片】➤【来自文件】
菜单项。

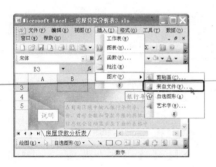

2 弹出【插入图片】对话框，从中选择要插入的图片文件，这里选择素材文件"02.png"。

3 选择完毕单击 插入(S) 按钮即可。

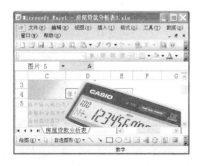

4 双击该图片，弹出【设置图片格式】对话框，切换到【大小】选项卡，在【高度】和【宽度】微调框中分别输入"4厘米"和"4.27厘米"。

5 设置完毕单击 确定 按钮即可。

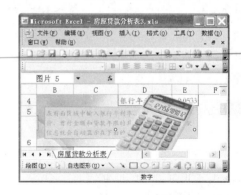

6 根据实际需要将图片移动到工作表中合适的位置。

5. 插入剪贴画

系统自带了大量的剪贴画文件，用户可以从中选择合适的文件插入到工作表中。具体的操作步骤如下。

1 选择【插入】➤【图片】➤【剪贴画】菜单项。

2 弹出【剪贴画】任务窗格，在【搜索文字】文本框中输入搜索关键字"花"。

3 单击 搜索 按钮开始搜索符合关键字要求的
剪贴画文件，稍等片刻即可搜索出系统自带的
与"花"相关的所有剪贴画。

4 单击要插入的剪贴画即可将其插入到工作表
中，单击【剪贴画】任务窗格右上角的【关闭】
按钮×，将任务窗格关闭。

5 调整剪贴画的大小。将鼠标指针移至剪贴画右
下角的控制点上，此时鼠标指针变成形状，
按住左键不放，向左上方拖动至合适的位置后
释放鼠标左键即可。

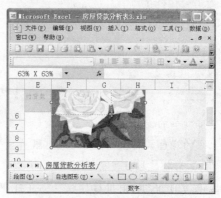

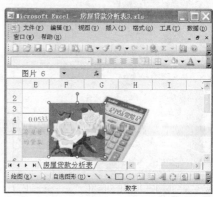

6 调整剪贴画的位置。将鼠标指针移至剪贴画
上，此时鼠标指针变成"　"形状。

7 按住鼠标左键不放，拖动至合适的位置后释放
鼠标左键即可。

⑧ 调整剪贴画的旋转角度。将鼠标指针移至剪贴画上方的绿色旋转控制点上，此时鼠标指针变成 "↻" 形状。按住鼠标左键不放向右下方拖动，拖动到合适的角度后释放鼠标左键即可。

5.2.4 保护工作簿

	本小节原始文件和最终效果所在位置如下。
原始文件	原始文件\05\房屋贷款分析表4.xls
最终效果	最终效果\05\房屋贷款分析表4.xls

保护工作簿的具体操作步骤如下。

① 打开本小节的原始文件，选择【工具】➤【保护】➤【保护工作簿】菜单项。

② 弹出【保护工作簿】对话框，选中【窗口】复选框，在【密码】文本框中输入要设置的密码，这里输入 "123456"。

③ 输入完毕单击 确定 按钮，弹出【确认密码】对话框，然后在【重新输入密码】文本框中输入刚刚设置的密码 "123456"。

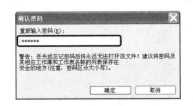

④ 输入完毕单击 确定 按钮。再次打开该工作簿时，可看到工作簿已经处于被保护状态。

5.3　制作股票投资分析图

使用图表可以更加清晰、直观地表达工作表中数据之间的关系。本节以制作股票投资分析图为例，主要介绍制作 Excel 图表的方法。

5.3.1　输入基本信息

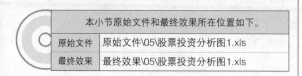

本小节原始文件和最终效果所在位置如下。	
原始文件	原始文件\05\股票投资分析图1.xls
最终效果	最终效果\05\股票投资分析图1.xls

① 打开本小节的原始文件，在单元格 A1 中输入 "XX 软件开发有限公司 2009 年第 3 季度股票交易信息"。

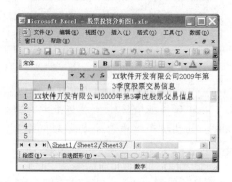

② 在单元格区域 "A2:F2" 中依次输入 "日期"、"成交量"、"开盘价"、"最高价"、"最低价" 和 "收盘价"。

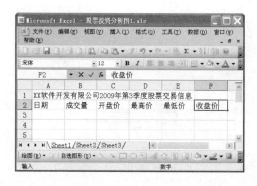

③ 在单元格 A3 中输入 "2009－7－1"，将鼠标指针移至该单元格的右下角，此时鼠标指针变成 "➕" 形状。

④ 按住鼠标左键不放向下拖动至单元格 A94 时释放，此时即可在单元格区域 "A4:A94" 中填充相应的日期，调整 A 列单元格的列宽，使数据完全显示。

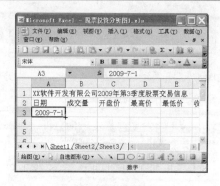

⑤ 按照同样的方法输入其他数据。

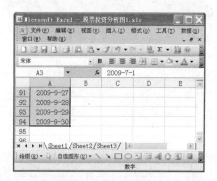

6 选中单元格区域 "A1:F1"，单击【格式】工具
栏中的【合并及居中】按钮。

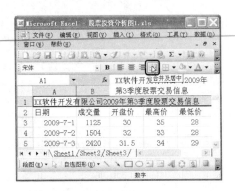

7 此时即可将单元格区域 "A1:F1" 合并为一个
单元格，并将文本居中显示。

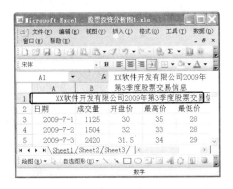

8 选中单元格 A1，选择【格式】➤【单元格】
菜单项。

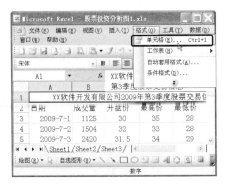

9 弹出【单元格格式】对话框，切换到【字体】
选项卡，从【字体】列表框中选择【黑体】选
项，从【字号】列表框中选择【16】选项，从
【颜色】下拉列表中选择合适的字体颜色，如
选择【深青】。

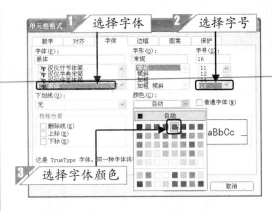

10 设置完毕单击 确定 按钮即可。

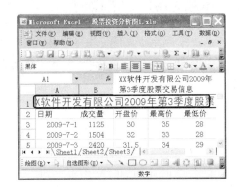

11 选中单元格区域 "A2:F2"，然后单击鼠标右键，
从弹出的快捷菜单中选择【设置单元格格式】
菜单项。

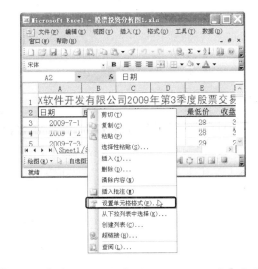

12 弹出【单元格格式】对话框，切换到【字体】
选项卡，从【字体】列表框中选择【黑体】选
项，从【字号】列表框中选择【12】选项，

从【颜色】下拉列表中选择合适的字体颜色，如选择【青色】。

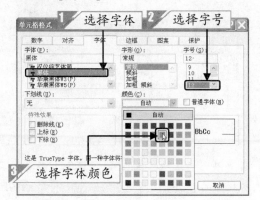

13 切换到【对齐】选项卡，从【水平对齐】下拉列表中选择【居中】选项。

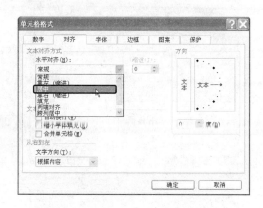

14 设置完毕单击 确定 按钮即可。

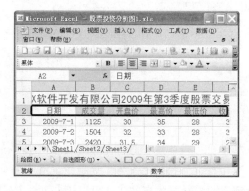

15 选中单元格区域 "A3:F94"，打开【单元格格式】对话框，切换到【字体】选项卡，从【字形】列表框中选择【加粗】选项，从【颜色】下拉列表中选择合适的字体颜色，如选择【海绿】。

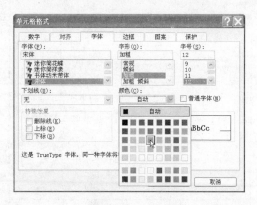

16 切换到【对齐】选项卡，从【水平对齐】下拉列表中选择【居中】选项。

17 设置完毕单击 确定 按钮即可。

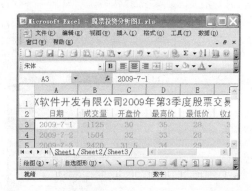

18 选中单元格区域 "A1:F94"，选择【格式】➢【单元格】菜单项，弹出【单元格格式】对话框，切换到【边框】选项卡，从【线条】选项组中的【样式】列表框中选择外边框的线条样式，然后在【预置】选项组中选择【外边框】选项，此时在下方的预览框中可以预览到设置效果。

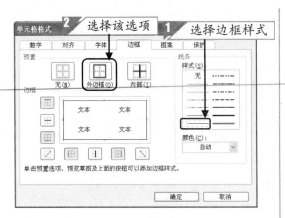

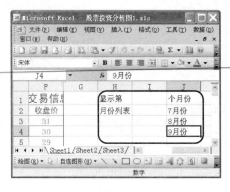

19 从【线条】选项组中的【样式】列表框中选择内边框的线条样式，在【预置】选项组中选择【内部】选项，此时在下方的预览框中可以预览到设置效果。

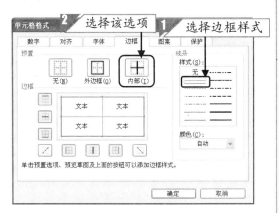

20 设置完毕单击 确定 按钮即可。

21 在单元格区域"H1:J4"中输入有关"显示月份"和"月份列表"的内容。

22 选中单元格区域"H2:H4"，单击【格式】工具栏中的【合并及居中】按钮，将单元格区域"H2:H4"合并为一个单元格，并将文本居中显示。

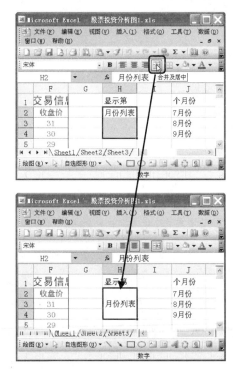

23 选中单元格区域"H1:J4"，打开【单元格格式】对话框，切换到【字体】选项卡，从【字体】列表框中选择【宋体】选项，从【字形】列表框中选择【加粗】选项，从【颜色】下拉列表中选择合适的字体颜色，如选择【深青】。

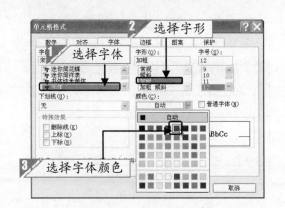

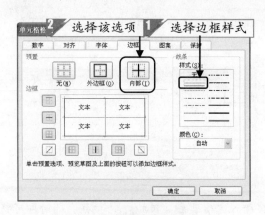

24 切换到【对齐】选项卡，从【水平对齐】下拉列表中选择【居中】选项。

27 设置完毕单击 ［确定］ 按钮即可。

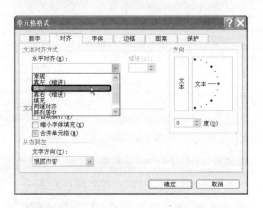

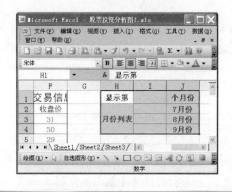

5.3.2　定义名称

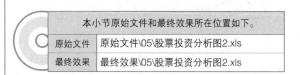

原始文件	原始文件\05\股票投资分析图2.xls
最终效果	最终效果\05\股票投资分析图2.xls

除了用行号和列标标识单元格和单元格区域之外，用户还可以重新定义单元格或者单元格区域的名称。具体操作步骤如下。

25 切换到【边框】选项卡，从【线条】选项组中的【样式】列表框中选择外边框的线条样式，然后在【预置】选项组中选择【外边框】选项，此时在下方的预览框中可以预览到设置效果。

① 打开本小节的原始文件，选择单元格I1，选择【插入】▶【名称】▶【定义】菜单项。

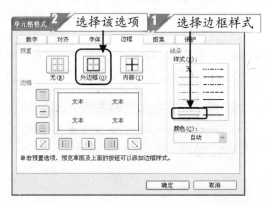

26 从【线条】选项组中的【样式】列表框中选择内边框的线条样式，然后在【预置】选项组中选择【内部】选项，此时在下方的预览框中可以预览到设置效果。

② 弹出【定义名称】对话框，在【在当前工作簿中的名称】文本框中输入"month"。

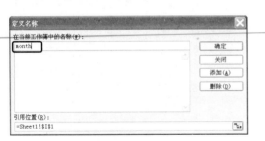

③ 输入完毕单击　添加(A)　按钮，此时即可将单元格 I1 定义为"month"。

④ 在【在当前工作簿中的名称】文本框中输入"日期"，在【引用位置】文本框中输入如下公式：
=OFFSET(Sheet1!$A$2,month*30,0,-30,1)

⑤ 输入完毕单击　添加(A)　按钮，此时即可将单元格 A2 定义为"日期"。

⑥ 在【在当前工作簿中的名称】文本框中输入"成

交量"，在【引用位置】文本框中输入如下公式：
=OFFSET(Sheet1!$B$2,month*30,0,-30,1)

⑦ 输入完毕单击　添加(A)　按钮，此时即可将单元格 B2 定义为"成交量"。

⑧ 在【在当前工作簿中的名称】文本框中输入"开盘价"，在【引用位置】文本框中输入如下公式：
=OFFSET(Sheet1!$C$2,month*30,0,-30,1)

⑨ 输入完毕单击　添加(A)　按钮，此时即可将单元格 C2 定义为"开盘价"。

⑩ 在【在当前工作簿中的名称】文本框中输入"最
高价"，在【引用位置】文本框中输入如下公式：

=OFFSET(Sheet1!$D$2,month*30,0,-30,1)

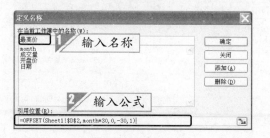

⑪ 输入完毕单击 添加(A) 按钮，此时即可将
单元格 D2 定义为"最高价"。

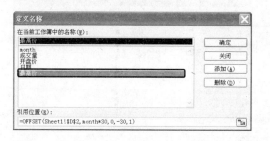

⑫ 在【在当前工作簿中的名称】文本框中输入"最
低价"，在【引用位置】文本框中输入如下公式：

=OFFSET(Sheet1!$E$2,month*30,0,-30,1)

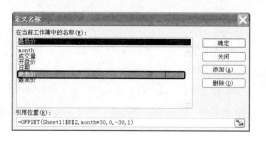

⑬ 输入完毕单击 添加(A) 按钮，此时即可将
单元格 E2 定义为"最低价"。

⑭ 在【在当前工作簿中的名称】文本框中输入"收
盘价"，然后在【引用位置】文本框中输入如
下公式：

=OFFSET(Sheet1!$F$2,month*30,0,-30,1)

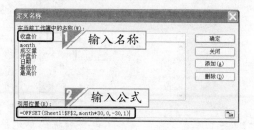

⑮ 输入完毕单击 添加(A) 按钮，此时即可将
单元格 F2 定义为"收盘价"。

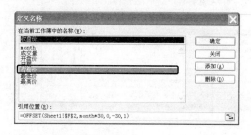

⑩ 单击 确定 按钮，关闭【定义名称】对
话框，选中单元格 I1，此时可以看到其名称已
经被定义为"month"。

5.3.3　绘制 K 线图

	本小节原始文件和最终效果所在位置如下。
原始文件	原始文件\05\股票投资分析图3.xls
最终效果	最终效果\05\股票投资分析图3.xls

　　Excel 2003 为用户提供了多种图表类型，用
户可以根据实际需要选择合适的图表类型和图表
样式，从而创建出基于工作表数据的图表。

绘制 K 线图的具体操作步骤如下。

① 打开本小节的原始文件，在单元格 I1 中输入"1"。

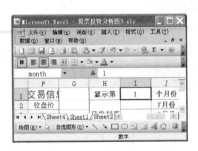

② 单击工作表中任意一个不包含数据的单元格，选择【插入】➤【图表】菜单项。

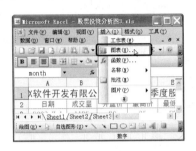

③ 随即弹出【图表向导－4 步骤之 1－图表类型】对话框，切换到【标准类型】选项卡，在【图表类型】列表框中选择【股价图】选项，在右侧的【子图表类型】选项组中选择【成交量－开盘－盘高－盘低－收盘图】图表样式。

④ 单击 下一步(N) > 按钮，弹出【图表向导－4 步骤之 2－图表源数据】对话框，切换到【系列】选项卡，单击【系列】列表框下方的 添加(A) 按钮。

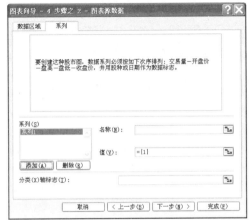

⑤ 单击右侧【名称】文本框的【折叠】按钮，在工作表中选择单元格 B2。

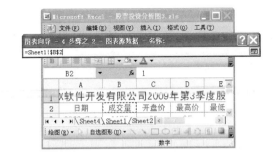

⑥ 选择完毕单击【展开】按钮，弹出【源数据】对话框。在【值】文本框中输入"=股票投资分析图 3.xls!成交量"，在下方的【分类(x）轴标志】文本框中输入"=股票投资分析图 3.xls!日期"。

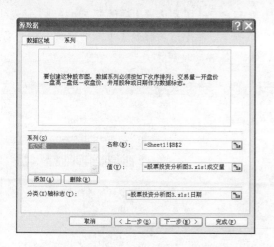

⑦ 单击【系列】列表框下方的 添加(A) 按钮，单击右侧【名称】文本框的【折叠】按钮，在工作表中选择单元格 C2。

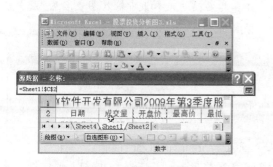

⑧ 选择完毕单击【展开】按钮，弹出【源数据】对话框。在【值】文本框中输入"=股票投资分析图 3.xls!开盘价"。

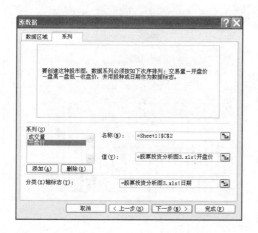

⑨ 单击【系列】列表框下方的 添加(A) 按钮，单击右侧【名称】文本框的【折叠】按钮，

在工作表中选择单元格 D2。

⑩ 选择完毕单击【展开】按钮，弹出【源数据】对话框。在【值】文本框中输入"=股票投资分析图 3.xls!最高价"。

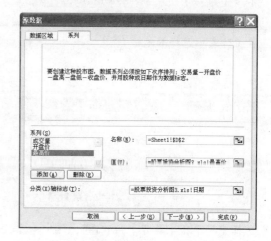

⑪ 单击【系列】列表框下方的 添加(A) 按钮，单击右侧【名称】文本框的【折叠】按钮，在工作表中选择单元格 E2。

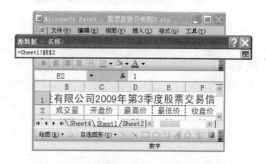

⑫ 选择完毕单击【展开】按钮，弹出【源数据】对话框。在【值】文本框中输入"=股票投资分析图 3.xls!最低价"。

145

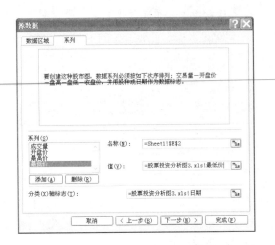

⑬ 单击【系列】列表框下方的 添加(A) 按钮，单击右侧【名称】文本框的【折叠】按钮 📇，在工作表中选择单元格 F2。

⑭ 选择完毕单击【展开】按钮 📇，弹出【源数据】对话框。在【值】文本框中输入"=股票投资分析图 3.xls!收盘价"。

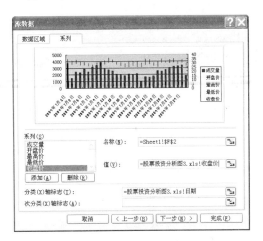

⑮ 单击 下一步(N) > 按钮，弹出【图表向导－4

步骤之 3－图表选项】对话框，切换到【标题】选项卡，在【图表标题】文本框中输入标题名称"第 3 季度股票走势 K 线图"。

⑯ 单击 下一步(N) > 按钮，弹出【图表向导－4 步骤之 4－图表位置】对话框，在【将图表】选项组中选中【作为新工作表插入】单选钮，并在其右侧的文本框中输入图表名称"股票走势 K 线图"。

⑰ 设置完毕单击 完成(F) 按钮，此时即可在新建的工作表"股票走势 K 线图"中看到用户所创建的股票走势 K 线图。

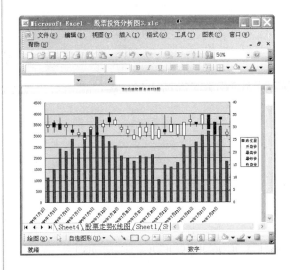

5.3.4　美化图表

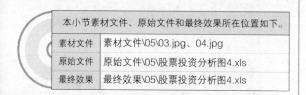

本小节素材文件、原始文件和最终效果所在位置如下。	
素材文件	素材文件\05\03.jpg、04.jpg
原始文件	原始文件\05\股票投资分析图4.xls
最终效果	最终效果\05\股票投资分析图4.xls

为了使创建的股票走势 K 线图看起来更加美观，用户可以对其进行美化设置，包括设置图表区、设置绘图区、设置图例和设置图表标题。

● **设置图表区**

设置图表区的具体操作步骤如下。

1 打开本小节的原始文件，切换到工作表"股票走势 K 线图"中，选中图表区后右击，从弹出的快捷菜单中选择【设置图表区格式】菜单项。

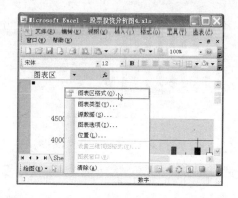

2 弹出【图表区格式】对话框，切换到【图案】选项卡。

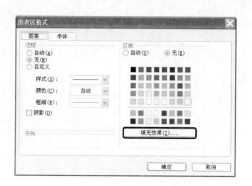

3 单击 填充效果(I)... 按钮，弹出【填充效果】对话框，切换到【图片】选项卡，单击 选择图片(L)... 按钮。

4 弹出【选择图片】对话框，从中选择要作为图表区背景的图片文件，这里选择素材文件"03.jpg"。

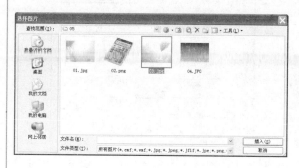

5 单击 插入(S) 按钮，返回【填充效果】对话框，在预览框中可以预览设置效果。

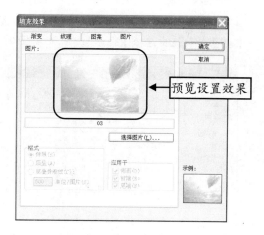

6 单击 确定 按钮，返回【图表区格式】

对话框，单击 [确定] 按钮即可。

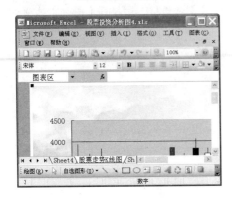

● **设置绘图区格式**

设置图表区格式的具体操作步骤如下。

① 选中绘图区，然后选择【格式】➤【绘图区】菜单项。

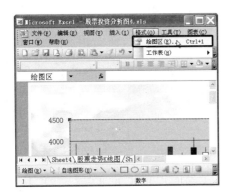

② 弹出【绘图区格式】对话框，切换到【图案】选项卡，从【边框】选项组的【颜色】下拉列表中选择【灰色-40%】选项，从【粗细】下拉列表中选择最下方的线条样式，从右侧的【颜色】面板中选择【白色】。

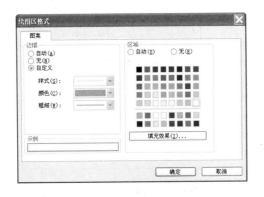

③ 设置完毕后单击 [确定] 按钮即可。

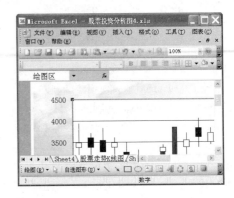

● **设置图例格式**

设置图例格式的具体操作步骤如下。

① 选中图例后单击鼠标右键，从弹出的快捷菜单中选择【图例格式】菜单项。

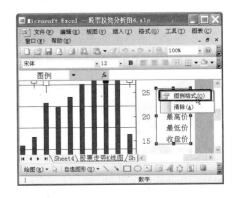

② 弹出【图例格式】对话框，切换到【图案】选项卡。

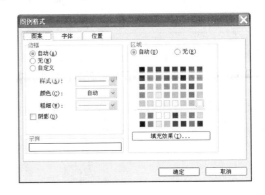

③ 单击 [填充效果(I)...] 按钮，弹出【填充效果】对话框，切换到【纹理】选项卡。从下方的【纹理】列表框中选择合适的纹理效果，

如选择【花束】选项，此时在【示例】框中可以预览纹理效果。

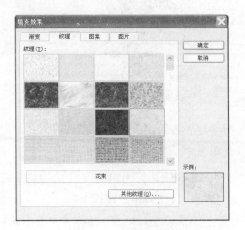

4 用户还可以将自己喜欢的图片设置为纹理效果。单击 其他纹理(Q)... 按钮，弹出【选择纹理】对话框，从中选择要作为纹理填充的图片文件，这里选择素材文件"04.JPG"。

5 选择完毕单击 插入(S) 按钮，返回【填充效果】对话框，从【纹理】列表框中选择刚刚添加的纹理图片。

6 选择完毕单击 确定 按钮，返回【图例格式】对话框，切换到【字体】选项卡，从【字体】列表框中选择【黑体】选项，从【颜色】下拉列表中选择合适的字体颜色，如选择【白色】。

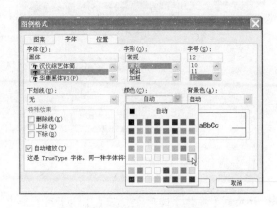

7 设置完毕单击 确定 按钮即可。

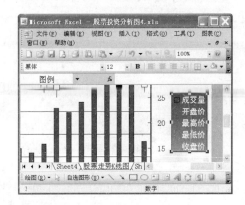

设置图表标题格式

设置图表标题格式的具体操作步骤如下。

1 选中图表标题文本框，选择【格式】▶【图表标题】菜单项。

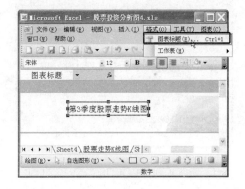

② 弹出【图表标题格式】对话框，切换到【图案】
选项卡，从【边框】选项组中的【颜色】下拉
列表中选择【白色】，从【粗细】下拉列表中
选择最下方的线条样式。

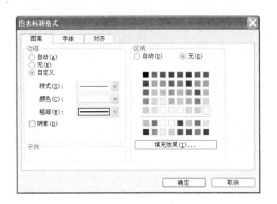

③ 切换到【字体】选项卡，从【字体】列表框中
选择【黑体】选项，从【字号】列表框中选择
【24】选项。

④ 设置完毕单击 确定 按钮即可。

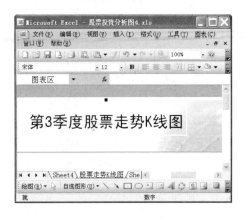

5.3.5　添加控件

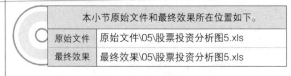

本小节原始文件和最终效果所在位置如下。	
原始文件	原始文件\05\股票投资分析图5.xls
最终效果	最终效果\05\股票投资分析图5.xls

　　为了便于查看图表中的各项数据信息，用户
可以在图表中添加各种控件。

　　本小节以在工作表中添加一个选项组控件为
例进行介绍。具体操作步骤如下。

① 打开本小节的原始文件，选择【视图】➤【工
具栏】➤【窗体】菜单项。

② 弹出【窗体】工具栏，单击【选项组】按钮。

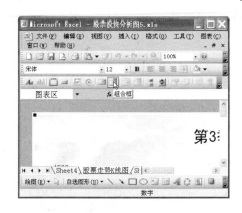

3 将鼠标指针移至图表标题的左侧，当指针变成"十"形状时按住鼠标左键，拖动至合适的位置后释放鼠标左键，即可绘制一个选项组控件。

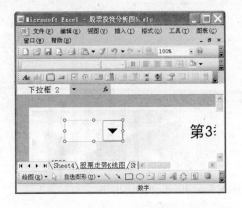

4 在该控件上单击鼠标右键，然后从弹出的快捷菜单中选择【设置控件格式】菜单项。

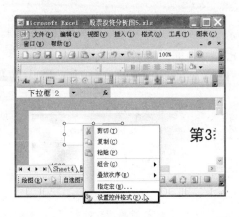

5 弹出【设置控件格式】对话框，切换到【控制】选项卡，单击【数据源区域】文本框的【折叠】按钮。

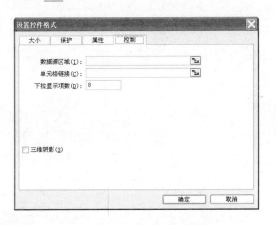

6 将该对话框折叠起来，切换到工作表"Sheet1"中，选中单元格区域"J2:J4"。

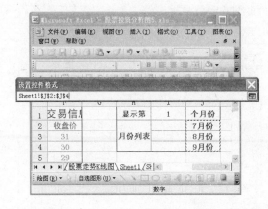

7 选择完毕后单击【展开】按钮，弹出【设置控件格式】对话框，此时在【数据源区域】文本框中即可显示出用户所选的单元格区域。

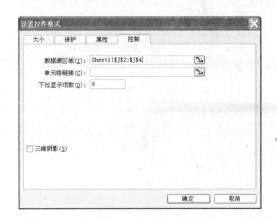

8 单击【单元格链接】文本框的【折叠】按钮，将该对话框折叠起来，切换到工作表"Sheet1"中，选中单元格 I1。

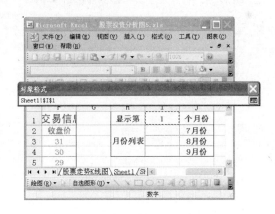

⑨ 选择完毕单击【展开】按钮，弹出【对象格式】对话框，此时在【单元格链接】文本框中将显示用户所选的单元格，在【下拉显示项数】文本框中输入"3"。

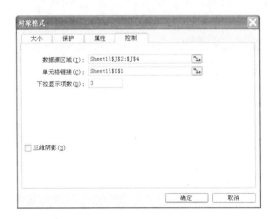

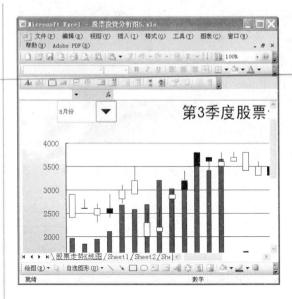

⑩ 单击 确定 按钮，返回图表区域，单击该选项组控件中的下箭头按钮，从弹出的下拉列表中选择不同的月份，工作区中将显示出与该月份相对应的股票走势数据信息。例如选择【8月份】选项，工作区中将显示出 8 月份的股票走势数据信息。

5.3.6　保护工作表

本小节原始文件和最终效果所在位置如下。	
原始文件	原始文件\05\股票投资分析图6.xls
最终效果	最终效果\05\股票投资分析图6.xls

　　为了防止工作表中的数据或公式被更改，用户可以为工作表设置密码保护。当不再需要密码保护时还可以将其撤消。

● **设置密码保护**

　　为工作表设置密码保护的具体操作步骤如下。

① 打开本小节的原始文件，选择【工具】▶【保护】▶【保护工作表】菜单项。

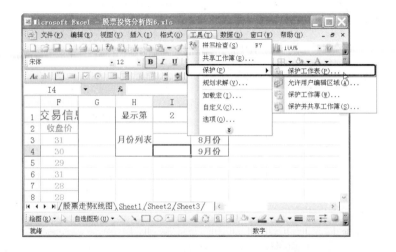

② 弹出【保护工作表】对话框，选中【保护工作表及锁定的单元格内容】复选框，在【取消工作表保护时使用的密码】文本框中输入保护密码，这里输入"123456"，在下方的【允许此工作表的所有用户进行】列表框中选中【选定锁定单元格】和【选定未锁定的单元格】复选框。

③ 设置完毕单击 确定 按钮，弹出【确认密码】对话框，在【重新输入密码】文本框中输入刚才所设置的密码"123456"。

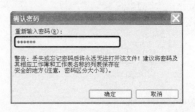

④ 输入完毕后单击 确定 按钮，返回工作表区域，此时即可为该工作表设置密码保护。用户只能选择锁定和未锁定的单元格，而不能对单元格中的数据进行更改，也不能对单元格的格式进行设置。如果用户要对某个单元格中的数据进行更改，则会弹出一个提示对话框，提示用户工作表中的内容已经被保护，单击 确定 按钮关闭该提示对话框即可。

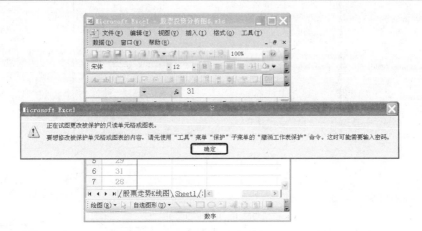

撤消密码保护

① 如果用户要撤消对工作表的密码保护，则需要在工作表中选择【工具】➢【保护】➢【撤消工作表保护】菜单项。

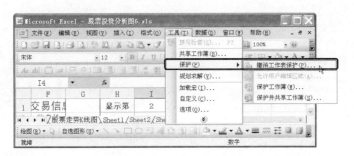

② 弹出【撤消工作表保护】对话框,在【密码】文本框中输入用户所设置的保护密码"123456"。

③ 输入完毕单击 确定 按钮,撤消刚刚设置的密码保护。

练兵场 制作通讯录

按照 5.2 节介绍的方法,制作通讯录。操作过程可参见"配套光盘\练兵场\制作通讯录"。

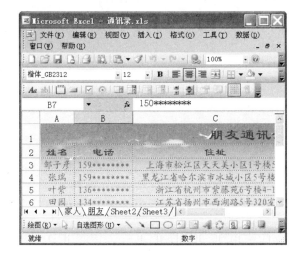

第6章

PowerPoint 幻灯片放映

PowerPoint 2003 是 Office 组件中一款用于制作演示文稿的软件，它可以将用户手中的各类数据信息制作成具有专业水准的幻灯片。

关于本章知识，本书配套教学光盘中有相关的多媒体教学视频，请读者参看光盘【Office软件应用\PowerPoint幻灯片应用】。

光盘链接

- PowerPoint 2003 的启动和退出
- 熟悉 PowerPoint 2003 的新界面
- 添加文本和图片
- 添加幻灯片动画
- 将演示文稿发布到网络上
- 打包演示文稿

6.1 初识PowerPoint 2003

在使用 PowerPoint 2003 之前，应先要掌握该软件启动与退出的方法，并熟悉其工作界面中各个组成部分的功能与用法。

6.1.1 PowerPoint 2003 的启动和退出

1. 启动PowerPoint 2003

启动 PowerPoint 2003 与启动 Office 其他组件的方法类似，主要有以下 4 种方法。

● 使用【开始】菜单

在桌面上单击 开始 按钮，从弹出的【开始】菜单中选择【所有程序】▶【Microsoft Office】▶【Microsoft Office PowerPoint 2003】菜单项，启动 PowerPoint 2003 应用程序。

选择此菜单项

● 使用桌面快捷方式

在桌面上创建PowerPoint 2003 快捷方式的方法与创建 Word 2003 快捷方式的方法类似，此处不再赘述。在桌面上创建了 PowerPoint 2003 的快捷方式之后，双击其快捷方式图标 即可启动 PowerPoint 2003。

如果用户的电脑中保存有已经创建的 PowerPoint 演示文稿，则按其保存路径找到该演示文稿，双击其图标 即可快速启动 PowerPoint 2003。

双击打开此文件

● 使用【我最近的文档】快捷菜单

在桌面上单击 开始 按钮，弹出【开始】菜单，在【我最近的文档】子菜单中保存了用户最近一段时间打开过的演示文稿及其他文件，从中任选一个 PowerPoint 演示文稿选项即可快速启动 PowerPoint 2003，并打开用户所选择的演示文稿。

2. 退出PowerPoint 2003

不使用 PowerPoint 2003 时，用户可以退出该应用程序。退出 PowerPoint 2003 应用程序主要有以下 4 种方法。

(1) 在演示文稿的标题栏中单击鼠标右键，从弹出的快捷菜单中选择【关闭】菜单项，或按【Alt】+【F4】组合键。

(2) 在演示文稿主窗口中选择【文件】➢【退出】菜单项，或单击标题栏右侧的【关闭】按钮 ×。

(3) 双击标题栏最左侧的控制图标 ，可快速地退出 PowerPoint 2003 应用程序。

(4) 在任务栏中的 PowerPoint 应用程序图标 上单击鼠标右键，从弹出的快捷菜单中选择【关闭】菜单项。

6.1.2　认识 PowerPoint 2003 的工作界面

启动 PowerPoint 2003 应用程序之后即可进入 PowerPoint 主窗口，下面介绍其工作界面的组成。

PowerPoint 2003 的工作界面主要由标题栏、菜单栏、工具栏、任务窗格、工作区、视图切换区和状态栏等几部分组成。

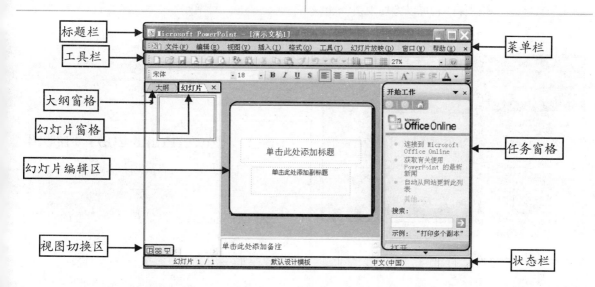

1. 标题栏

标题栏位于窗口的最上面，用于显示当前正在编辑的演示文稿的文件名等相关信息。其中标题栏的最右面有 3 个按钮，当窗口为最大化状态时，3 个按钮分别为【最小化】按钮、【向下还原】按钮和【关闭】按钮；当窗口不是最大化状态时，3 个按钮分别为【最小化】按钮、【最大化】按钮和【关闭】按钮。

2. 菜单栏

菜单栏包含【文件】、【编辑】、【视图】和【格式】等菜单。通过使用这些菜单的命令及其各种选项，用户可以对 PowerPoint 2003 发出不同的指令，完成各项操作。

3. 工具栏

工具栏主要提供应用程序的调用命令。分为【常用】工具栏、【格式】工具栏和【绘图】工具栏等。每一种工具栏中包含许多由图标表示的命令按钮，单击这些按钮即可实现相应的操作。

4. 幻灯片编辑区

它是 PowerPoint 演示文稿的编辑区域，幻灯片的编辑与格式设置操作都在该区中完成。

5. 大纲窗格

在该区域的左侧每张幻灯片的标题旁边都有相应的数字编号和图标，它可以方便地组织和编辑幻灯片的内容，右侧为幻灯片编辑区域。

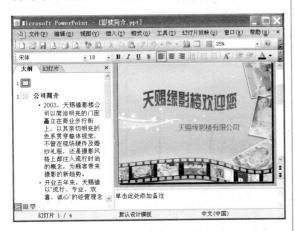

6. 幻灯片窗格

在该区域中幻灯片以缩略图的形式显示，用户可以根据自己的实际需要选择相应的幻灯片。

7. 视图切换区

视图切换区提供有 3 个视图切换按钮，分别是【普通视图】按钮、【幻灯片浏览视图】按钮和【从当前幻灯片开始幻灯片放映】按钮，用户可以单击这些按钮切换到相应的视图方式下进行编辑。

8. 状态栏

显示当前演示文稿的状态信息。

9. 任务窗格

任务窗格包含打开和创建演示文稿的快捷方式。单击任务窗格右上角的 开始工作 按钮右侧的下三角按钮，从弹出下拉列表中可以选择不同的任务窗格。在创建和编辑演示文稿时，利用这些任务窗格可以方便快捷地做出更加漂亮和出色的演示文稿。

6.1.3　PowerPoint 2003 的视图方式

PowerPoint 2003 提供有 3 种主要的视图方式：普通视图、幻灯片浏览视图和从当前幻灯片开始幻灯片放映视图。

普通视图

普通视图是主要的编辑视图，可以用于撰写设计演示文稿。

普通视图下有 3 个工作区域，左边是幻灯片（或大纲）窗格；右边是任务窗格；底部是备注窗格。

▲ 普通视图

幻灯片浏览视图

幻灯片浏览视图是缩略图形式下幻灯片的专有视图。在该视图方式下，用户可以从整体上浏览所有幻灯片的效果，便于进行幻灯片的复制、移动和删除等操作。在此视图中不能直接对幻灯片的内容进行编辑和修改。

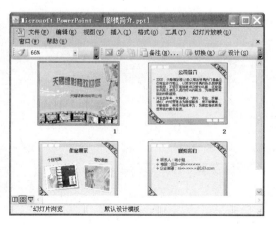

▲ 幻灯片浏览视图

双击某个幻灯片后，PowerPoint 2003 会自动地切换到普通视图中，之后用户就可以进行幻灯片的各种编辑操作。

从当前幻灯片开始幻灯片放映视图

幻灯片放映视图会占据整个计算机屏幕，就像一个实际的幻灯片的放映演示文稿，在这种屏幕视图中用户所看到的就是将来观众会看到的。进入幻灯片放映视图时，用户可以使用屏幕左下角提供的按钮进行切换。

在 PowerPoint 2003 中，用户可以使用 按钮切换视图方式。除了常用的 3 种视图外，PowerPoint 2003 还提供了一种备注页视图，这种视图的格局是整个页面的上方为幻灯片，下方为备注添加窗口。

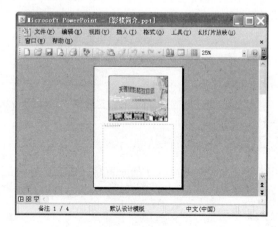

▲ 备注页

6.1.4　演示文稿的基本操作

演示文稿是用于展示演讲内容或课程大纲的电子文档，由多张幻灯片组成。在制作演示文稿之前首先要掌握演示文稿的一些基本操作，包括创建和保存演示文稿等。

1.　创建演示文稿

创建演示文稿是制作演示文稿的首要步骤，用户可以根据系统提供的向导逐步完成创建演示文稿的操作，既可以创建空白的演示文稿，也可以创建基于模板的演示文稿。

● 创建空白演示文稿

启动 PowerPoint 2003 之后即可创建一个空白的演示文稿，用户可以选择演示文稿的版式，并且可以创建基于所选版式的空白演示文稿，具体操作步骤如下。

① 在演示文稿主窗口中选择【文件】➢【新建】菜单项，弹出【新建演示文稿】任务窗格，在【新建】选项组中单击【空演示文稿】链接。

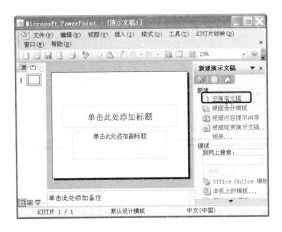

② 弹出【幻灯片版式】任务窗格，在【应用幻灯片版式】列表框中选择一种合适的版式，将其应用到当前的空白演示文稿中。

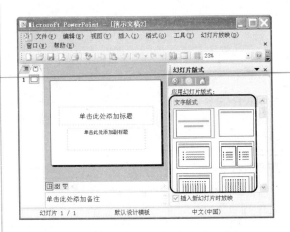

③ 选择【插入】➢【新幻灯片】菜单项（或按【Ctrl】+【M】组合键），插入一张新的幻灯片，用户可以根据实际需要对其进行编辑。

2.　创建基于模板的演示文稿

PowerPoint 2003 为用户提供了多种演示文稿模板，用户可以选择所需的模板样式，并创建基于该模板的演示文稿。具体操作步骤如下。

① 在演示文稿主窗口中选择【文件】➢【新建】菜单项，弹出【新建演示文稿】任务窗格，在【新建】选项组中单击【根据设计模板】链接。

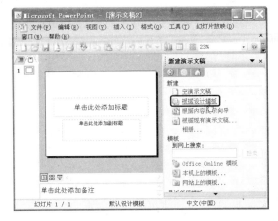

② 弹出【幻灯片设计】任务窗格，在【应用设计

模板】列表框中列出了系统提供的多种模板样式，将鼠标指针移至其中任意一个模板选项上，在其右侧会出现一个下箭头按钮，单击此按钮，从弹出的下拉菜单中选择【应用于选定幻灯片】菜单项。

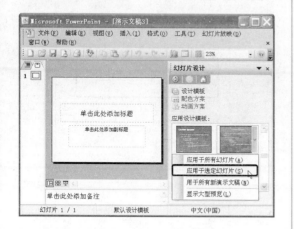

③ 此时即可将所选的模板样式应用于当前的幻灯片。

3. 保存演示文稿

对演示文稿进行了各种编辑操作之后，用户可以将其保存起来以便日后使用。保存演示文稿主要分为保存新建演示文稿和将演示文稿另存两种情况。

保存新建的演示文稿

保存新建演示文稿的具体操作步骤如下。

① 在演示文稿主窗口中选择【文件】➤【保存】菜单项（或按【Ctrl】+【S】组合键），或者

单击【常用】工具栏中的【保存】按钮。

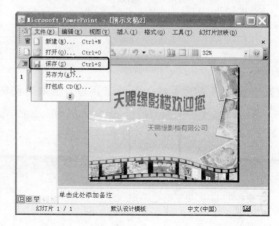

② 弹出【另存为】对话框，在【保存位置】下拉列表中选择演示文稿的存放位置，在【文件名】文本框中输入演示文稿的保存名称，单击 保存(S) 按钮即可对该新建的演示文稿进行保存。

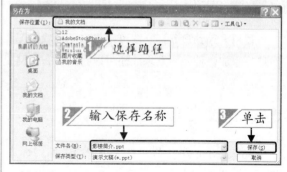

如果用户打开的是已有的演示文稿，在对其进行各种编辑操作之后，可单击常用工具栏中的【保存】按钮，或者按【Ctrl】+【S】组合键即可对其进行保存。

将演示文稿另存

用户可以将编辑之后的演示文稿保存到与当前演示文稿不同的存放位置或保存为不同的名称，即对演示文稿另存。具体操作步骤如下。

① 在演示文稿主窗口中选择【文件】➤【另存为】菜单项。

2 弹出【另存为】对话框，设置与当前演示文稿不同的保存路径或保存名称，单击 保存(S) 按钮即可将其另存。

除了上述两种保存方法之外，为了防止因死机、断电等意外而造成数据丢失的情况发生，用户还可以为演示文稿设置自动保存。选择【工具】▶【选项】菜单项，弹出【选项】对话框，切换到【保存】选项卡，在其中进行相关的设置即可。

6.2 制作家庭旅游相册

使用 PowerPoint 2003 可以将自己喜欢的图片或个人照片制作成幻灯片的形式，并为制作完成的幻灯片添加各种动画效果，还可以将其发布到网上同朋友一起分享，也可以将其打包以便于携带。

6.2.1 设计幻灯片母版

PowerPoint 2003 提供有 3 种母版，即幻灯片母版、讲义母版和备注母版。这些母版可以用来制作统一的标志和背景内容，设置标题和主要文字的格式等效果。下面设计该实例中的幻灯片母版。

1. 设计标题母版

制作标题母版的具体操作步骤如下。

1 启动 PowerPoint 2003，打开 PowerPoint 2003 自带的模板，选择【编辑】▶【全选】菜单项，

选中幻灯片中的所有对象，按【Delete】键将其全部删除。

② 选择【视图】➤【母版】➤【幻灯片母版】菜单项，切换到幻灯片母版编辑界面。

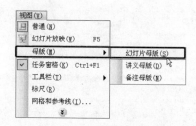

③ 在【幻灯片母版视图】工具栏中单击【插入新标题母版】按钮 创建标题母版。

④ 按【Delete】键删除标题占位符中的所有对象。

⑤ 选择【插入】➤【图片】➤【来自文件】菜单项。

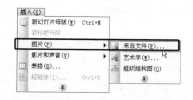

⑥ 弹出【插入图片】对话框，插入本小节对应的素材文件"01.jpg"，单击 插入(S) 按钮。

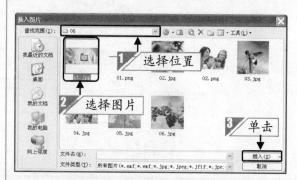

⑦ 此时，幻灯片中已插入一张素材图片。选中该图片的任意一个控制点，将其等比例缩小。

⑧ 接下来设置图片的格式效果。选中图片，单击鼠标右键，在弹出的快捷菜单中选择【设置图片格式】菜单项。

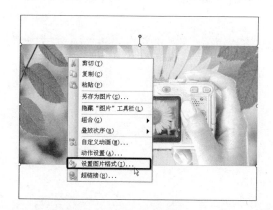

⑨ 弹出【设置图片格式】对话框，在【线条】选项组中的【颜色】下拉列表中选择【黑色】选项，在【粗细】微调框中输入"1.5 磅"，单击 确定 按钮。另外还可以单击 预览(P) 按钮来预览设置后的效果。

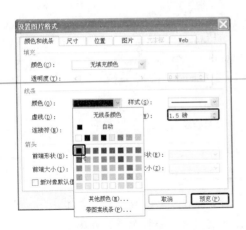

⑩ 按住【Ctrl】键和【↑】键向上微移图片的位置。

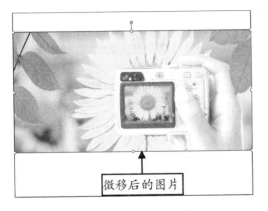

微移后的图片

⑪ 利用同样的方法插入本小节对应的素材文件"02.jpg~04.jpg"。

⑫ 将这些图片依次等比例缩小，放置在幻灯片的左侧，并与第一张图片重叠一部分。

⑬ 为所插入的3张图片添加格式。按住【Ctrl】键依次选中图片，单击鼠标右键，在弹出的快捷菜单中选择【设置图片格式】菜单项，弹出【设置图片格式】对话框，将【线条】的【颜色】设置为【白色】，【粗细】设置为"1.75磅"，单击 确定 按钮。

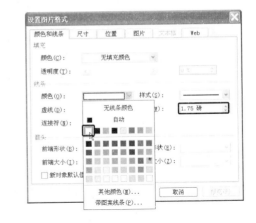

⑭ 为3张图片添加阴影效果。选中这3张图片，在【绘图】工具栏中单击【阴影样式】按钮，在弹出的下拉列表中选择【阴影样式6】选项。

⑮ 从【阴影样式】下拉列表中选择【阴影设置】选项，弹出【阴影设置】工具栏，分别连续4

次单击【略向上移】按钮和【略向左移】按钮，对阴影的大小进行设置。

⑯ 设置 3 张图片的对齐方式。选中这 3 张图片，在【绘图】工具栏中单击绘图(D)▼按钮，在弹出的下拉菜单中选择【对齐或分布】➤【横向分布】菜单项。

⑰ 3 张图片的设置效果如下图所示。

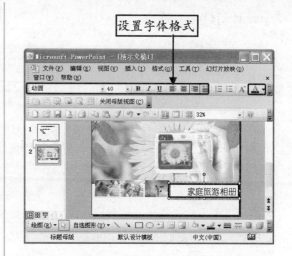

⑱ 在标题母版中插入文本框输入文本。单击【绘图】工具栏中的【文本框】按钮，在幻灯片的右下角插入一个文本框，输入演示文稿的标题为"家庭旅游相册"，在【格式】工具栏中将标题字体的格式设置为"幼圆，40，左对齐，黑色"。

⑲ 利用同样的方法在标题的下方插入一个文本框，输入日期文本，并将字体格式设置为"Arial Black，20，左对齐，黑色"。

⑳ 在幻灯片的右上角插入一个文本框，输入文本"www.shenlongs.cn"，并将文本格式设置为"Arial Black，18，居中对齐"。此时，标题母版的制作就完成了。

2. 设计幻灯片母版

本小节素材文件、原始文件和最终效果所在位置如下。	
素材文件	素材文件\06\02.jpg~03.jpg、05.jpg~06.jpg、01.png~02.png
原始文件	原始文件\06\家庭旅游相册1.ppt
最终效果	最终效果\06\家庭旅游相册1.ppt

接下来再制作幻灯片母版。具体操作步骤如下。

1 打开本小节的原始文件，切换到幻灯片母版视图，选中【默认设计模板 幻灯片母版：任何幻灯片都不使用】选项。

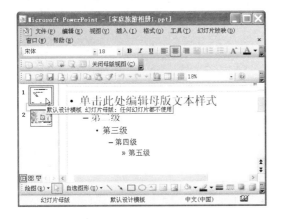

2 将幻灯片母版中的所有占位符删除，然后单击【绘图】工具栏中的【矩形】按钮□，在幻灯片的左侧绘制一个矩形。

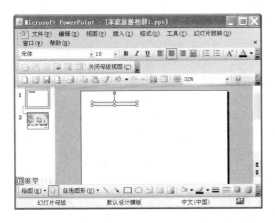

3 选中所绘制的矩形，单击鼠标右键，在弹出的快捷菜单中选择【设置自选图形格式】菜单项。

4 弹出【设置自选图形格式】对话框，切换到【尺寸】选项卡，设置图形的高度和宽度，这里将【高度】设置为"0.38 厘米"，【宽度】设置为"7.2 厘米"。

5 切换到【颜色和线条】选项卡，在【填充】选项组中将【颜色】设置为【黑色】，在【线条】选项组中将线条【颜色】设置为【无线条颜色】。

⑥ 单击 ┃ 确定 ┃ 按钮返回幻灯片编辑窗口，单击【绘图】工具栏中的【线条】按钮╲，按住【Shift】键在矩形的同等高度上绘制一条直线。

⑦ 双击所绘制的直线，弹出【设置自选图形格式】对话框，切换到【尺寸】选项卡，在【宽度】微调框中输入"23 厘米"。

⑧ 单击 ┃ 确定 ┃ 按钮返回幻灯片编辑窗口，按住【Ctrl】键选中所绘制的矩形和线条，选择完毕后单击鼠标右键，在弹出的快捷菜单中选择【组合】➤【组合】菜单项将矩形和直线组合。

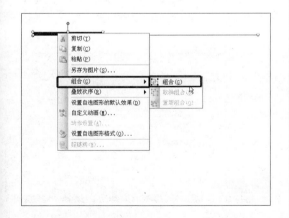

⑨ 利用同样的方法插入本小节对应的素材文件"02.jpg"、"03.jpg"、"05.jpg"、"06.jpg"。

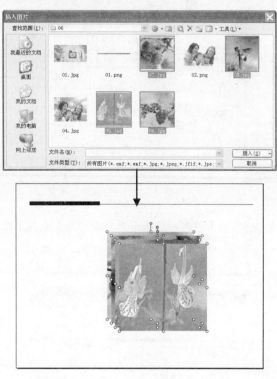

⑩ 这里单击【常用】工具栏中的【显示比例】按钮 66% 右侧的下三角按钮，在弹出的下拉列表中选择【100%】选项。

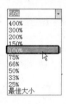

⑪ 选中所插入的任意一张图片，单击鼠标右键，在弹出的快捷菜单中选择【设置图片格式】菜单项，弹出【设置图片格式】对话框，切换到【尺寸】选项卡，选中【锁定纵横比】复选框，在【高度】微调框中输入"1.25 厘米"，此时图片宽度会等比例发生变化。

⑫ 切换到【颜色和线条】选项卡，在【线条】选项组中将【颜色】设置为【白色】，【粗细】设置为"1.25磅"。

⑬ 单击 确定 按钮返回幻灯片编辑窗口，将设置完格式的 4 张图片依次放置在幻灯片的右上角。选中4张图片，在【绘图】工具栏中单击【阴影样式】按钮，在弹出的下拉列表中选择【阴影样式 14】选项，为插入的图片添加阴影效果。

⑭ 单击【绘图】工具栏中的【矩形】按钮，在图片的右侧和两个图片的中间位置各绘制一个矩形，高度与图片的高度一致。

⑮ 将右上角矩形的填充颜色设置为"黑色"，左下角矩形的填充颜色设置为"灰色（红色 128，绿色 128，蓝色 128）"，线条【颜色】设置为"无线条颜色"，并添加与图片相同的阴影样式。

⑯ 返回幻灯片的正常显示比例状态，插入本小节对应的素材文件"01.png"和"02.png"，将其移至幻灯片的下方。

⑰ 选中插入的全家福的相片，单击鼠标右键，在弹出的快捷菜单中选择【叠放次序】➢【置于顶层】菜单项，将全家福图片置于草地的上层。

中的文本格式设置为"幼圆，黑色"。

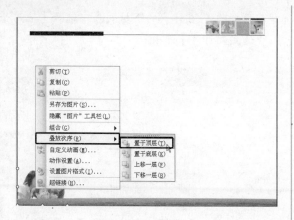

18 在【幻灯片母版视图】工具栏中单击【母版版式】按钮 。

19 弹出【母版版式】对话框，在【占位符】选项组中选中【标题】和【文本】复选框，单击 确定 按钮。

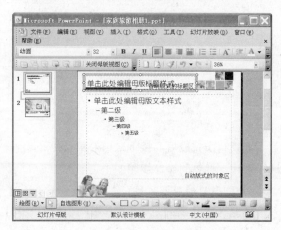

22 单击【幻灯片母版视图】工具栏中的 关闭母版视图(C) 按钮关闭母版视图，返回普通视图即可。将标题幻灯片中的两个占位符删除，可以看到设置的标题效果。

20 此时在幻灯片中会显示标题和文本的占位符。

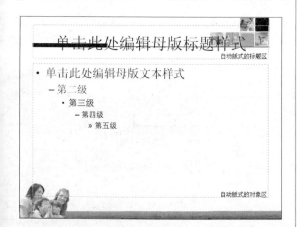

21 调整标题和文本占位符的大小和位置，并将标题占位符中的文本格式设置为"幼圆，32，深绿（红色 0，绿色 51，蓝色 0）"，文本占位符

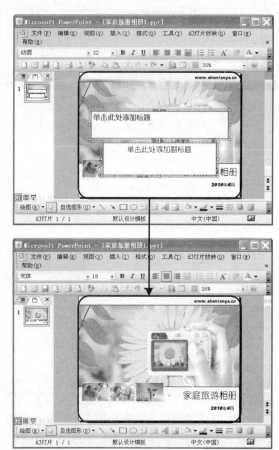

6.2.2 设计第 2 张幻灯片

原始文件	原始文件\06\家庭旅游相册2.ppt
最终效果	最终效果\06\家庭旅游相册2.ppt

本小节原始文件和最终效果所在位置如下。

母版制作完成后，接下来再对第 2 张幻灯片进行设计。具体的操作步骤如下。

① 打开本小节的原始文件，选中标题幻灯片，选择【插入】》【新幻灯片】菜单项（或按下【Ctrl】+【M】组合键）在标题幻灯片的后面插入一张新的幻灯片。

② 用户可以在右侧的【幻灯片版式】任务窗格中选择幻灯片版式。这里在【文字版式】选项组中选择【只有标题】选项，单击版式右侧的下

三角按钮，在弹出的下拉列表中选择【应用于选定幻灯片】选项。

③ 单击【关闭】按钮 × 关闭【幻灯片版式】任务窗格，在"单击此处添加标题"占位符中输入标题文本"游地介绍"。

④ 在【绘图】工具栏中单击 自选图形(U)▼ 按钮，在弹出的下拉列表中选择【基本形状】》【圆角矩形】选项。

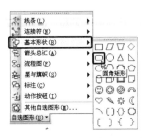

⑤ 在幻灯片中绘制一个圆角矩形。

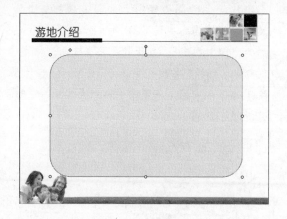

6 向左拖动圆角矩形上方的黄色控制柄◇来调整圆角矩形的弧度。

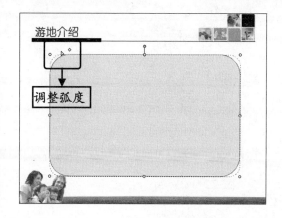

7 调整完毕，选中圆角矩形，单击鼠标右键，弹出快捷菜单，选择【设置自选图形格式】菜单项，弹出【设置自选图形格式】对话框。切换到【尺寸】选项卡，在【尺寸和旋转】选项组中的【高度】和【宽度】微调框中分别输入"11.7厘米"和"20.1厘米"。

8 切换到【颜色和线条】选项卡，在【填充】选项组中将【颜色】设置为【无填充颜色】，在【线条】选项组中将【颜色】设置为【黑色】，【虚线】类型设置为【圆点】，线条【粗细】设置为"1.5磅"。

9 得到的圆角矩形的效果如下图所示。

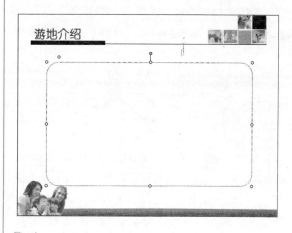

10 在刚才绘制的圆角矩形上方再绘制一个高度为"1.68厘米"、宽度为"17.5厘米"的圆角矩形，将其填充为"白色"，线条设置为"黑色"、圆点、1.5磅，效果如下图所示。

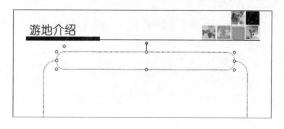

11 在刚才绘制的小圆角矩形上单击鼠标右键，在

弹出的快捷菜单中选择【添加文本】菜单项。

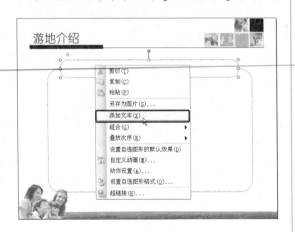

12 在光标闪烁处输入文本,并将文本格式设置为"幼圆,18,加粗,黑色"。

13 按照前面介绍的方法再绘制一个圆角矩形,将其高度设置为"1.3厘米",宽度设置为"14.2厘米",填充【颜色】设置为"绿色(红色136,绿色180,蓝色43)",线条【颜色】设置为【无线条颜色】,放置在上一个圆角矩形的下方。

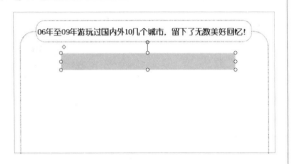

14 在刚才绘制的圆角矩形上方再绘制一个小圆角矩形,将其高度设置为"0.6厘米",宽度设置为"14.1厘米"。打开【设置自选图形格式】对话框,切换到【颜色和线条】选项卡,在【填充】选项组中的【颜色】下拉列表中选择【填充效果】选项。

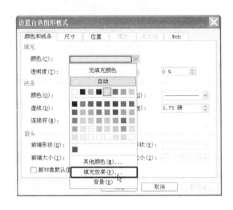

15 弹出【填充效果】对话框,在【颜色】选项组中选中【双色】单选按钮。

16 将【颜色1(1)】设置为【白色】,然后单击【颜色2(2)】右侧的下箭头按钮,在弹出的下拉列表中选择【其他颜色】选项。

⑰ 弹出【颜色】对话框，切换到【自定义】选项
卡，在【红色】、【绿色】、【蓝色】微调框中分
别输入"136"、"180"、"43"，单击 确定
按钮。

⑱ 返回【填充效果】对话框，将【透明度】选项
组中的【从】和【到】微调框中的数值都设置
为"30%"；在【底纹样式】选项组中选中【水
平】单选按钮；在【变形】选项组中选择左上
角的第一个样式。

⑲ 单击 确定 按钮返回【设置自选图形格
式】对话框，在【线条】选项组中将【颜色】
设置为【无线条颜色】，单击 确定 按钮
返回幻灯片编辑窗口。

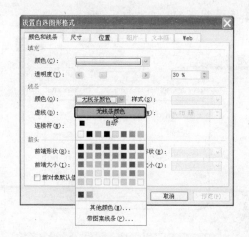

⑳ 按住【Ctrl】键选中所绘制的两个圆角矩形，
然后按【Ctrl】+【C】组合键将其再复制一份，
并放置在上一个圆角矩形的下方。

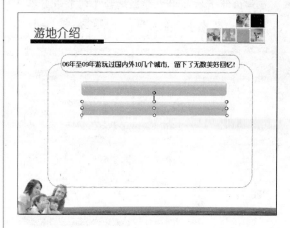

㉑ 更改所复制的两个圆角矩形的渐变颜色。将大
圆角矩形的填充颜色设置为"红色 169，绿色
225，蓝色 229"，小圆角矩形的【颜色 2（2）】
的颜色值设置为"红色 169，绿色 225，蓝色
229"，其他参数保持默认设置。

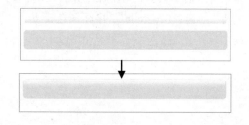

㉒ 将两个绿色和蓝色的圆角矩形组合为一个图
形，然后将组合后的绿色矩形复制两个，蓝色

矩形复制一个，依次向下排列。

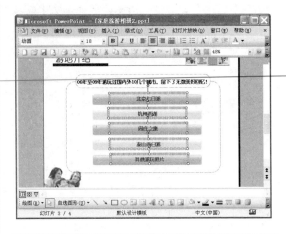

23 按住【Ctrl】键依次选中这 5 个组合后的圆角矩形，在【绘图】工具栏中单击 绘图(D)▼ 按钮，在弹出的下拉菜单中分别选择【对齐或分布】▶【水平居中】菜单项和【对齐或分布】▶【纵向分布】菜单项。

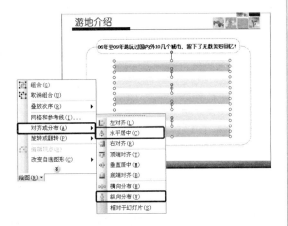

24 单击【绘图】工具栏中的【文本框】按钮，分别在组合图形的中间位置插入文本框，输入各个游地的名称等文本内容，并将文本格式设置为"幼圆，18，加粗"，字体颜色设置为"深绿（红色 0，绿色 51，蓝色 0）"。

6.2.3 创建相册幻灯片

本小节素材文件、原始文件和最终效果所在位置如下。	
素材文件	素材文件\06\07.jpg~16.jpg
原始文件	原始文件\06\家庭旅游相册3.ppt
最终效果	最终效果\06\家庭旅游相册3.ppt

　　接下来再将各个旅游景点的图片一次性地导入到演示文稿中，并对其进行各种编辑。具体操作步骤如下。

1 打开本小节的原始文件，选择【插入】▶【图片】▶【新建相册】菜单项。

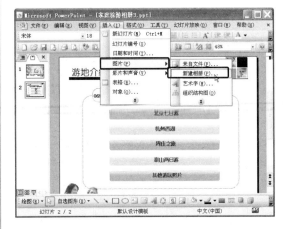

2 弹出【相册】对话框，单击【相册内容】选项组中的 文件/磁盘(F)... 按钮。

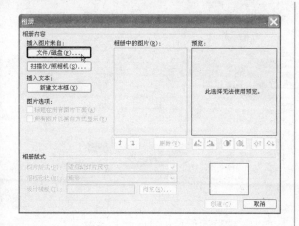

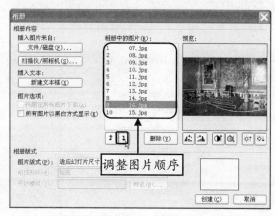

③ 弹出【插入图片】对话框，在【查找范围】下拉列表中选择所需图片的存放位置，在下方的列表框中选中所需的所有图片，单击　插入(S)　按钮。

⑥ 在【相册版式】选项组中的【图片版式】下拉列表中选择【2 张图片（带标题）】选项，此时系统会自动对【相册中的图片】列表框中的图片进行分类。

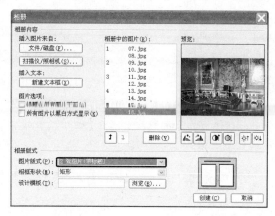

④ 返回【相册】对话框，此时在【相册中的图片】列表框中将显示出用户所选择的所有图片。

⑦ 在【相框形状】下拉列表中选择【矩形】选项，在【图片选项】选项组中选中【标题在所有图片下面】复选框。

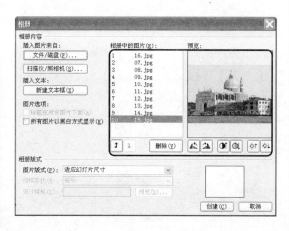

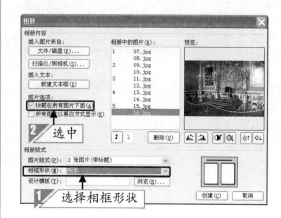

⑤ 选择【16.jpg】选项，单击【向下】按钮 ↓ ，将图片移至最底层。

⑧ 单击 创建(C) 按钮，系统将根据用户所设置的效果自动地创建一个电子相册演示文稿。

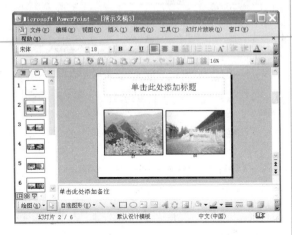

⑨ 将所创建的相册演示文稿除首页以外的其他幻灯片复制到"家庭旅游相册 3.ppt"中。在右侧的窗格中依次选中第 2 张至第 6 张幻灯片，按【Ctrl】+【C】组合键。切换到"家庭旅游相册 3.ppt"中，选中第 2 张幻灯片，按【Ctrl】+【V】组合键。此时在幻灯片的下方会出现一个【粘贴选项】按钮，单击此按钮，在弹出的下拉列表中选择【使用设计模板格式】选项。

⑩ 此时，插入的幻灯片会应用"家庭旅游相册.ppt"的设计模板格式。

▲ 应用设计模板后的幻灯片效果

⑪ 对这 4 张幻灯片进行进一步的编辑操作。选中第 3 张幻灯片，在"单击此处添加标题"占位符中输入标题内容，然后更改图片下方文本框中的文本，并将文本格式设置为"幼圆，20，加粗，黑色"。

⑫ 选中两张图片，在【绘图】工具栏中单击【线条颜色】按钮，在弹出的下拉列表中选择【无线条颜色】选项。

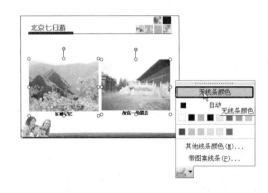

13 选中这两张图片，按【↑】键，将图片的位置
　　向上调整。

14 利用同样的方法为第 4 张至第 7 张幻灯片添加
　　标题及图片的说明文字，并设置图片的格式和
　　位置。

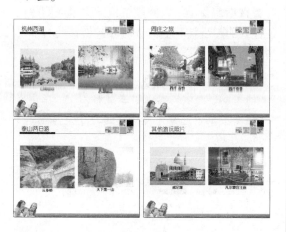

6.2.4　添加超链接

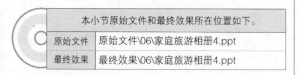

本小节原始文件和最终效果所在位置如下。	
原始文件	原始文件\06\家庭旅游相册4.ppt
最终效果	最终效果\06\家庭旅游相册4.ppt

　　超链接是一种允许用户与其他网页或站点之
间进行连接的形式。超链接可以将文字或图形连
接到网页、图形、文件、邮箱或其他的网站上。

　　在 PowerPoint 2003 中，超链接是指从一张幻
灯片到另一张幻灯片、网页、文件或自定义放映

映的连接。下面为本小节中的幻灯片添加超链接，
并介绍超链接的使用方法。

1.　利用"菜单栏"创建超链接

　　在演示文稿中，用户可以为任意文本或其他
对象（如图片、图形、图表和表格等）创建超链
接。创建超链接的方法有很多，下面介绍利用"菜
单栏"创建超链接的方法。具体的操作步骤如下。

1 打开本小节的原始文件，切换到第 2 张幻灯
　　片，选中文本"北京七日游"后右击，在弹出
　　的快捷菜单中选择【超链接】菜单项。

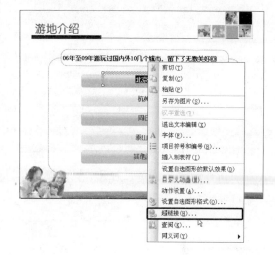

2 弹出【插入超链接】对话框，在【链接到】选
　　项组中选择【本文档中的位置】选项，在【请
　　选择文档中的位置】列表框中选择【3.北京七
　　日游】选项，此时在【幻灯片预览】选项组中
　　可以预览幻灯片。

3 单击 屏幕提示(P)... 按钮，弹出【设置超链接
　　屏幕提示】对话框，在【屏幕提示文字】文本
　　框中输入要显示在屏幕上的内容。

④ 单击 ◻确定◻ 按钮返回幻灯片编辑窗口，此时在幻灯片中可以看到创建超链接的"北京七日游"文本的下方出现了下划线，并且文本的颜色也发生了变化。

⑤ 利用同样的方法为该幻灯片中的其他文本添加超链接。

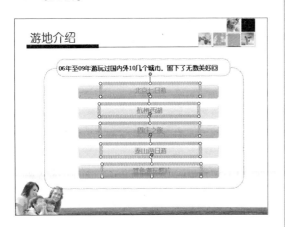

【插入超链接】对话框中【链接到】选项组中其他选项的含义如下。

（1）【原有文件或网页】：如果用户想要超链接到文件或网页中，可在【链接到】选项组中选择该选项，在右侧的【查找范围】下拉列表中选择文件所在的文件夹，并在列表框中选中需要超链接到的文件，或在【地址】下拉列表中选择网

页网址。

（2）【新建文档】：如果用户想要超链接到新建文档，则可在【链接到】选项组中选择该选项，在右侧的【新建文档名称】文本框中输入新建文档的名称，单击 ◻更改(C)…◻ 按钮设置新建文档的路径，在【何时编辑】选项组中设置是否立即编辑新文档。

（3）【电子邮件地址】：如果用户想要超链接到电子邮件地址中，则可在【链接到】选项组中选择该选项，在右侧的【电子邮件地址】文本框中输入需要超链接的邮件地址，在【主题】文本框中输入邮件的主题。

2. 更改或删除超链接

创建好超链接或添加动作按钮之后，用户有时会根据需要重新设置超链接的对象或删除已经创建好的超链接。更改或删除超链接的具体操作步骤如下。

① 切换到第2张幻灯片，选中已经创建了超链接的文本，在该文本上单击鼠标右键，在弹出的快捷菜单中选择【删除超链接】菜单项。

② 此时"北京七日游"文本下方的下划线就被删除了，并且字体颜色也会恢复到原来的颜色，这表示该文本的超链接被清除了。

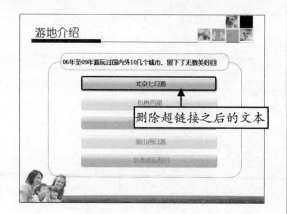

删除超链接之后的文本

小提示 | 更改超链接的方法和创建超链接的方法基本相似。选中需要更改超链接的文本，然后重新设置所要跳转的位置即可。

3　更改超链接文本的颜色

创建超链接时，系统会将含有超链接的文本的颜色设置为配色方案中超链接文本颜色。当系统默认的颜色并不是用户所需要的颜色时，用户可以根据喜好将其更改。具体的操作步骤如下。

① 选择【格式】➤【幻灯片设计】菜单项，弹出【幻灯片设计】任务窗格。

② 在任务窗格中单击【配色方案】链接，进入【配色方案】界面，在【应用配色方案】列表框中显示了标准的配色方案，单击【编辑配色方案】链接。

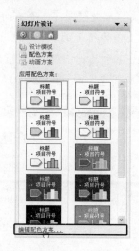

③ 弹出【编辑配色方案】对话框，切换到【自定义】选项卡，在【配色方案颜色】选项组中选中【强调文字和超链接】选项前面的方框▢，单击 更改颜色(O)... 按钮。

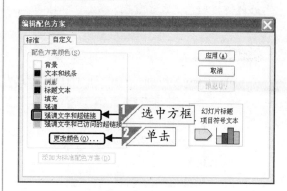

④ 弹出【强调文字和超链接颜色】对话框，切换到【标准】选项卡，选择如下图所示的颜色，单击 确定 按钮返回【编辑配色方案】对话框。

⑤ 在【强调文字和超链接】选项前面的方框■中即可填充上刚才所选的颜色。利用同样的方法将【强调文字和已访问过的超链接】前面的方框■填充为黄色，单击 应用(A) 按钮。

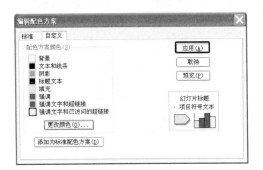

⑥ 返回幻灯片编辑窗口，单击幻灯片左下角的【从当前幻灯片开始幻灯片放映】按钮🖵，切换到幻灯片放映状态，此时可以看到被访问过的超链接颜色变成了黄色。

6.2.5 添加动作按钮

	本小节原始文件和最终效果所在位置如下。
原始文件	原始文件\06\家庭旅游相册5.ppt
最终效果	最终效果\06\家庭旅游相册5.ppt

在 PowerPoint 2003 中提供了一组动作按钮，用户可以在幻灯片中添加动作按钮，从而轻松地实现幻灯片的跳转以及激活其他程序、文档、网页等操作。添加动作按钮实际上也是创建超链接

的一种方法。具体的操作步骤如下。

① 打开本小节的原始文件，切换到第 2 张幻灯片，选择【幻灯片放映】➤【动作按钮】菜单项，在其级联菜单中可以看到一组动作按钮。

② 将鼠标指针移至该组动作按钮所在的级联菜单顶端的虚线处时，指针会变成"✛"形状，并且出现"拖动可使此菜单浮动"的提示字样。

③ 按住鼠标左键，将动作按钮所在的级联菜单拖动到新位置处，释放鼠标左键，该菜单就会浮动在窗口的上面。

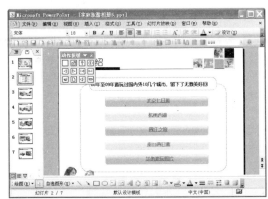

④ 在【动作按钮】工具栏中单击【后退或前一项】按钮◁，待鼠标指针变成"十"形状时，在想添加动作按钮的位置拖曳鼠标，在幻灯片上绘制出一个动作按钮，并调整按钮的大小。

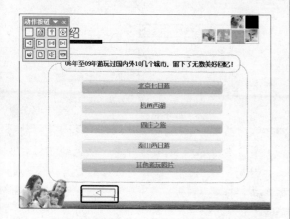

小提示 动作按钮有两种激活的方法：一种是使用鼠标单击动作按钮，另外一种是使用鼠标移过动作按钮。如果用户希望在同一个动作按钮上使用任何一种方法都能激活动作按钮，则可在【动作设置】对话框中的【单击鼠标】和【鼠标移过】两个选项卡中均进行设置。

⑤ 适当调整动作按钮的位置和大小后单击，弹出【动作设置】对话框，切换到【单击鼠标】选项卡，在【单击鼠标时的动作】选项组中选中【超链接到】单选按钮，在下方的下拉列表中选择【上一张幻灯片】选项。

⑥ 单击 _____ 确定 _____ 按钮返回幻灯片编辑窗口，单击【大纲】任务窗格底部的【从当前幻灯片开始幻灯片放映】按钮☲放映幻灯片，将鼠标指针放到【后退或前一项】动作按钮 ◀ 处时，鼠标指针会变成"👆"形状，单击该按钮即可切换到上一张幻灯片中。

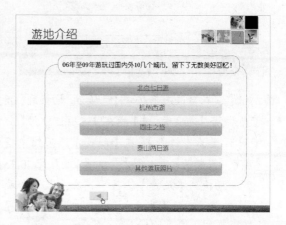

⑦ 按照上面的方法在幻灯片中继续添加【前进或下一项】按钮▷、【开始】按钮◁和【结束】按钮▷3 个动作按钮。

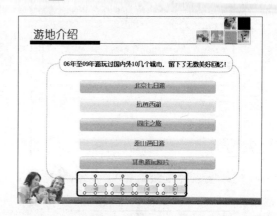

⑧ 接下来设置动作按钮的格式。按住【Ctrl】键依次选中这 4 个动作按钮，选择完毕后右击，在弹出的快捷菜单中选择【设置自选图形格式】菜单项。

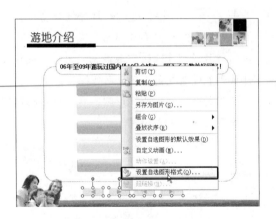

⑨ 弹出【设置自选图形格式】对话框,切换到【颜色和线条】选项卡,在【填充】选项组中将【颜色】设置为【白色】,在【线条】选项组中将【颜色】设置为【酸橙色】,【粗细】设置为"0.25磅"。切换到【尺寸】选项卡,在【尺寸和旋转】选项组中将【高度】和【宽度】分别设置为"0.8厘米"和"2.2厘米"。

⑩ 单击 [　确定　] 按钮返回幻灯片编辑窗口,选中4个动作按钮,单击 绘图(D)▼ 按钮,在弹出

的下拉列表中选择【对齐或分布】➤【横向分布】菜单项。

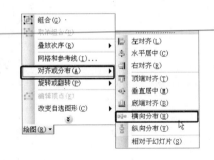

⑪ 选中所添加的4个动作按钮,复制并粘贴到第3张至第7张幻灯片中,切换到"幻灯片浏览"视图,即可看到每张幻灯片中添加的动作按钮。

小提示 在【动作按钮】工具栏中单击所需的动作按钮,在幻灯片的合适位置处单击,就可以添加一个默认大小的动作按钮;在幻灯片中拖曳鼠标指针,可绘制出一个所需大小的动作按钮。另外,如果想改变动作按钮的位置,可以将鼠标指针移动到动作按钮上,按住鼠标左键,将按钮拖动至合适的位置,释放鼠标左键即可。如果想调整动作按钮的大小,则需单击动作按钮,将鼠标指针放到按钮的尺寸控制点上,待鼠标指针变成双向箭头时按住鼠标左键,拖动控制点调整按钮的大小,然后释放鼠标左键即可。

6.2.6　添加幻灯片动画

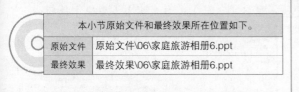

为了使演示文稿更具有吸引力，用户可以为幻灯片添加动画效果。具体的操作步骤如下。

① 打开本小节的原始文件，选择【幻灯片放映】➤【自定义动画】菜单项。

② 弹出【自定义动画】任务窗格。

③ 选中第 2 张幻灯片中的标题，在【自定义动画】任务窗格中单击 ☆ 添加效果 ▼ 按钮，在其下拉菜单中选择【进入】➤【其他效果】菜单项。

④ 弹出【添加进入效果】对话框，该对话框中列出了多种进入效果，这里在【温和型】选项组中选择【压缩】选项。

⑤ 单击 确定 按钮返回幻灯片编辑窗口，在【自定义动画】任务窗格中的【开始】下拉列表中设置动画效果的开始时间，这里选择【之后】选项。

⑥ 在【速度】下拉列表中设置动画效果的运行速度，这里选择【快速】选项。设置完毕后，单

击 ▶ 播放 按钮即可预览设置的动画效果。

7 选中圆角矩形及其对应的文本框，单击鼠标右键，在弹出的快捷菜单中选择【组合】▶【组合】菜单项，将选中的元素进行组合。

8 选中组合后的图形，将其进入效果设置为【切入】，然后在【开始】、【方向】、【速度】下拉列表中分别选择【之后】、【自底部】、【慢速】选项。

9 切换到第 3 张幻灯片，其标题文字的动画效果

同上一张幻灯片的标题动画效果相同。选中左侧的图片，将其进入效果设置为【切入】，并在【开始】、【方向】、【速度】下拉列表中分别选择【之后】、【自左侧】、【中速】选项。

10 选中右侧的图片，将其进入动画效果设置为【切入】，并在【开始】、【方向】、【速度】下拉列表中分别选择【之后】、【自右侧】、【中速】选项。

11 利用同样的方法为第 4 张至第 7 张幻灯片中的文本和图片设置同样的动画效果。

6.2.7　设置幻灯片切换效果

本小节原始文件和最终效果所在位置如下。
原始文件	原始文件\06\家庭旅游相册7.ppt
最终效果	最终效果\06\家庭旅游相册7.ppt

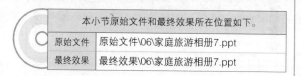

为了使幻灯片更加具有动感，接下来为幻灯片设置切换效果。具体的操作步骤如下。

1. 打开本小节的原始文件，选择【幻灯片放映】➤【幻灯片切换】菜单项，弹出【幻灯片切换】任务窗格。

2. 选中第1张幻灯片，在【应用于所选幻灯片】列表框中选择【随机垂直线条】选项，在【修改切换效果】选项组中的【速度】下拉列表中选择【中速】选项，在【换片方式】选项组中选中【单击鼠标时】复选框，单击 应用于所有幻灯片

按钮。

3. 单击任务窗格右侧的 📺 幻灯片放映 按钮，切换到幻灯片放映状态，查看设置的幻灯片切换效果。

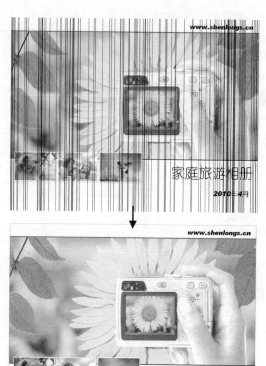

▲ 幻灯片切换效果

6.2.8　设置幻灯片放映方式

本小节原始文件和最终效果所在位置如下。	
原始文件	原始文件\06\家庭旅游相册8.ppt
最终效果	最终效果\06\家庭旅游相册8.ppt

演示文稿制作完毕后，用户如果需要查看制作的效果或让观众欣赏制作出的效果，则可以设置幻灯片的放映方式。

PowerPoint 2003 提供了 3 种幻灯片放映类型，分别是演讲者放映、观众自行浏览和在站台浏览，下面分别介绍各类型的功能。

● 演讲者放映（全屏幕）

这是一种传统的全屏放映方式，主要用于演讲者亲自播放演示文稿。在这种方式下，演讲者具有完全控制权，可以使用鼠标手动放映，也可以自动放映演示文稿，同时还可以进行暂停、回放、录制旁白以及添加标记等操作。

▲ 演讲者放映

● 观众自行浏览（窗口）

该方式适用于小规模演示。例如个人通过公司的网络进行预览。在放映时，演示文稿是在标准窗口中进行放映的，并且可以提供相应操作命令，允许用户移动、编辑、复制和打印幻灯片。

在这种方式下，用户不能通过鼠标单击的方法逐个放映幻灯片，但可以使用滚动条或者单击滚动条两端的【向上】按钮或【向下】按钮放映幻灯片。

▲ 观众自行浏览

● 观众展台浏览（全屏幕）

这是一种自动运行全屏幕循环放映的方式，放映结束 5 分钟之内，若用户没有指令则重新放映。另外，在这种方式下，演示文稿通常会自动放映，并且大多数的控制命令都不能使用，只能使用【Esc】键终止幻灯片的放映。

展台一般是指计算机和监视器，通常安装在人流密集的地方，包括触摸屏、播放声音或视频等。用户还可以对展台进行设置，以便自动或连续播放演示文稿。设置幻灯片放映方式的具体操作步骤如下。

① 选择【幻灯片放映】➤【设置放映方式】菜单项。

② 弹出【设置放映方式】对话框，在【放映类型】
选项组中选择放映的类型，用户可以根据前面
的介绍选择合适的类型，这里选中【演讲者放
映（全屏幕）】单选按钮；在【放映选项】选
项组中选中【循环放映，按 ESC 键终止】复
选框；在【放映幻灯片】选项组中选中【全部】
单选按钮；在【换片方式】选项组中选中【如
果存在排练时间，则使用它】单选按钮；在【性
能】选项组中选中【使用硬件图形加速】复选
框，单击 确定 按钮。

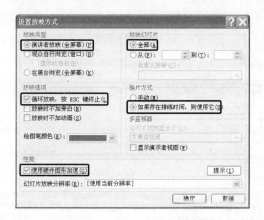

③ 选择【幻灯片放映】➤【观看放映】菜单项，
（或按【F5】键）即可应用所设置的方式放映
幻灯片，按【Esc】键即可停止播放。

6.2.9　将演示文稿发布到网络上

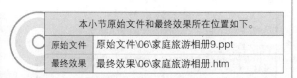

本小节原始文件和最终效果所在位置如下。	
原始文件	原始文件\06\家庭旅游相册9.ppt
最终效果	最终效果\06\家庭旅游相册.htm

　　PowerPoint 2003 为用户提供了强大的网络功
能，可以将演示文稿保存为网页，然后发布到 Web
页上，使 Internet 上的用户也能够欣赏到该演示文
稿。具体操作步骤如下。

① 打开本小节的原始文件，选中第 1 张幻灯片，
选择【文件】➤【另存为网页】菜单项。

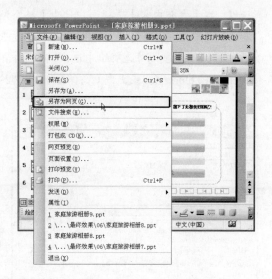

② 弹出【另存为】对话框，在【保存位置】下拉
列表中选择演示文稿的保存位置，在【文件名】
下拉列表文本框中输入需要保存的文件名称，
在【保存类型】下拉列表中选择【网页（*.htm；
*.html）】选项。

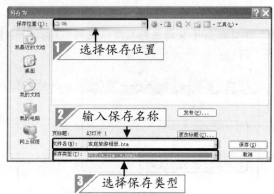

③ 单击 更改标题(C)... 按钮，弹出【设置页标题】
对话框，在【页标题】文本框中输入需要更改
的页标题。

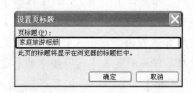

④ 单击 确定 按钮返回【另存为】对话框，单
击 发布(P)... 按钮，弹出【发布为网页】对

话框。在【发布内容】选项组中选中【整个演示文稿】单选按钮和【显示演讲者备注】复选框，在【浏览器支持】选项组中选中【Microsoft Internet Explorer 4.0 或更高（高保真）】单选按钮。

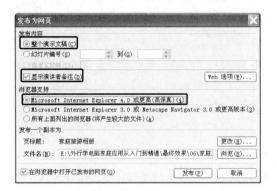

⑤ 单击 Web 选项(W)... 按钮，弹出【Web 选项】对话框，切换到【常规】选项卡。在【外观】选项组中选中【添加幻灯片浏览控件】复选框，在【颜色】下拉列表中选择【演示颜色（强调文字颜色）】选项，并选中【浏览时显示幻灯片动画】和【重调图形尺寸以适应浏览器窗口】复选框。

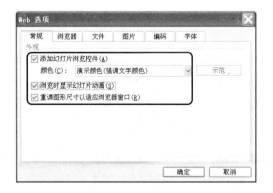

⑥ 切换到【浏览器】选项卡，在【选项】列表框中选中【允许将 PNG 作为图形格式】和【将新建网页保存为"单个文件网页"】复选框，此时在【目标浏览器】选项组中的【查看此网页时使用】下拉列表中系统会自动选择【Microsoft Internet Explorer 6.0 或更高版本】选项。

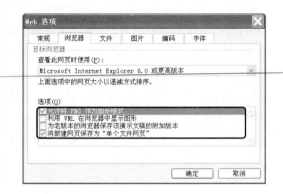

⑦ 其他选项卡中的选项保持默认设置。单击 确定 按钮返回【发布为网页】对话框，单击 发布(P) 按钮即可将演示文稿发布为网页。

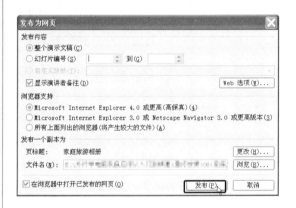

⑧ 发布完成后会弹出下图所示的对话框，在【信息栏】对话框中单击 确定 按钮。

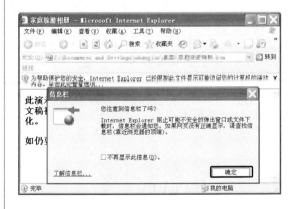

⑨ 单击黄色提示框，在弹出的菜单中选择【允许阻止的内容】菜单项。

⑩ 弹出【安全警告】对话框，单击 是(Y) 按钮。

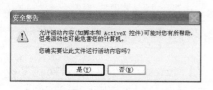

⑪ 此时可在 IE 浏览器中浏览发布的演示文稿网页。

⑫ 同时在保存目录下会出现一个标题为"家庭旅游相册"的文件夹和一个标题为"家庭旅游相册.htm"文件。双击"家庭旅游相册.htm"文件图标也可以打开演示文稿网页，浏览效果。

6.2.10　打包演示文稿

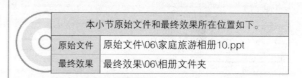

本小节原始文件和最终效果所在位置如下。	
原始文件	原始文件\06\家庭旅游相册10.ppt
最终效果	最终效果\06\相册文件夹

用户若使用压缩工具对演示文稿进行压缩，则可能会丢失一些链接信息，因此可以使用 PowerPoint 提供的"打包向导"功能将演示文稿和播放器一起打包，以便带到另一台电脑上将演示文稿解压缩后播放。如果打包后又对演示文稿做了修改，可以使用"打包向导"重新打包，也可以一次打包多个演示文稿。具体的操作步骤如下。

① 打开本小节的原始文件，选择【文件】▶【打包成 CD】菜单项，弹出【打包成 CD】对话框，单击 复制到文件夹(F)... 按钮。

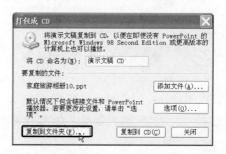

② 弹出【复制到文件夹】对话框，在【文件夹名称】文本框中输入保存的文件名称，单击 浏览(B)... 按钮。

3 弹出【选择位置】对话框，在【查找范围】下拉列表中选择保存的位置，单击 选择(E) 按钮。

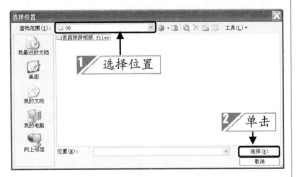

4 返回【复制到文件夹】对话框，单击 确定 按钮，弹出【正在将文件复制到文件夹】对话框，提示正在复制到文件夹。

6.2.11 在其他电脑中解包演示文稿

将打包的演示文稿文件复制到另外一台电脑

中进行放映时，首先必须将其解包。

1 通过网络或移动硬盘将打包的演示文稿文件夹复制到另外一台电脑上。

2 在另外一台电脑上找到该文件夹，双击 "pptview.exe" 文件。

3 第一次打开时将弹出下图所示的界面，在该界面中单击 接受(A) 按钮。

4 弹出【Microsoft Office PowerPoint Viewer】对话框，选择要打开的演示文稿，单击 打开(O) 按钮即可打开演示文稿，并开始放映幻灯片。

 练兵场 制作名称为"贺卡"的演示文稿

　　按照本章介绍的内容，根据系统自带的内容提示向导，制作一个名称为"贺卡"的演示文稿。操作过程可参见"配套光盘\练兵场\制作贺卡。"

第7章

网上冲浪

随着网络技术的发展，越来越多的人开始体会到了上网的乐趣。人们已经不再像以前那样仅仅通过写信和打电话联系了，而是通过 Internet 提供的更多新颖、方便的方式进行交流。

关于本章知识，本书配套教学光盘中有相关的多媒体教学视频，请读者参看光盘【网络家庭应用\网上冲浪】。

光盘链接

🚩 初识 IE 浏览器

🚩 浏览和收藏网页

🚩 网上搜索

🚩 网上聊天

🚩 收发电子邮件

🚩 网络博客

7.1 初识 IE 浏览器

IE 浏览器是美国微软公司推出的一款网页浏览器，是目前使用较为广泛的网页浏览器。用户在安装 Windows XP 系统时即可同时安装 IE 浏览器。

7.1.1 启动 IE 浏览器

下面以 IE 6.0 浏览器为例，介绍启动 IE 浏览器的几种方法。

● **利用快速启动栏**

在快速启动栏中自带了 IE 6.0 的快捷方式图标，用户可以通过单击 图标启动 IE 浏览器。

● **利用【开始】菜单**

在桌面上单击 按钮，在弹出的【开始】菜单中选择【所有程序】➤【Internet Explorer】菜单项。

7.1.2 认识 IE 6.0 浏览器工作界面

启动 IE 浏览器之后即可看到其工作界面，IE 6.0 浏览器的工作界面主要由标题栏、菜单栏、工具栏、地址栏、链接栏、工作区和状态栏等 7 个部分组成。

● 标题栏

标题栏位于浏览器窗口的最顶端，主要用来显示当前所浏览网页的标题。

● 菜单栏

菜单栏位于标题栏的下方，主要由【文件】、【编辑】、【查看】、【收藏】、【工具】和【帮助】等 6 个菜单项组成。各个菜单项中又包含了许多子菜单，用户可以通过选择相应的菜单项来实现浏览器的各种功能，如选择【查看】菜单项。

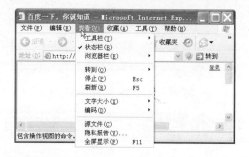

● 工具栏

工具栏位于菜单栏的下方，主要以按钮的形式显示出菜单栏中最常用的选项，用户可以通过单击这些按钮来实现相应的功能。

● 地址栏

地址栏位于工具栏的下方，用户可以在地址栏的【地址】文本框中输入所要浏览的网页的网址，然后单击右侧的 转到 按钮或者按【Enter】键打开该网页。

● 链接栏

链接栏位于地址栏的下方，主要列出了一些常用网页的链接按钮，用户只需单击其中的某个网页链接按钮即可快速打开该网页。如果用户的 IE 浏览器窗口中没有显示出链接栏，则可以使用以下方法将其显示出来。具体操作步骤如下。

① 在工具栏的空白处单击鼠标右键，从弹出的快捷菜单中选择【锁定工具栏】菜单项。

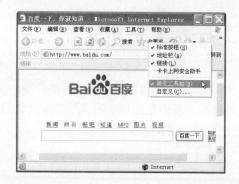

② 此时工具栏处于未锁定状态，将鼠标指针移至【地址】文本框右侧的 链接 图标上，按住鼠标左键，待鼠标指针变为"✛"形状时，将该图标拖曳至地址栏的下方，释放鼠标左键即可显示出链接栏。

● 工作区

工作区是 IE 浏览器窗口中最大的区域，也称为内容显示区，主要用于显示当前所浏览网页的具体内容。用户可以通过拖动右侧的垂直滚动条和下部的水平滚动条来浏览整个网页的内容。

● 状态栏

状态栏位于浏览器工作界面的最底端，主要用于显示当前所浏览网页的状态信息，如网页的连接状态及当前所连接站点的 IP 地址等。

7.1.3　设置 IE 浏览器

IE 浏览器的默认设置并不一定适合每一位用户，因此用户可以根据自己的实际需求对 IE 浏览器进行主页、字体等各方面的设置。

● 设置主页

用户可以将自己常用的网页设置为主页，例如将淘宝网"http://www.taobao.com/"设置为主页。具体操作步骤如下。

①　启动 IE 浏览器，选择【工具】➤【Internet 选项】菜单项。

②　弹出【Internet 选项】对话框，切换到【常规】选项卡，在【主页】选项组中的【地址】文本框中输入要设置为主页的网页网址，这里输入"http://www.taobao.com/"。

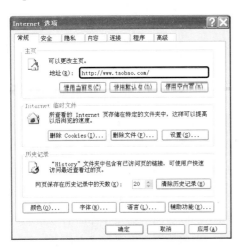

③　依次单击 应用(A) 和 确定 按钮即可。

小提示

在【主页】选项组中单击 使用当前页(C) 按钮，可以将当前打开的网页设置为主页；单击 使用默认页(D) 按钮，可以将系统默认的页面设置为主页；单击 使用空白页(B) 按钮，可以将一个空白页设置为主页。

▲ 将当前页设置为主页

▲ 将默认页设置为主页

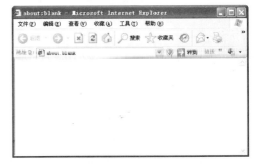

▲ 将空白页设置为主页

自定义工具栏

浏览器窗口的工具栏一般包括【后退】按钮、【停止】按钮、【刷新】按钮、【主页】按钮以及【搜索】按钮等工具按钮，用户可以根据自己的需求添加或删除工具栏中的按钮，如添加【字体】按钮。具体操作步骤如下。

1. 在工具栏的空白处单击鼠标右键，从弹出的快捷菜单中选择【自定义】菜单项。

2. 弹出【自定义工具栏】对话框，在【可用工具栏按钮】列表框中选择【字体】选项。

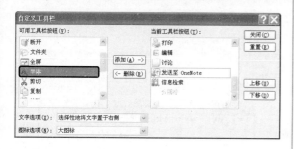

3. 选择完毕单击 添加(A) -> 按钮，将其添加到右侧的【当前工具栏按钮】列表框中，然后利用 上移(U) 和 上移(U) 按钮调整工具按钮在工具栏中的位置。

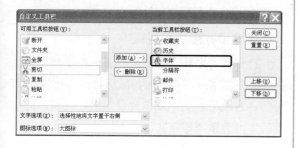

4. 设置完毕单击 关闭(C) 按钮，将【字体】按钮添加到工具栏中。

小提示 删除工具栏中按钮的方法也很简单，例如删除刚刚添加的【字体】按钮，按照前面介绍的方法打开【自定义工具栏】对话框，在右侧的【当前工具栏按钮】列表框中选择要删除的按钮，单击 <- 删除(R) 按钮，然后单击 关闭(C) 按钮即可。

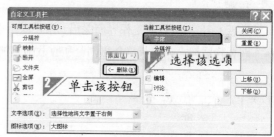

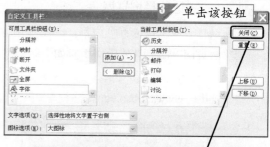

设置历史记录保存天数

用户在一定时间内访问了一些网站之后，历史记录会显示在地址栏中。这些历史记录是随着访问网站的变化而随时更新的。但是随着访问网站数量的增加，历史记录也会越来越多，这样就会增加用户选择网址的难度。为此，用户可以设置这些历史记录的保存时间。如果一个网站被访问后在所设置的天数内没有被再次访问，则它的网址就会被自动清除。

设置历史记录保存天数的具体操作步骤如下。

① 打开 IE 浏览器，选择【工具】➤【Internet 选项】菜单项，弹出【Internet 选项】对话框。切换到【常规】选项卡，在【历史记录】选项

组中的【网页保存在历史记录中的天数】微调框中输入"15"。

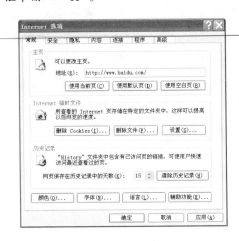

② 依次单击 应用(A) 和 确定 即可将历史记录的保存天数设置为 15 天。

7.2　浏览和收藏网页

熟悉了 IE 浏览器的工作界面之后，用户就可以使用浏览器浏览网页了。此外，用户可以将自己喜欢的网页收藏起来。本节将介绍浏览和收藏网页的方法。

7.2.1　浏览网页

1.　使用 IE 6.0 地址栏浏览网页

下面以打开淘宝网的首页为例，介绍使用地址栏浏览网页的方法。具体操作步骤如下。

① 启动 IE 6.0 浏览器，在地址栏中输入淘宝网的网址"http://www.taobao.com/"。

② 单击地址栏右侧的 转到 按钮（或按【Enter】

键）即可打开淘宝网的首页面。

2.　使用超链接访问网页

打开首页之后，当用户将鼠标指针移至网页中的某些文字或图片上时，鼠标指针会变为"🖑"形状，这表明该文字或图片是超链接，单击此超链接即可链接到与该文字或图片相关的网页中。

▲ 图片链接

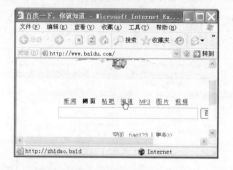

▲ 文字链接

3. 使用导航按钮浏览网页

导航按钮是指位于工具栏左侧的【后退】按钮、【前进】按钮、【停止】按钮、【刷新】按钮和【主页】按钮等 5 个按钮。

按钮名称	按钮图标	按钮作用
【后退】按钮		单击此按钮将返回到当前网页的前一个网页
【前进】按钮		单击此按钮可以前进到访问当前网页之后曾经访问过的网页
【停止】按钮		单击此按钮可以停止对当前网页的链接
【刷新】按钮		单击此按钮可以对当前网页中的信息进行更新并重新显示当前网页
【主页】按钮		单击此按钮可以返回到系统默认或用户自定义的主页中

使用【后退】按钮和【前进】按钮浏览网页的具体操作步骤如下。

① 将鼠标指针移至工具栏中的【后退】按钮上，此时即可在其下方显示出一行提示文字。

② 单击【后退】按钮即可返回到百度搜索引擎的首页。

③ 将鼠标指针移至工具栏中的【前进】按钮上，即可在其下方显示出一行提示文字。

④ 单击【前进】按钮即可再次返回到【百度知道】页面。

4. 使用链接栏浏览网页

用户可以将一些经常访问的网页的快捷方式添加到链接栏中，这样只需在链接栏中单击所要浏览的网页所对应的快捷方式按钮即可快速打开该网页。例如，将"网易"的快捷方式添加到链接栏中。具体操作步骤如下。

① 启动 IE 浏览器，打开网易的主页，将鼠标指针移至地址栏中该网页的图标 上，此时鼠标指针变为"	"形状。

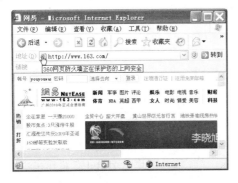

② 按住鼠标左键，将图标拖曳至链接栏上，待指针变为"	"形状时释放鼠标左键即可。

7.2.2　收藏网页

用户在浏览网页时，如果发现一些比较感兴趣的网页，可以使用收藏夹将其收藏起来，以便日后浏览。例如，将淘宝网添加到收藏夹中。具体操作步骤如下。

① 打开 IE 浏览器，在地址栏中输入淘宝网的网址 "http://www.taobao.com/"，按下【Enter】键，弹出淘宝网首页面，选择【收藏】➤【添加到收藏夹】菜单项。

② 弹出【添加到收藏夹】对话框。

③ 单击 新建文件夹(W)... 按钮，弹出【新建文件夹】对话框，在【文件夹名】文本框中输入"购物网站"。

④ 输入完毕单击　确定　按钮，返回【添加到收藏夹】对话框。

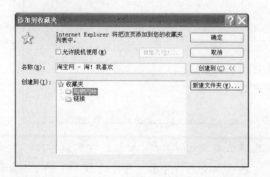

⑤ 单击　确定　按钮即可完成设置。选择

【收藏】➤【购物网站】菜单项，从弹出的级联菜单中可以看到已经将淘宝网添加到【购物网站】收藏夹中了。

7.3　网上搜索

　　熟悉了 IE 浏览器的各种基本操作之后，用户就可以在网上搜索各种自己感兴趣的信息了。网上搜索的方法主要有两种，分别是利用 IE 浏览器搜索和利用搜索引擎搜索。

7.3.1　使用 IE 搜索功能

　　IE 浏览器提供有搜索功能，用户可以使用浏览器工具栏中的　搜索　按钮搜索所需的信息或者网页。这里以搜索与英语相关的信息为例进行介绍。具体的操作步骤如下。

① 启动 IE 浏览器，在浏览器窗口的工具栏中单击　搜索　按钮，窗口的左侧将弹出【搜索】任务窗格。在【查找包含以下内容的网页：】文本框中输入与所要查找的信息有关的文本内容，这里输入"英语"。

② 输入完毕单击下方的　搜索　按钮，此时系统开始搜索与"英语"有关的网页信息，搜索完毕后会将搜索结果显示在【搜索】任务窗格中。搜索结果都是以超链接的形式列出的，将鼠标指针移至其中的某个搜索结果上，鼠标指针会变成"🖑"形状。

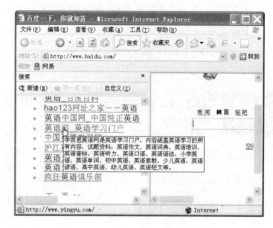

③ 单击此搜索结果即可打开相应的链接。

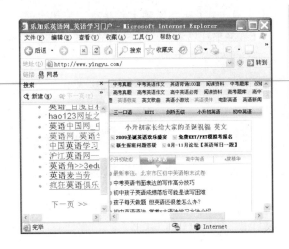

7.3.2　使用搜索引擎搜索

　　除了利用 IE 浏览器的搜索功能之外，用户还可以使用搜索引擎搜索需要的信息。搜索引擎是一种服务器，它可以对网络上的信息进行搜索、整理和分类，然后将这些信息提供给用户查询。目前，很多网站都提供有搜索引擎，比较常用的搜索引擎有百度、Google 和搜狗等。本小节以百度搜索引擎为例进行介绍。

　　这里以使用百度搜索引擎搜索音乐为例进行介绍。具体操作步骤如下。

①　启动 IE 浏览器，在地址栏中输入百度的网址"http://www.baidu.com/"，单击 转到 按钮（或按【Enter】键），打开百度搜索引擎的首页。在搜索文本框中输入与需要查找的内容相关的文本内容，这里输入"音乐"。

②　单击右侧的 百度一下 按钮，搜索引擎即可开始搜索所有与"音乐"有关的信息，并将搜索到的含有"音乐"内容的所有网页以超链接的形式列出来。

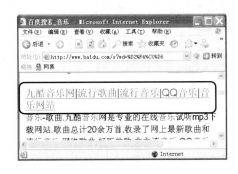

③　单击列表中的任何一个链接即可打开该网页。

7.4　网上聊天

　　网上聊天是用户在网上进行实时交流的一种形式。

7.4.1　QQ 聊天

　　目前比较常用的聊天工具有腾讯 QQ、MSN 和网易泡泡等。本小节主要介绍使用 QQ 与亲朋好友聊天的方法。

1. 下载和安装QQ

在使用腾讯 QQ 聊天之前，首先需要将其下载和安装到自己的电脑上。

为了安全起见，建议用户到腾讯 QQ 的官方下载网站（http://pc.qq.com/）上进行下载。

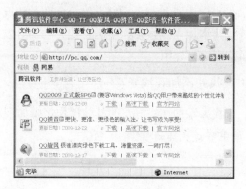

安装腾讯 QQ 的方法很简单，用户只需按照提示一步一步地进行操作即可。应用程序软件的安装方法，已经在 1.5.1 小节中进行过详细的介绍，在此不再赘述。

2. 申请与登录QQ

如果用户是第一次使用 QQ 聊天软件，则必须先申请一个 QQ 号码，再登录到腾讯 QQ 上。

● 申请 QQ 号码

目前主要有 3 种申请 QQ 号码的方法，分别是在腾讯 QQ 的软件中心网站上免费申请、拨打声讯电话申请和向 Esales 销售商申请。用户可以根据实际情况选择合适的方法申请属于自己的QQ 号码。

这里以在腾讯 QQ 软件中心网站上申请免费的 QQ 号码为例进行介绍。具体操作步骤如下。

① 启动 IE 浏览器，在地址栏中输入腾讯 QQ 软件中心网站的网址"http://id.qq.com/"，单击 转到 按钮（或按下【Enter】键）打开该网页。

② 单击【网页免费申请】中的 立即申请 按钮，弹出【您想要申请哪一类账号】页面。

③ 用户可以根据自己的实际需要选择要申请的账号类型，这里选择申请 QQ 号码。单击【QQ 号码】链接，弹出填写注册信息页面，根据自己的实际需要填写用户申请资料。

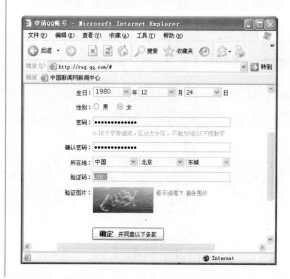

④ 输入完毕单击 **确定 并同意以下条款** 按钮，弹出申请
成功页面。

● 登录QQ

申请了QQ号码之后，接下来就可以登录QQ
了。具体的操作步骤如下。

① 选择【开始】➤【所有程序】➤【腾讯软件】
➤【QQ 2009】➤【腾讯QQ 2009】菜单项，
启动腾讯QQ，在【账号】和【密码】文本框
中分别输入刚刚申请的QQ号码和登录密码。

② 输入完毕后单击 **登录** 按钮即可。

3. 查找与添加好友

用户初次登录新申请的 QQ 号时，在【我的
好友】列表中将只显示用户自己的头像，如果想
与亲朋好友在 QQ 上聊天，就必须先查找和添加
好友。

在 QQ 中查找与添加好友又分为两种情况，
即查找并添加在线好友和精确查找并添加好友，
下面分别进行介绍。

● 查找并添加在线好友

查找并添加在线好友的具体操作步骤如下。

① 单击窗口底部的 **查找** 按钮。

② 弹出【查找联系人/群/企业】对话框，切换到
【查找联系人】选项卡，选中【按条件查找】
单选按钮，从【国家】下拉列表中选择【不限】
选项，选中【在线】复选框，单击 **查找** 按
钮。

③ 弹出查询结果对话框，其中列出了当前在线的
QQ 用户，用户可以根据自己的喜好选择喜欢

的 QQ 用户，然后单击【加为好友】链接。

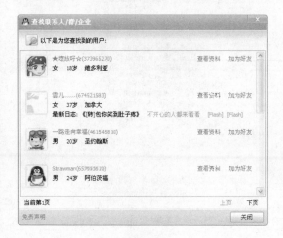

④ 弹出【添加好友】对话框，在【请输入验证信息】文本框中输入验证信息。

⑤ 输入完毕单击　确定　按钮，弹出提示添加请求发送成功的对话框。

⑥ 如果对方同意请求，则会弹出提示添加成功的对话框，单击　完成　按钮即可。

精确查找并添加好友

精确查找并添加好友的具体操作步骤如下。

① 单击　查找　按钮，随即弹出【查找联系人/群/企业】对话框。切换到【查找联系人】选项卡，在【查找方式】选项组中选中【精确查找】单选按钮，在下方的【账号】文本框中输入好友的账号。

② 单击　查找　按钮，弹出查找结果对话框。

③ 单击　添加好友　按钮，弹出【添加好友】对话框，在【请输入验证信息】文本框中输入验证信息，从【分组】下拉列表中选择【朋友】选项。

④ 选择完毕单击 确定 按钮，弹出提示添加请
求发送成功的对话框。

⑤ 如果对方同意请求，则会弹出提示添加成功的
对话框，单击 完成 按钮即可。

⑥ 返回 QQ 窗口，此时即可在【朋友】列表中显
示出所添加的好友。在用户 QQ 窗口的好友列
表中，如果好友在线，则其头像呈彩色显示；
如果好友不在线，则其头像呈灰色显示。

4. 收发信息

　　添加了好友之后，就可以与好友聊天了。收
发信息是与好友进行聊天最常用的方法。具体操
作步骤如下。

① 在好友列表中打开要收发信息的好友，然后单
击鼠标右键，从弹出的快捷菜单中选择【发送
即时信息】菜单项。

② 弹出聊天窗口，在聊天窗口下方的文本框中输
入想要说的话。

③ 单击窗口下方的 发送(S) 按钮或按【Ctrl】+
【Enter】组合键，将所输入的信息发送给对方，
同时在用户自己的聊天记录窗口中也会显示
出所发送的信息。

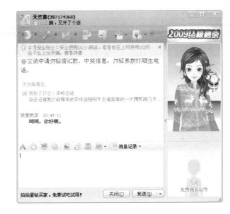

④ 回复信息后，系统会响起提示音，提示用户收

到信息,并且会在用户的聊天窗口中显示出好友所回复的信息。

⑦ 单击窗口下方的 [发送(S)] 按钮或按【Ctrl】+【Enter】组合键,将所选择的表情发送给对方。

⑤ 为了增加聊天的趣味性,用户还可以在聊天的过程中使用系统自带的各种表情。单击【选择表情】按钮 ,在弹出的下拉列表中列出了系统自带的各种表情,用户可以根据自己的实际需要进行选择,如选择一个"笑脸"表情。

⑧ 单击【设置字体颜色和格式】按钮 ,弹出【设置字体颜色和格式】工具栏,从【字体】下拉列表中选择【华文楷体】选项,从【字号】下拉列表中选择【13】选项。

⑥ 单击即可将其添加到下方的聊天窗口中。

⑨ 单击【设置字体颜色和格式】工具栏中的【颜色】按钮 ,弹出【颜色】对话框,从下方的【颜色】面板中选择喜欢的字体颜色。

⑩ 选择完毕单击 ［ 确定 ］ 按钮，返回与好友聊天的窗口，在下方的窗口中输入聊天内容，此时可以看到字体格式和颜色的设置效果。

5. 语音和视频聊天

如果用户与 QQ 好友都安装了最新版本的 QQ 软件，并且都装有摄像头和麦克风，那么在使用 QQ 聊天时，用户不仅可以与好友进行语音聊天，而且还可以进行视频聊天。

● 安装摄像头

在进行语音和视频聊天之前首先要将摄像头和电脑连接起来，并且安装摄像头驱动程序。具体操作步骤如下。

① 将摄像头连接到电脑上，稍等片刻会弹出【找到新的硬件向导】对话框。

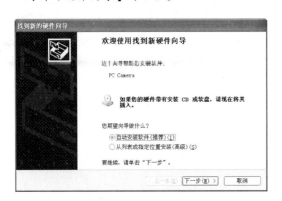

② 将摄像头的安装光盘插入光驱中，单击 ［下一步(N) >］ 按钮，向导会自动搜索摄像头的驱动程序。

③ 向导搜索到摄像头驱动后会弹出【硬件安装】对话框，提示用户正在安装的软件没有通过 Windows 徽标测试，不能验证它和 Windows XP 的相容性。

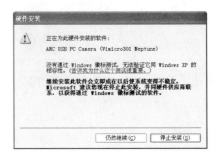

④ 单击 ［ 仍然继续(C) ］ 按钮继续安装即可。此时安装向导开始安装摄像头驱动程序。

⑤ 安装完毕，【找到新的硬件向导】对话框中会提示该向导已经完成了摄像头的驱动安装。

⑥ 单击 ［ 完成 ］ 按钮后，通知区域会提示新硬件已可以使用。

语音和视频聊天

接下来用户就可以与好友进行语音和视频聊天了。具体操作步骤如下。

① 按照前面介绍的方法打开与好友的聊天窗口，单击窗口上方的【开始视频会话】按钮。

② 此时即可向好友发送视频聊天的请求，待好友接受视频聊天后，聊天窗口中会提示"连接已经建立"。

> **小提示**　如果用户想在与好友进行视频聊天的同时，也进行语音聊天，则需要选中【语音】复选框。

6. 收发文件

除了进行文字、语音和视频聊天之外，用户还可以与好友收发文件。

接收文件

接收文件的具体操作步骤如下。

① 当好友给用户发送文件的时候，在聊天窗口中会有提示信息。

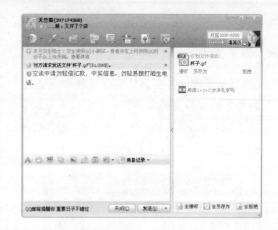

② 单击【另存为】链接，弹出【另存为】对话框，从中设置接收文件的保存位置。

> **小提示**　如果用户不想更改接收文件的保存位置，也可以直接单击【接收】链接进行接收。

③ 设置完毕单击 保存(S) 按钮即可接收，接收完毕后会显示提示信息。

● 发送文件

给好友发送文件的具体操作步骤如下。

① 打开与好友聊天的窗口，单击窗口上方的【传送文件】按钮 📁 右侧的下箭头按钮 ▾，从弹出的下拉列表中选择【传送文件】选项。

② 弹出【打开】对话框，从中选择要传送的文件。

③ 选择完毕单击 打开(O) 按钮，向好友发送选择的文件。

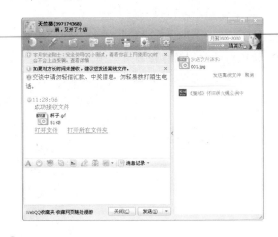

④ 当好友同意接收文件后会弹出成功发送文件的提示。

7.4.2　MSN 聊天

目前，QQ 在国外的使用还不是很普遍。若想与海外的亲友进行网上聊天，则可以使用美国微软公司出品的 MSN 即时消息软件。

1. 下载与安装MSN

为了安全起见，建议用户到 MSN 官方下载网站（http://www.windowslive.cn/Get/）上进行下载。关于安装应用程序软件的方法已经在 1.5.1 小节中详细介绍过，在此不再赘述。

2. 注册与登录MSN

与腾讯 QQ 类似，用户在使用 MSN 聊天之前需要注册和登录。

注册 MSN 账户

首次打开 MSN 工作窗口时，系统会提示用户输入账户名，如果没有则需要注册一个。具体的操作步骤如下。

① 选择【开始】➤【所有程序】➤【Windows Messenger】菜单项，弹出【Windows Live Messenger】窗口。

② 单击【注册】超链接，弹出注册 MSN 账户页

面，在【Windows Live ID】文本框中输入要注册的账户名。

③ 输入完毕单击 检查可用性 按钮，检查用户名是否可用，如果可用则直接输入其他注册信息。

④ 输入完毕单击 接受 按钮即可注册成功。

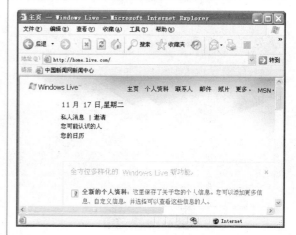

小提示 如果用户输入的账户名不可用，系统也会给出提示，此时用户需要重新输入并进行检测。

● **登录 MSN 账户**

登录 MSN 的具体操作步骤如下。

① 按照前面介绍的方法打开 MSN 登录窗口，分别输入刚刚注册的用户名和登录密码。

② 输入完毕后单击 登录(S) 按钮即可。

3. 添加联系人

用户要想和好友聊天，要先将其添加为自己的联系人。

添加联系人的具体操作步骤如下。

① 单击 MSN 窗口中的【添加联系人】链接，弹出【输入此人的信息】对话框，从中输入要添加的联系人的即时消息地址。这里输入 "jianiyeah@yahoo.com.cn"。

② 单击 下一步(N) 按钮，弹出发送邀请对话框，从中输入验证信息。

③ 输入完毕单击 发送邀请(S) 按钮，弹出提示添加成功的对话框，直接单击 关闭 按钮即可。此时可在联系人列表中看到刚刚添加的联系人。

4. 收发信息

　　添加某人为联系人后，就可以和该联系人相互发送即时信息了。具体操作步骤如下。

① 选中要联系的联系人，单击鼠标右键，然后从弹出的快捷菜单中选择【发送即时消息】菜单项，弹出与好友聊天窗口，在下方的文本框中输入聊天内容。

② 输入完毕后按【Enter】键即可将信息发送给好友，已发送的信息会显示在窗口中间的文本框中。

③ 好友接收到信息后可以进行回复，已发送的信息和接收的信息都会显示在窗口中间的文本框中。

菜单中选择【操作】➤【视频】➤【开始视频通话】菜单项。

5. 语音与视频聊天

和 QQ 聊天软件一样，使用 MSN 软件也可以进行语音视频聊天。具体操作步骤如下。

① 按照前面介绍的方法登录到 MSN 中，单击窗口中的【显示菜单】按钮，从弹出的下拉

② 弹出【选择一个联系人】窗口，选择要进行视频通话的联系人，单击 确定(O) 按钮即可。

7.5　收发电子邮件

电子邮件又被称为"E-mail"或 "伊妹儿"，它是互联网上被广泛使用的服务。与传统的邮件相比，电子邮件的传输速度更快捷，而且费用更低，更加安全可靠。

7.5.1　注册免费邮箱

在使用互联网收发电子邮件之前，首先要申请一个电子邮箱。目前很多网站都提供有免费的电子邮箱，如网易、搜狐、雅虎和新浪等，用户可以从中任选一个网站来申请免费的电子邮箱。

下面以搜狐网为例，介绍申请免费电子邮箱的方法。

① 启动 IE 浏览器，在地址栏中输入搜狐网的网址 "http://www.sohu.com/"，按【Enter】键，打开搜狐首页面。

② 单击【注册】链接，弹出【搜狐通行证 - 新用户注册】页面，根据系统提示输入注册信息。

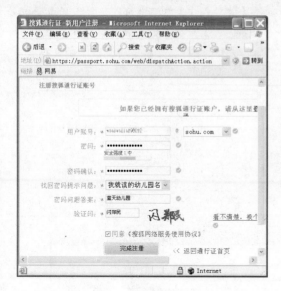

② 输入完毕后单击 登录 按钮，打开【搜狐通行证】页面。

③ 输入完毕后单击 完成注册 按钮，打开【注册成功】页面。

③ 单击【邮件】链接，打开搜狐电子邮件页面。

7.5.2 收发电子邮件

电子邮箱申请成功之后即可使用它在网上收发电子邮件了。

④ 单击【写信】链接，打开撰写电子邮件页面。

🔵 **编辑并发送电子邮件**

下面以给外地的老朋友发送一封电子邮件为例进行介绍。具体操作步骤如下。

① 启动 IE 浏览器，在地址栏中输入搜狐网的网址 "http://www.sohu.com/"，按【Enter】键打开搜狐首页面。在【用户名】和【密码】文本框中分别输入刚刚注册的用户名和登录密码。

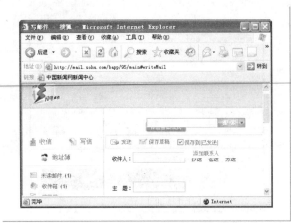

5 在【收件人】文本框中输入收件人的电子邮箱地址，在【主题】文本框中输入电子邮件的主题，在【正文】文本框中输入电子邮件的正文。

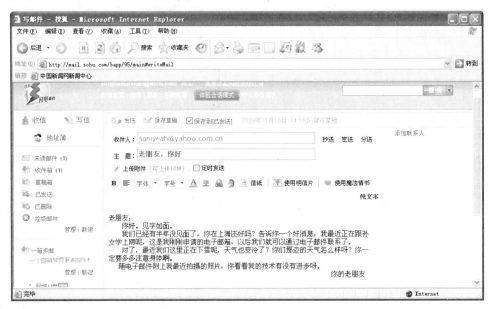

6 单击【上传附件】链接，弹出【选择文件】对话框，从中选择要作为附件的文件。

7 选择完毕单击 打开(O) 按钮，开始上传该附件文件，稍等片刻即可上传完毕。

8 按照同样的方法添加其他的附件文件。

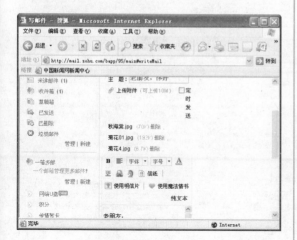

9 为了使电子邮件看起来更加美观，用户还可以使用信纸，搜狐电子邮件自带了各种美丽的信纸，用户可以从中选择自己喜欢的。方法很简单，单击 信纸 按钮，然后从弹出的【信纸】下拉列表中选择合适的信纸样式。

10 此时设置效果如下图所示。

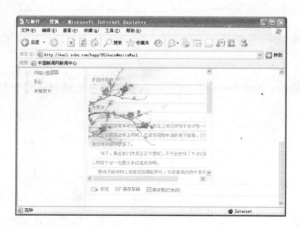

11 设置完毕直接单击 发送 按钮即可发送电子邮件。

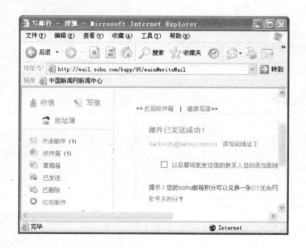

接收与阅读电子邮件

接收电子邮件的具体操作步骤如下。

1 按照前面介绍的方法登录到电子邮箱页面，单击【收信】链接，打开收件箱页面，从中可以看到接收到的电子邮件。

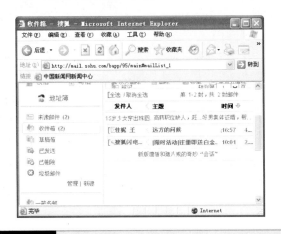

2 单击要阅读的电子邮件的主题即可打开电子邮件阅读页面。

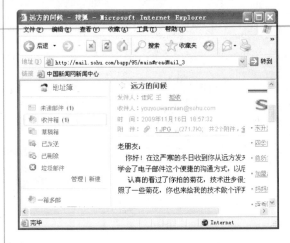

7.6 网络博客

博客是 Blog（网络日志）的中文音译，用户可以在博客中发表自己的个人日志、心得体会、情感记录等。

7.6.1　注册博客

要使用博客，首先要在博客网站上进行注册，本小节以网易博客为例进行介绍。

注册博客的具体操作步骤如下。

1 在 IE 浏览器地址栏中输入【网易博客】网站的网址"http://blog.163.com/"，按【Enter】键打开【网易博客】网站首页。

2 单击网页右侧【网易通行证】中的【立即注册】链接，打开网易通行证注册页面。

3 在【通行证用户名】文本框中输入用户名，系统会自动检测用户名是否已被注册。若系统检

测到用户名已被注册,则可尝试换一个用户名进行注册,直至用户名可用。

4 根据系统提示填写注册信息。

5 单击页面下方的 ▢ 下一步 ▢ 按钮,在打开的页面中的【给您的博客起个名字】文本框中输入博客的名字。

6 输入完毕单击 ▢ 激活博客 ▢ 按钮,打开设置头像页面。

7 单击 ▢ 浏览… ▢ 按钮,弹出【选择文件】对话框,选择要作为头像的图片文件。

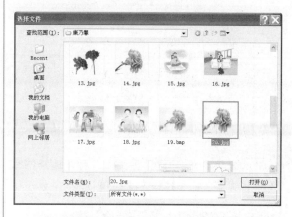

8 选择完毕单击 ▢ 打开(O) ▢ 按钮,返回设置头像页面。

9 单击 ▢ 上传 ▢ 按钮,将选择的图片上传为头像,通过拖动下方的滑块调整头像的显示大小。

10 设置完毕单击 保存头像 按钮，打开完善资料页面，根据系统提示输入个人资料。

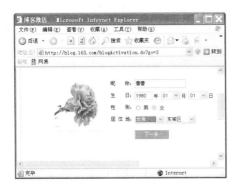

11 输入完毕单击 下一步 按钮，打开选择博客模板页面，从中选择喜欢的模板。

12 选择完毕单击 完成激活 按钮即可。

13 单击博客首页上方的【点击这里添加博客描述】链接，在打开的文本框中输入博客描述。

7.6.2　发表和管理网络日志

拥有了自己的博客之后，用户就可以发表和管理网络日志了。

● 发表网络日志

发表网络日志的具体操作步骤如下。

1 登录到网易博客中，单击【写日志】链接。

2 打开【写日志】页面，分别输入网络日志的标题和正文。

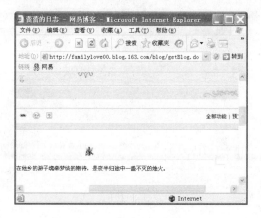

3 单击【全部功能】链接，此时弹出全部功能格式工具栏，从【字体】下拉列表中选择【楷体】选项，从【字号】下拉列表中选择【标准】选项，单击【字体颜色】按钮，从弹出下拉列表中选择合适的字体颜色。

4 从【分类】下拉列表中选择【点击添加分类…】选项。

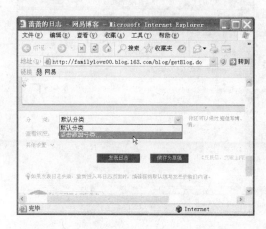

5 弹出【新增分类名】对话框，在下方的文本框中输入要增加的分类名称。

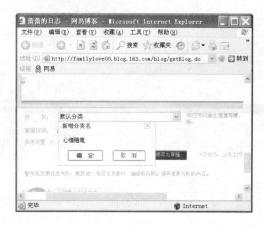

6 输入完毕单击 确　定 按钮，系统会自动选择该分类。

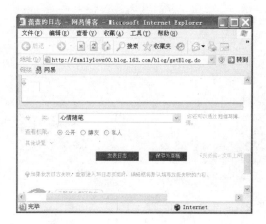

⑦ 单击 发表日志 按钮即可发表该日志。

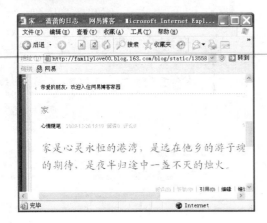

⑧ 单击【阅读】链接即可打开阅读日志页面。

第8章

网上理财

随着网络和电子商务的发展，人们的网络生活越来越丰富。人们不仅可以通过网络与别人交流，还可以在网上买东西、卖东西和炒股等，从而实现高质量的网络生活。

关于本章知识，本书配套教学光盘中有相关的多媒体教学视频，请读者参看光盘【网络家庭应用\网上理财】。

光盘链接

🚩 网上银行

🚩 网上购物

🚩 网上开店

🚩 网上炒股

8.1 网上银行

随着网络的发展，越来越多的银行都开通了网上银行业务。用户可以通过网络方便、快捷地使用银行的各项业务。本节将以中国农业银行为例，介绍开通网上银行的方法。

开通网上银行的具体操作步骤如下。

1 启动 IE 浏览器，在地址栏中输入中国农业银行的网址"http://www.abchina.com"，按下【Enter】键，打开中国农业银行的首页面。

2 单击 个人网上银行 按钮，打开【个人网上银行】页面，单击【申请客户名】链接。

3 打开【中国农业银行网上银行公共用户升级版业务须知】页面。

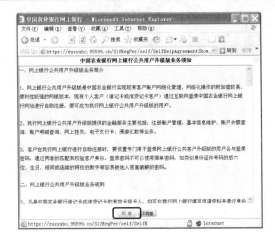

4 单击 同意 按钮，打开【公共用户升级版申请】页面，在其中填写相关的申请信息。

5 填写完毕单击 提交 按钮即可注册成功。单击 我要登录 按钮，打开【系统登录】页面。

⑥ 输入【登录名称】、【登录密码】以及【图形验证码】，单击 提交 按钮即可成功登录。

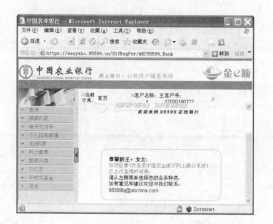

⑦ 在左侧窗格中选择【电子支付卡】选项，然后在展开的下拉列表中选择【申请电子支付卡】选项，打开【申请电子支付卡】页面。

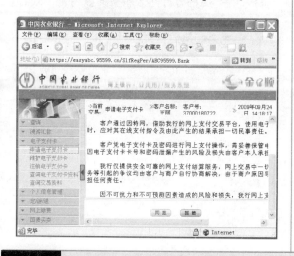

⑧ 单击 同意 按钮，打开【请输入您申请电子支付卡的信息】页面。

⑨ 根据系统的提示进行相关的设置，设置完毕单击 确定 按钮即可。

8.2 网上购物

随着电子商务的发展，目前出现了越来越多的购物网站。网上购物打破了传统的购物模式，让用户足不出户就能购买到自己满意的商品。目前比较著名的购物网站有很多，本节以淘宝网为例介绍网上购物的方法。

8.2.1 注册淘宝网账户

要想在淘宝网上买东西，首先需要拥有自己的账户。

注册淘宝网账户的具体操作步骤如下。

① 打开 IE 浏览器，在地址栏中输入淘宝网的网

址 "http://www.taobao.com/"，按【Enter】键，打开淘宝网首页面。

2 单击【免费注册】链接，打开选择注册方式页面。

3 单击【邮箱注册】下方的 ▶点击进入 按钮，打开【填写会员信息】页面，根据系统提示填写注册信息。

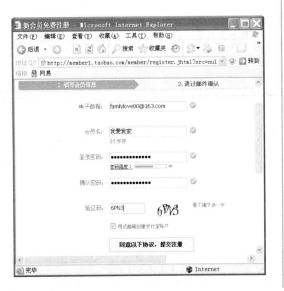

4 输入完毕单击 同意以下协议，提交注册 按钮，打开【就差一步了，快去激活你的账户吧！】页面。

5 单击 登录邮箱 按钮，打开【登录 163 网易免费邮】页面，在【用户名】和【密码】文本框中输入刚刚注册的用户名和登录密码。

6 单击 登录 按钮，打开网易电子邮箱页面。

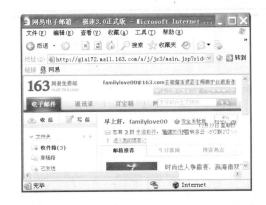

⑦ 单击【收信】按钮 ，打开电子邮件收件箱页面，在右侧的列表框中列出了邮箱中所有的电子邮件。

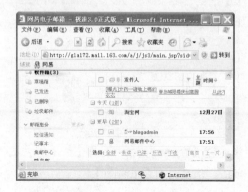

⑧ 在邮件列表中单击【淘宝网】链接，打开阅读电子邮件页面。

⑨ 单击 完成注册 按钮，打开提示注册成功的页面。

8.2.2　支付宝充值

支付宝是淘宝网为了保障买家和卖家安全的

一项功能。注册了用户名之后，如果用户想在淘宝网上购买商品，还需要在自己的支付宝中充值。

为支付宝充值的具体操作步骤如下。

① 按照前面介绍的方法打开淘宝网首页。

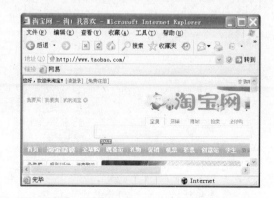

② 单击【请登录】链接，弹出【会员登录】页面，在【账户名】和【密码】文本框中分别输入刚刚注册的用户名和登录密码。

③ 输入完毕单击 登　录 按钮即可。

④ 单击【支付宝】链接，打开【用户登录】页面，

在【账户名】和【登录密码】文本框中分别输入支付宝账户和登录密码。

⑤ 输入完毕单击 登录 按钮，打开完善注册信息页面，根据系统提示输入相关的个人信息。

⑥ 输入完毕单击 保存并立即启用支付宝账户 按钮，打开【恭喜！您已成为支付宝会员】页面。

⑦ 单击【进入我的支付宝】链接，打开【我的支付宝】页面。

⑧ 单击 立即充值 按钮，打开【给本账户充值】页面，切换到【充值向导】选项卡，从【请选择充值方式】下拉列表中选择【网上银行充值】选项。

⑨ 选择完毕单击 下一步 按钮，打开【选择网上银行】页面，在【选择网上银行】选项组中列出了开通网上银行的各大银行，这里选中【招商银行】单选按钮。

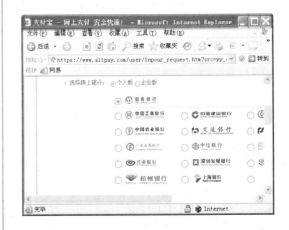

⑩ 选择完毕在【充值金额】文本框中输入要充值
的金额。

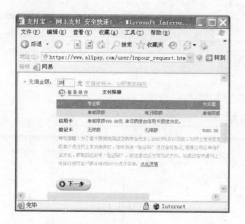

⑪ 输入完毕单击 下一步 按钮，打开【使用网上
银行充值】页面。

⑫ 单击 去网上银行充值 按钮，打开招商银行网上银
行支付页面，切换到【卡号密码支付】选项卡，
选中【信用卡】单选钮，根据系统提示输入卡
号、支付密码等信息。

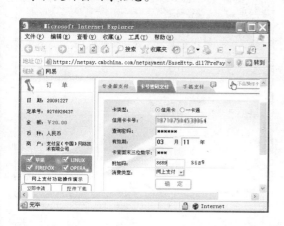

⑬ 输入完毕单击 确定 按钮，打开【系统提示
信息】页面。

⑭ 稍等片刻会打开【银行已经成功处理该订单】
页面。

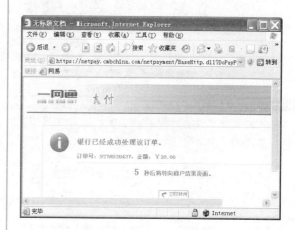

⑮ 稍等片刻会打开成功充值页面。

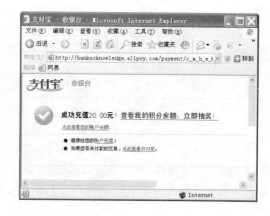

227

8.2.3 网上购物

接下来用户就可以在淘宝网上购买商品了。

1. 查找商品

查找商品的具体操作步骤如下。

① 按照前面介绍的方法打开淘宝网首页页面，然后登录到淘宝网。在页面的搜索文本框中输入要购买的商品的名称。

② 输入完毕单击 **搜索** 按钮，打开搜索结果页面。

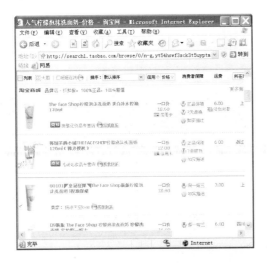

③ 为了缩小搜索范围，用户还可以根据地区和价格等因素进行进一步搜索。例如，从【所在地】下拉列表中选择【北京】选项，此时只显示所在地为北京的商品信息。

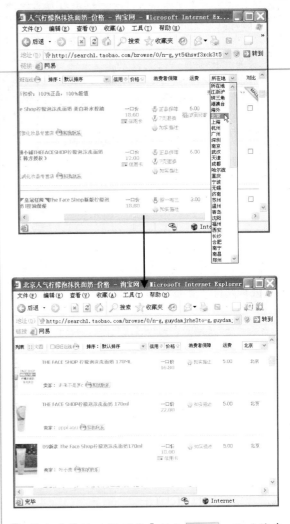

④ 单击【价格从低到高】按钮价格，此时搜索结果将按照价格从低到高的顺序排列。

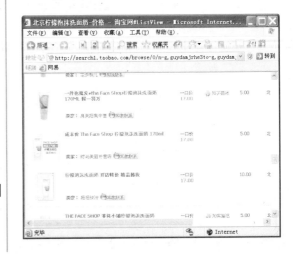

⑤ 单击感兴趣的商品，打开商品信息页面。

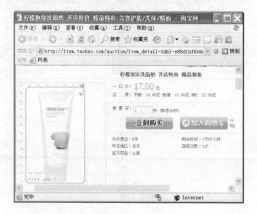

⑥ 单击 立刻购买 按钮，打开确认收货地址页面，根据系统提示输入收货信息。

⑦ 根据系统提示输入购买数量，选择运送方式，在【给卖家留言】文本框中还可以输入给卖家的留言。输入完毕单击 确认无误，购买 按钮即可。

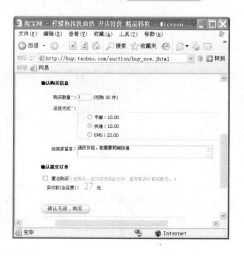

2. 付款

在购买商品时有时还需要等待卖家修改商品价格以及运费等信息。当卖家修改了价格之后，用户就可以付款了。具体的操作步骤如下。

① 按照前面介绍的方法打开淘宝网首页面，然后登录到淘宝网。

② 单击【我的淘宝】链接，打开【我的淘宝】页面。

③ 单击【已买到的宝贝】链接，打开【已买到的宝贝】页面，从中可以看到刚刚购买的商品。

④ 单击 付款 按钮，打开【支付】页面，切换到
【支付宝余额付款】选项卡，在【请输入支付
密码】文本框中输入支付宝的支付密码。

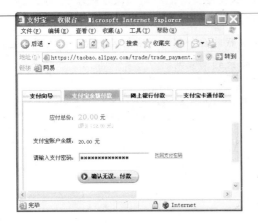

⑤ 输入完毕单击 确认无误，付款 按钮即可。

3. 确认收货和评价

当买家收到卖家发来的商品之后，还需要进
行确认收货和评价，只有这样支付宝才能将货款
付给卖家。

确认收货

确认收货的具体操作步骤如下。

① 按照前面介绍的方法打开【我的淘宝】页面。

② 单击左侧的【已买到的宝贝】链接，打开【已
买到的宝贝】页面。

③ 单击 确认收货 按钮，打开【我已收到货，同意
支付宝付款】页面。

4 在【请输入支付宝账户支付密码】文本框中输入支付宝支付密码，单击 确定 按钮，弹出【Microsoft Internet Explorer】对话框，询问买家是否要确认收到货。

5 如果买家已经收到货，并对商品很满意，那么直接单击 确定 按钮即可，此时会打开【交易成功】页面。

评价卖家

评价卖家的具体操作步骤如下。

1 按照前面介绍的方法打开【我的淘宝】页面。

2 单击左侧的【已买到的宝贝】链接，打开【已买到的宝贝】页面。

2 单击【评价】链接，打开给卖家评价页面。选中【好评】单选按钮，在文本框中输入评价内容。用户可以根据自己的实际感受选择要给予卖家的评价。

3 单击 确认提交 按钮，打开评价成功页面。

8.3 网上开店

除了在网上买东西之外，用户还可以在网上开店来卖东西。

8.3.1 支付宝实名认证

如果想在淘宝网上开店，用户还需要进行支付宝实名认证。具体操作步骤如下。

① 按照前面介绍的方法打开【我的淘宝】页面，单击页面中间的【请点击这里】链接。

② 打开【支付宝个人实名认证】页面，单击 申请支付宝个人实名认证 按钮。

③ 打开【支付宝实名认证服务协议】页面，认真阅读协议后单击 我已阅读并接受协议 按钮。

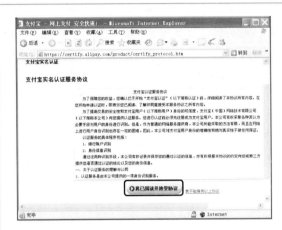

④ 打开【选择您身份证件所在的地区】页面，系统会自动切换到【中国大陆用户】选项卡。用户可在两种实名认证方式中任意选择一种方式进行认证，这里选中【通过"支付宝卡通"来进行实名认证（推荐）】单选按钮，单击 立即申请 按钮。

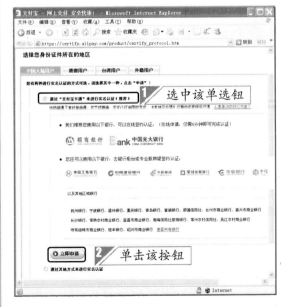

5 打开【第①步：选择银行】页面，在【更换我所在地区】选项组的【省份】和【城市】下拉列表中选择用户所在地区的省份和城市，例如这里选择【B 北京】和【B 北京市】选项，单击 查询 按钮。

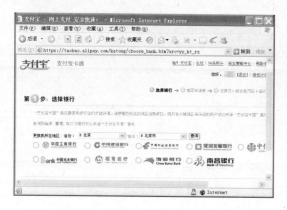

6 此时页面进行了刷新，在银行列表中选择要开通"支付宝卡通"银行卡所在的银行，这里以"招商银行的一卡通"为例进行介绍。选中【招商银行】单选按钮，在打开的【选择签约方式】列表框中单击 网上签约 按钮。

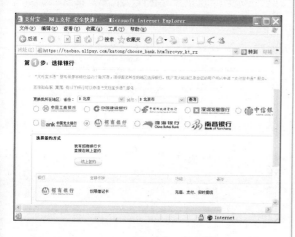

> **小提示** 不同的银行签约方式是不同的。目前开通"支付宝卡通"的银行中，招商银行和中国光大银行提供网上在线签约，其他部分银行需要到柜台签约。

7 打开【支付宝–登录】页面，在【账户名】和【登录密码】文本框中输入相关信息后，单击

登录 按钮。

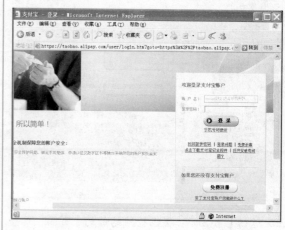

8 打开【第②步：填写申请表】页面，在该页面中输入真实姓名、身份证号码和手机号码，单击 继续 按钮。该步骤操作完毕，用户的手机将收到一条包含验证码的信息。

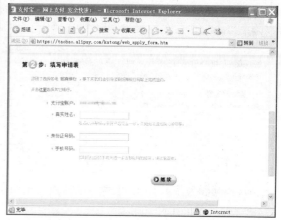

9 打开【第③步：去银行网站签约】页面，弹出处于半透明状态的【请验证您的手机号码】对话框，在【短信中的校验码】文本框中输入手机短信所收到的校验码，在【输入支付密码】文本框中输入在启用支付宝时设定的支付密码，单击 确定 按钮。

12 随即弹出【温馨提示】提示框，提示用户需要安装 "一网通网盾"。为了保证银行账户的安全，单击【立即下载】链接。

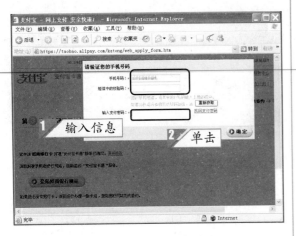

10 返回【第③步：去银行网站签约】页面，单击 登陆招商银行网站 按钮。

11 打开【招商银行－支付宝代缴费电子协议】页面，阅读相关条款后选中【本人同意以上合约】复选框，单击 确定 按钮。

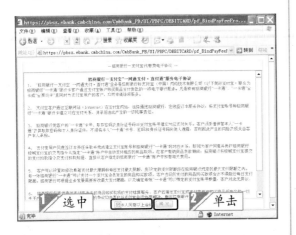

13 弹出【招商银行推出一网通网盾】对话框，其中显示了几个下载链接地址，这里单击【深圳网通下载1】链接即可将招商银行推出的一网通网盾下载到电脑上。

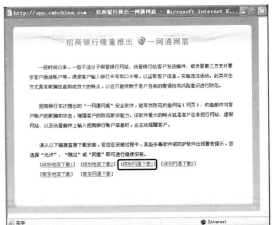

小提示 下载网络资源的方法主要有两种，分别是使用 IE 浏览器下载和使用下载软件进行下载，具体的下载方法在 9.3 节中会进行详细介绍，在此不再赘述。

⑭ 下载完毕打开保存软件的文件夹，双击一网通网盾图标。

⑮ 弹出【招商银行一网通网盾】对话框，单击 确认 按钮。

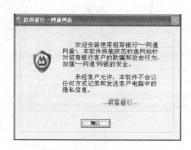

⑯ 进入【招商银行"一网通网盾"用户许可协议】界面，单击 我同意 按钮。

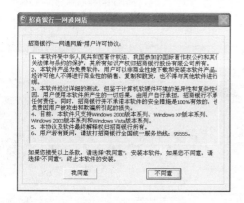

⑰ 此时即可开始安装软件。安装结束，系统会自动弹出一个新的对话框，提示"招商银行一网通网盾安装完成"，单击 确定 按钮。

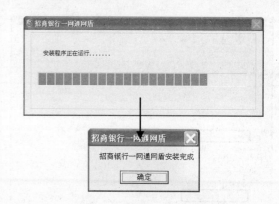

⑱ 返回【一网通个人银行大众版】页面，单击【请选择账户开户地】文本框，在弹出的列表中选择开户地，在【一卡通账号】文本框中输入银行卡卡号，然后单击 下一步 按钮。

⑲ 打开【"一网通支付 直付通"服务电子协议申请】页面，核对页面中的其他信息。在【取款密码】文本框中填写银行卡的取款密码，在【附加码】文本框中填写系统给出的附加码，单击 申请 按钮。

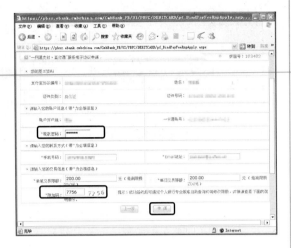

20 打开【直付通电子协议绑定成功！】页面，此时支付宝卡通开通成功，个人实名认证也随之通过，单击【支付宝】链接。

21 随即弹出【支付宝－登录】页面，在页面中填写相关的注册信息，单击 **登录** 按钮。

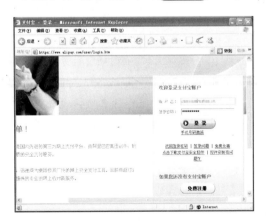

22 登录到【我的支付宝首页】页面，单击【查看认证】链接，打开【支付宝实名认证】页面，

此时可以看到"您已通过支付宝实名认证！"的提示信息。

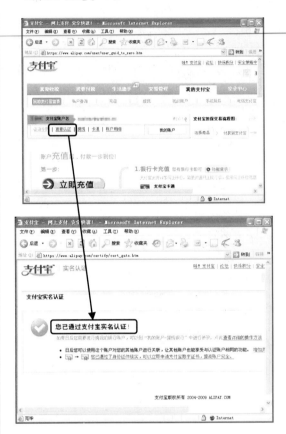

23 按照前面介绍的方法登录到【我的淘宝】页面，在其中可以看到"您已通过个人实名认证"的信息，接下来用户就可以准备开店了。

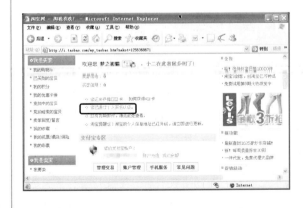

8.3.2　发布商品

其实网店和实体店一样也要有一个店面,不同的是实体店铺要付租金,而网店的店铺是免费的,但是卖家至少要发布 10 件商品贩卖信息才可以申请店铺。

发布商品的具体操作步骤如下。

① 按照前面介绍的方法打开【淘宝网】首页,单击【请登录】链接。

② 打开【会员登录】页面,在【账户名】和【密码】文本框中分别填写会员名和密码,单击 登录 按钮。

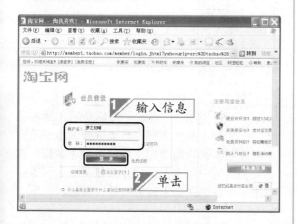

③ 此时将以会员身份登录到淘宝网,在打开的【淘宝网】页面上单击【我要卖】链接。

④ 打开【请选择宝贝发布方式】页面,从中选择一种发布方式。多数情况下用户使用一口价发布,拍卖主要用于发布闲置品。

1.　一口价发布

一口价发布商品的具体操作步骤如下。

① 单击 一口价 按钮,打开选择商品类目页面,在列表框中选择所要发布的商品类目。

② 逐级选择分类以细化商品的类目,直至不能再分级为止,单击 好了,去发布宝贝 按钮。

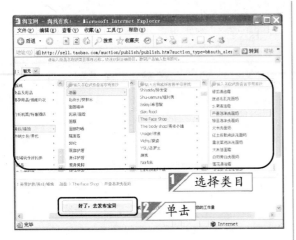

❸ 打开【填写宝贝基本信息】页面。该页面主要
分为3部分，分别是【宝贝基本信息】、【宝贝
物流信息】和【其他信息】。

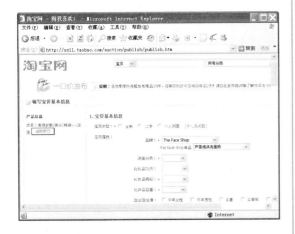

❹ 在该页面中按照相关的提示，填写商品的所有
信息。填写完毕后，单击页面底部的 预览 按
钮，弹出预览页面。

❺ 若对预览的效果满意，无须再调整，则关闭预
览页面，单击【填写宝贝基本信息】页面底部
的 发布 按钮，提交并上传商品。

❻ 稍后会打开【发布成功】页面，提示用户"您
的宝贝已经成功发布"。用户可以单击【这里】
链接查看，也可以单击【发布宝贝】链接返回
选择商品类目页面继续发布其他商品。

小提示 商品上传成功后，通常需
要30分钟才能在店铺、分类或搜索中显示出
来。此时卖家只能单击【我的淘宝】链接，在
打开的页面中单击左侧的【我是卖家】列表中
的【出售中的宝贝】链接查看该商品。

下面介绍填写商品信息的具体方法。

● **宝贝基本信息**

填写宝贝基本信息的具体操作步骤如下。

❶ 根据实际情况填写宝贝类型、宝贝属性和宝贝
标题等信息。在填写宝贝标题时不能超过30

个汉字。在填写【宝贝图片】时可单击 浏览… 按钮。

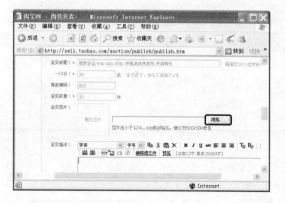

② 弹出【选择文件】对话框，选择准备好的图片，
单击 打开(O) 按钮。

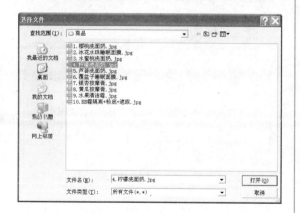

③ 返回【填写宝贝基本信息】页面，这时在该页
面中可以看到宝贝的图片。

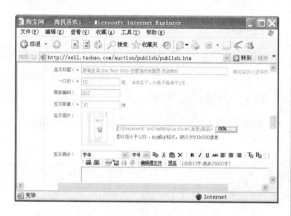

④ 接下来填写【宝贝描述】。在宝贝描述中可详
细地描述该宝贝的性能、特点、相关属性等，

让买家在看完描述信息后就能了解该商品。另
外，可以使用工具栏编辑文字的大小、颜色以
及底纹。

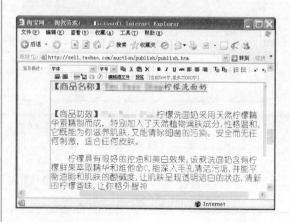

● **宝贝物流信息**

填写宝贝物流信息的具体操作步骤如下。

① 在该部分需要填写宝贝所在地和运费信息。在
【所在地】下拉列表中选择商品所在的省份，在
【城市】下拉列表中选择商品所在的城市名称。

② 填写运费时有两种选择：卖家承担运费和买家
承担运费。网页中默认选中【买家承担运费】
单选按钮，此时有【使用运费模板】和【自己
填写运费】两种选择方式。如果是自己填写运
费，则在【平邮】、【快递】和【EMS】文本框
中分别填写运费即可。

③ 如果选择使用运费模板，用户可选中【使用运
费模板】单选钮，系统会提示用户"您还没有
创建运费模板"，单击 创建 按钮。

4 打开【我的运费】页面，该页面中有范例提示，仔细阅读后单击 新增运费模版 按钮。

5 打开【新增运费模板】页面，在【请输入运费模板名称】文本框中输入模板的名称，如"小于一公斤的物品"，然后选择并添加运费方式，在【请添加运费说明】文本框中填写备注，最后单击 保存并返回 按钮。

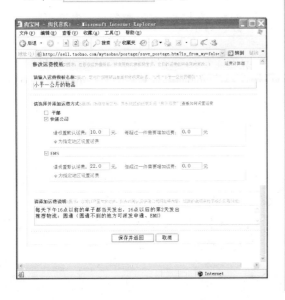

6 返回【我的运费】页面，页面中将显示用户新建的运费模板，单击 使用此模版 按钮。

7 返回【填写宝贝基本信息】页面，此时即可在【宝贝物流信息】栏中显示出刚才设置的运费模板。用户可以针对不同类型的商品多设置几个模板，这样在上传不同类型的宝贝时就可以单击 重新选择运费模板 按钮，选择相应的模板。

● **其他信息**

【其他信息】主要包括的内容如下。

【有效期】：分为 7 天和 14 天。在有效期内未售出的宝贝，到期后系统会自动将商品下架到卖家的仓库。建议卖家选择有效期为 7 天，按照期限分批让商品进入推荐位，提高每件商品的浏览量。

【开始时间】：指宝贝开始出售的时间。这里有 3 种选择，卖家可以自由选择并设定。

【自动重发】：指上架的宝贝到期未售出时，系统会帮助自动重发一次。利用好橱窗推荐位，会大大地提高商品的出售几率。

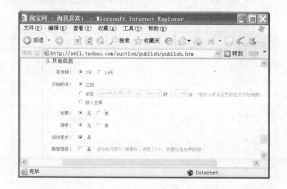

2. 拍卖发布

拍卖发布的具体操作步骤如下。

① 按照前面介绍的操作方法，打开【请选择宝贝发布方式】页面，单击 拍卖 按钮。

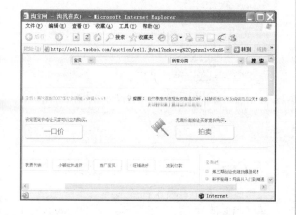

② 弹出选择商品类目页面，按照前面介绍的方法选择商品的类目，然后单击 好了，去发布宝贝 按钮。

③ 打开【填写宝贝基本信息】页面。该页面中的信息和【一口价发布】页面中的基本相同，也包括 3 部分，即宝贝基本信息、宝贝物流信息和其他信息。

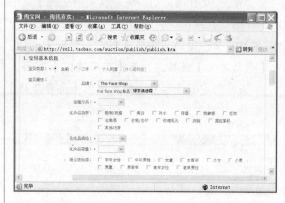

④ 不同于【一口价发布】页面中的地方是交易条件，用户需要填写【起拍价】，即卖家所能够接受的该商品的最低价。【加价幅度】有两种选择，分别是【系统自助代理加价】和【自定义】。需要注意的是，拍卖价的运费是由卖家承担的。

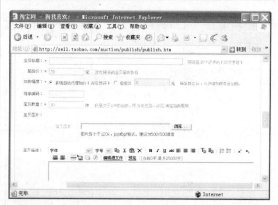

小提示　系统自动代理加价是指卖家在选择拍卖发布宝贝时，在【加价幅度】一项中选中【系统自动代理加价】单选按钮，这样淘宝系统会自动代理加价的幅度，卖家就不用自己再设置加价的幅度了。

8.3.3 申请店铺

上传完 10 件商品后，就可以申请店铺了。申请店铺的具体操作步骤如下。

① 按照前面介绍的方法登录到【淘宝网】，单击【我的淘宝】链接，打开【我的淘宝】页面，单击左侧【我是卖家】列表中的【免费开店】链接。

② 弹出处于半透明状态的【诚信经营承诺书】对话框，单击 同意 按钮。

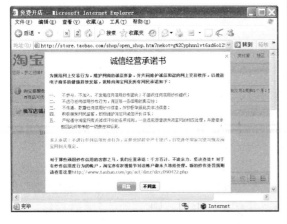

③ 打开【免费开店】页面，在【店铺名称】文本框中输入店铺名称。

④ 在【店铺类目】下拉列表中选择店铺类目。

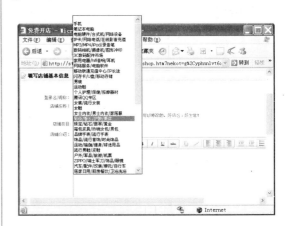

⑤ 在【店铺介绍】文本框中输入店铺介绍，选中【我同意并遵守淘宝网的商品发布规则及店铺规则】复选框，单击 确定 按钮提交申请信息。

⑥ 打开提示"恭喜！您的店铺已经成功创建"的
页面，此时用户需要记住自己的店铺网址。用
户可以单击【管理我的店铺】链接对店铺进行
装修，也可直接关闭页面。

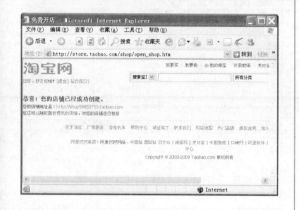

8.3.4　店铺设置

店铺申请成功后，卖家就拥有了自己的店铺。
本节介绍店铺的基本设置。

1.　店铺基本设置

① 按照前面介绍的方法登录到【我的淘宝】页面，
单击左侧【我是卖家】列表中的【管理我的店
铺】链接。

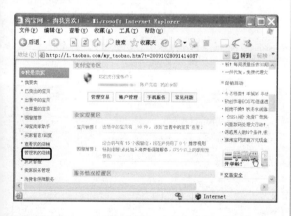

② 打开【淘宝网店铺管理平台】页面，在该页面中
可以对店铺进行基本设置、对宝贝进行管理等。

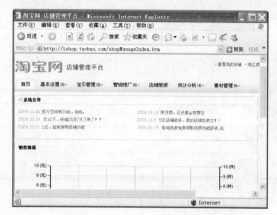

③ 在【淘宝网店铺管理平台】页面中切换到【基
本设置】选项卡中的【店铺基本设置】选项。

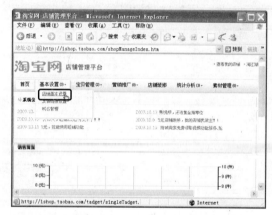

④ 打开【店铺基本设置】页面，在【店铺简介】
文本框中填写店铺简介，单击【上传店标】链
接。

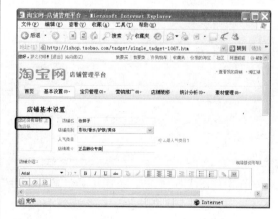

⑤ 弹出【更换店标】对话框，单击 浏览... 按
钮。

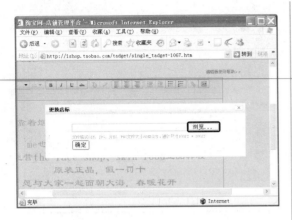

6 弹出【选择文件】对话框，选择要上传的作为店标的图片，单击 打开(O) 按钮。

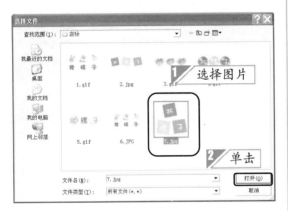

7 返回【更换店标】对话框，此时图片的地址已经显示在文本框中，单击 确定 按钮。

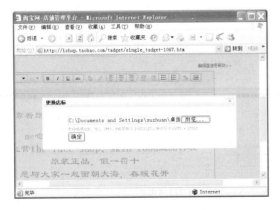

8 单击【关闭】按钮 ✕，关闭【更换店标】对话框。店标上传成功后，向下移动右侧的滚动条，单击 保存 按钮，若操作成功，在按钮右侧会显示"操作成功"的提示。

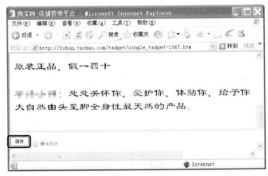

2. 添加友情链接

添加友情链接，不但可以增进卖家之间的交流，还可以增加店铺的浏览量。

添加友情链接的具体操作步骤如下。

1 在【淘宝网店铺管理平台】页面中，切换到【基本设置】选项卡中的【友情链接设置】选项。

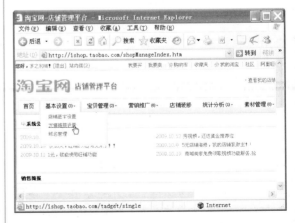

2 打开【友情链接设置】页面，单击 添加新链接 按钮。

③ 页面刷新后，在【淘宝会员名】文本框中添加对方的会员名，单击 添加链接 按钮。建议用户也让对方把自己加进友情链接中，这样当买家在查看对方店铺时，有可能会注意到友情链接中的用户，从而单击链接访问用户店铺。添加友情链接后，在【管理已有链接】栏中会显示出来。

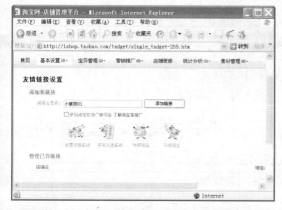

8.3.5　简单装修店铺

　　一家装修漂亮的店铺会更吸引顾客，同时也会体现出卖家对自己生意的重视程度，增加买家对卖家的信任和好感。因此，对店铺进行装修是十分必要的。

1. 风格设置

　　风格设置的具体操作步骤如下。

① 在【淘宝网店铺管理平台】页面中切换到【店铺装修】选项卡。

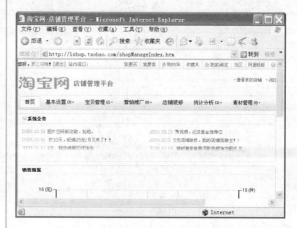

② 进入风格设置的界面，用户可以选择任意一种风格样式，在右侧【风格预览】中查看效果。这里选择【绿野仙踪】风格，设置好后单击 应用 按钮，然后单击下方的 ▲ 箭头关闭风格设置界面。

2. 店铺公告

店铺公告显示在店铺的右上角，是店铺信息传播的黄金位置。店铺公告中的文字可以是欢迎词，也可以是促销信息、开店时间、服务变动等内容。

在淘宝的店铺管理中，可以通过类似于 Word 文字编辑软件的方式来对公告文字进行简单的编辑，对公告的字体、字号、文字颜色、文字背景颜色等进行设置。具体操作步骤如下。

① 在【店铺装修】选项卡中单击【店铺公告】右侧的 编辑 按钮。

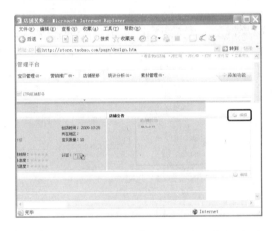

② 弹出【店铺公告设置】页面，在文本框中填写相应的公告内容，如各种优惠活动等信息，并使用文本框上方的编辑工具进行字体、颜色等设置，然后单击 保存 按钮。

③ 返回【店铺装修】页面，此时【店铺公告】中将显示出设置好的文字。

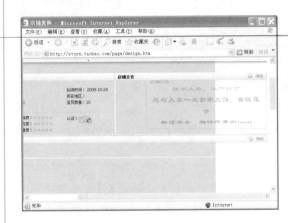

3. 店铺类目

店内上传的商品通常较多，为了方便买家能够很快找到自己需要的商品，卖家需要对店铺内的商品进行分类，如按照价钱进行归类、按照系列名称进行归类等。

编辑分类

编辑分类的具体操作步骤如下。

① 在【淘宝网店铺管理平台】页面中单击【店铺类目】右侧的 编辑 按钮。

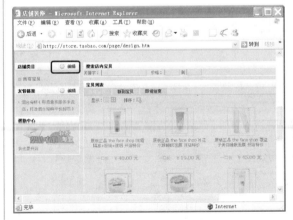

② 打开分类页面，系统会自动切换到【编辑分类】选项卡，单击 添加新分类 按钮。

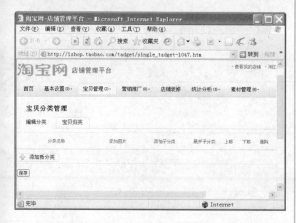

3 弹出分类条，在【分类名称】文本框中填写要分类的名称。

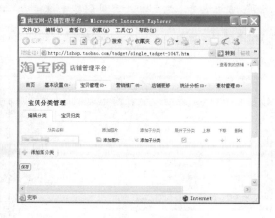

4 如果要添加该分类的下属子分类，可单击 添加子分类 按钮，在【分类名称】文本框下方弹出的文本框中添加内容即可。

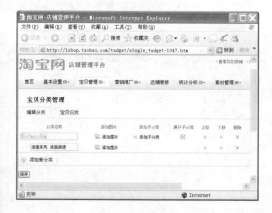

5 按照同样的方法，单击 添加新分类 按钮或

添加子分类 按钮，可添加更多的分类或子分类，单击 保存 按钮。

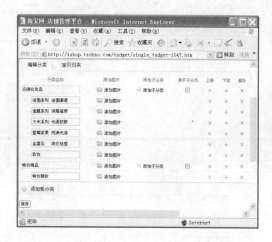

● **宝贝归类**

接下来为商品归类。具体操作步骤如下。

1 保存好分类后，切换到【宝贝归类】选项卡。

2 若想逐个对商品进行分类，需要单击每个宝贝右侧的 添加所属分类 按钮。例如，单击 "BB霜" 右侧的 添加所属分类 按钮，在弹出的下拉列表中选择【彩妆】选项，此时会看到 "BB霜" 的所属分类项中显示 "名牌化妆品>彩妆"。若想删除该分类，单击右侧的【关闭】按钮 × 即可。

3 按照同样的方法可以逐个将其他商品进行归类。

4 批量归类适合数量比较多的商品。先选中要归为一类的商品左边的复选框，然后在【选择分类操作】下拉列表中选择【批量移动】选项，在【未分类宝贝】下拉列表中选择宝贝所属的分类，单击 确定 按钮即可将宝贝归类。

5 此时会弹出一个信息提示框，为了谨慎起见，用户要检查一下是否有其他已分类的宝贝存在，然后单击 确定 按钮即可。

6 当全部商品分类结束时，页面中会显示"该店铺分类下暂无宝贝"的提示。

7 切换到【编辑分类】选项卡，单击任意分类右侧的【宝贝列表】链接，如这里单击【洁面系列 洁面清透】右侧的【宝贝列表】链接。

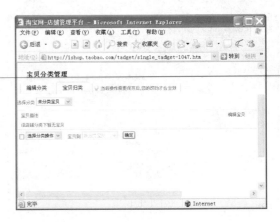

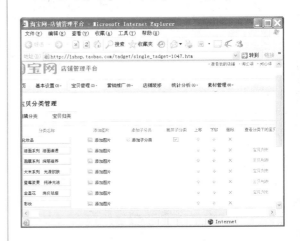

8 进入一个新的页面，此时会显示出该分类下的所有商品，按照同样的方法可以查看其他分类下的商品。

⑨ 关闭该页面，返回【淘宝网店铺管理平台】页面。

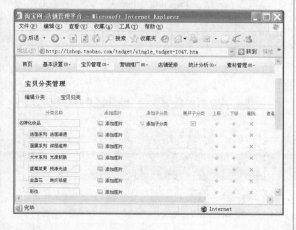

⑩ 切换到【店铺装修】选项卡，此时在【店铺类目】栏中可以看到设置的分类名称。

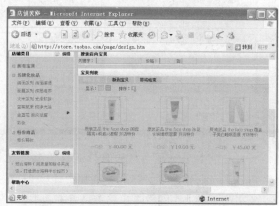

8.4 网上炒股

现在越来越多的人步入了股民的行列。随着网络时代的来临，如何利用网络这一"先进武器"在家轻松实现理财计划呢？

8.4.1 搜索股市行情

要通过网络进行炒股交易首先要在第一时间获取最新的股市信息。只有掌握了股市行情及股市的最新动向，才能运筹帷幄、决胜千里。

现在有很多大型网站都开设了股市行情版块，下面以百度网站的财经频道为例进行介绍。通过网络搜索股市行情的具体操作步骤如下。

① 启动 IE 浏览器，打开百度网站首页"http://www.baidu.com/"，在搜索文本框下方单击【更多】链接。

② 打开【百度产品大全】网页，在该网页中单击【财经】链接。

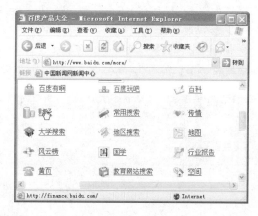

③ 打开【百度财经】网页，在左上方的窗格中即可看到上证指数的最新走势。

④ 将鼠标指针移至该窗格的其他选项卡上可查看其他指数的走势。例如，将鼠标指针移至【港股】选项卡上，查看港股指数的最新走势。

⑤ 在查看指数走势窗格下方的文本框中输入单只股票的代码、名称或名称拼音缩写，单击 提交 按钮即可查看单只股票的走势。例如，要查询"中信国安"的走势，可在上述文本框中输入"中信国安"，单击 提交 按钮。

⑥ 在打开的【中信国安（000839）】网页中可查看该股走势。

⑦ 用户还可以单击个股网页中的红色选项卡查看与该股相关的其他信息。例如，单击【公司资料】选项卡，就可在打开的【公司资料】网页中查看中信国安信息产业股份有限公司的相关资料。

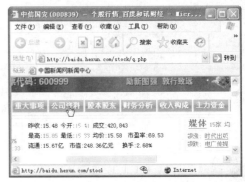

⑧ 单击网页上方的白色选项卡可以查看其他投资方式的情况，如单击【理财】选项卡。

⑨ 此时可在【理财】选项卡中查看各种理财产品。

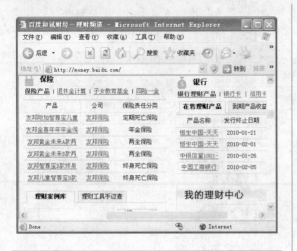

8.4.2　下载和安装同花顺炒股软件

要实现股票在线交易，首先应下载股票行情软件客户端。本小节以目前比较流行的同花顺软件为例进行介绍。

为了安全起见，建议用户到同花顺炒股软件的官网"http://www.10jqka.com.cn/download/"上下载。

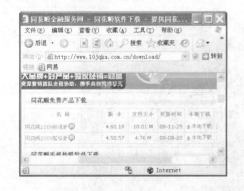

8.4.3　注册并登录同花顺炒股软件

安装好【同花顺 2009】软件后就可以登录"同花顺"客户端并查看股票走势了。不过在此之前需要首先进行账户注册。

注册并登录同花顺软件的具体操作步骤如下。

① 双击桌面上【同花顺 2009】的快捷方式图标 ，或选择【开始】▷【所有程序】▷【同花顺 2009】▷【1_同花顺 2009】菜单项，弹出【登录到全部行情主站】对话框。

② 单击 按钮，弹出【第一步：确定定户名（共三步）】对话框，在【请输入一个便于您记忆的用户名】文本框中输入要注册的账户名。

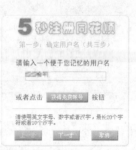

③ 输入完毕单击 按钮，弹出【第二步：确定密码（共三步）】对话框，在【请输入一个便于记忆的密码】文本框中输入登录密码。

④ 输入完毕单击 按钮，弹出【最后一步：注册信息确认】对话框，输入联系电话号码和电子邮件地址。

5 输入完毕单击 **完成** 按钮，弹出【恭喜您，注册成功】页面。

8.4.4 查看股票走势

查看股票走势的具体操作步骤如下。

6 按照前面介绍的方法打开【登录到全部行情主站】对话框，在【同花顺账号】和【密码】文本框中输入刚刚注册的账户名和登录密码。

7 输入完毕单击 **登录** 按钮，弹出【登录到全部行情主站】对话框。

8 单击 **确定** 按钮，将打开上证指数当天的走势窗口。

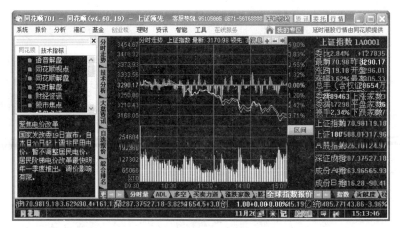

① 选择【报价】➤【商品顺序】菜单项，在弹出的级联菜单中可以找到要查看的股票类别。例如选择【报价】➤【商品顺序】➤【上海A股】菜单项，滚动鼠标滚轮或拖动窗口右侧的滑块可以查看所有上证A股的信息。

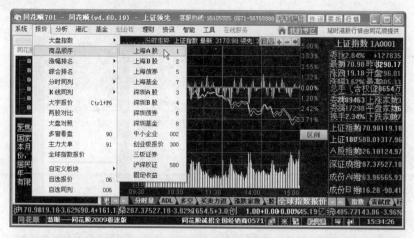

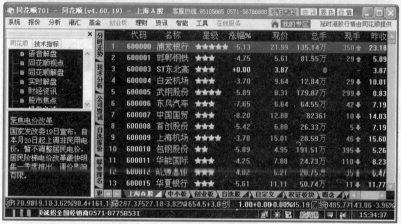

② 若要查看上证 B 股的信息，选择【报价】➢【商品顺序】➢【上海 B 股】菜单项即可。

③ 要想查看单只股票的走势，可单击窗口任意位置，然后使用键盘输入要查询的股票的代码、名称
或名称拼音缩写。例如查询伊利股份的股票走势，只要输入代码"600887"，按【Enter】键即可。

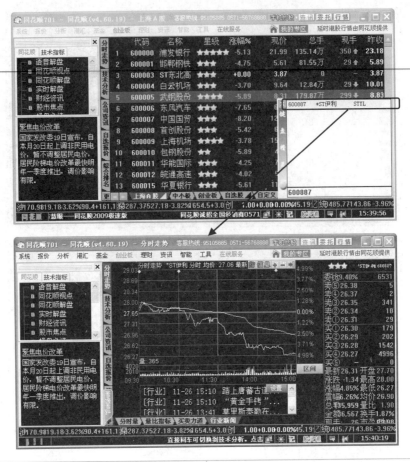

8.4.5 将个股加入自选股

用户还可以将长期关注的个股加为自选股，以方便以后查看。

下面以将"伊利股份"加为自选股为例进行介绍。具体的操作步骤如下。

1 在"伊利股份"窗口中单击鼠标右键，在弹出的快捷菜单中选择【加为自选股】菜单项。

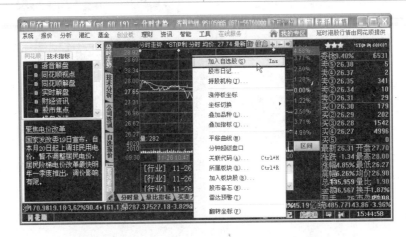

② 选择【报价】菜单中的【自选报价】菜单项即可查看自选股信息。

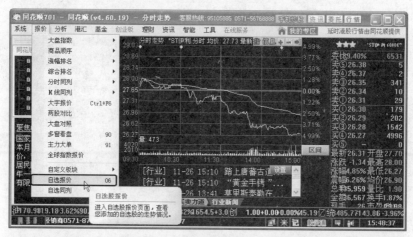

③ 在【自选报价】窗口中双击股票名称即可查看该股当天的走势。例如双击【伊利股份】，查看该股当天的走势曲线。

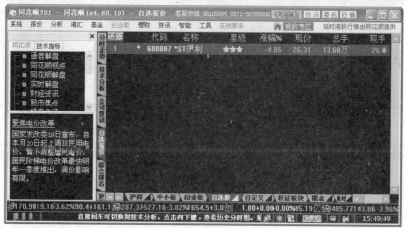

④ 若要查看股票前期的走势，可在该股窗口内双击进行查看。

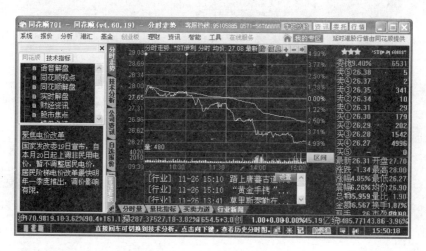

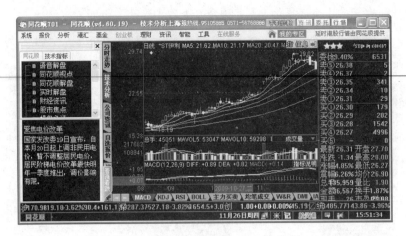

⑤ 若用户想同时关注多只股票，只需先将它们加为自选股，再选择【报价】➤【自选同列】菜单项即可。

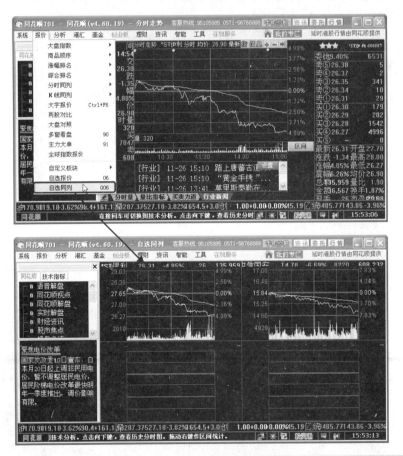

8.4.6 网上股票交易

用户在初步了解了同花顺股票行情分析软件

的使用方法后，若想在网上进行股票交易，可先到当地的证券交易公司开通网上交易业务，然后持交易账号及密码登录同花顺软件，即可实现网上买卖股票的操作。

网上股票交易的具体操作步骤如下。

① 按照前面介绍的方法登录到【同花顺 2009】软件，单击右上方的 <u>委托</u> 按钮。

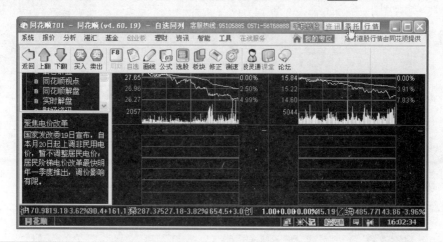

② 弹出【添加营业部】对话框，在【请选择您的开户券商】列表框中选择开户证券交易公司的名称，如选择【广发证券】选项。

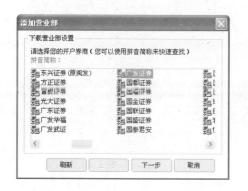

③ 选择完毕后单击 下一步 按钮，从弹出的对话框中选择所在地的营业厅，如选择【北方北京营业部】选项。

④ 选择完毕后单击 确定 按钮，弹出【用户登录】对话框。在对话框中填写账号及交易密码，单击 确定(Y) 按钮打开【提示】对话框，提示"正在连接委托主站……"。

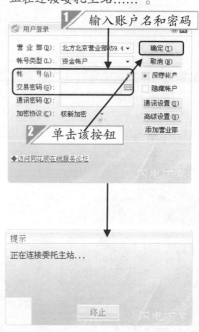

5 稍后将打开个人股票交易账户信息，以购买"伊利股份"股票为例，在账户窗口左侧的列表中选择【买入】选项，进入【买入股票】界面。在该界面依次输入要买股票的证券代码、买入价格及买入数量等信息，单击 买入[B] 按钮。此时如果有人以输入的买入价格卖出股票，用户即可购得。

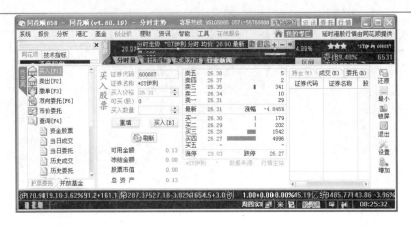

6 用户还可在账户信息窗口的左侧，通过选择相应的选项进行卖出、撤单和查询当日成交等操作。

第9章

家庭课堂

　　用户在日常学习和工作的过程中经常需要安装一些词典类和翻译类的软件，如金山词霸和金山快译等。如果用户在家上网方便的话，还可以进行在线翻译。

　　关于本章知识，本书配套教学光盘中有相关的多媒体教学视频，请读者参看光盘【家庭学习和娱乐\家庭课堂】。

- 使用金山词霸翻译单词
- 在线翻译
- 下载并使用解压缩软件

光盘链接

9.1 使用金山词霸翻译单词

金山词霸是一款多功能的词典类工具，也是国内词典软件中的佼佼者。本节就以谷歌金山词霸2.0合作版为例进行介绍。

9.1.1 英汉互译

用户在平时的工作和学习过程中，经常会遇到不认识的英语单词，使用金山词霸可以实现英译汉、汉译英等功能。

1. 英译汉

当用户想知道某个英语单词的汉语意思时，可以使用金山词霸的英译汉功能。具体的操作步骤如下。

①选择【开始】▷【所有程序】▷【谷歌金山词霸合作版2.0】▷【谷歌金山词霸合作版2.0】菜单项，弹出【谷歌 金山词霸2.0】窗口，在文本框中输入要查询的英语单词，这里输入"today"。

②按【Enter】键或单击  按钮，即可显示出该英语单词的详细解释。

▲ 英语单词的详细解释

③按【Alt】+【Enter】组合键或单击 按钮可以听到该单词的正确发音。按【Ctrl】+【Enter】组合键或单击 按钮，可以打开谷歌页面，查看关于"today"的相关信息。

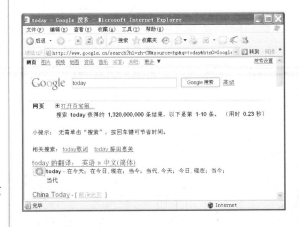

2. 汉译英

当用户想查看中文字词的英文表达时，同样

可以在文本框中输入要翻译的汉语单词或者短语。例如输入"后天"，按【Enter】键，显示出该词语的英语解释。

3. 屏幕取词

用户在浏览英文文档或英文网页时，如果遇到不认识的单词，可以通过取词划译功能方便地获得中文解释。同样，还可以通过此功能快速地获取中文字词对应的英文单词。具体使用方法如下。

① 首先在电脑上开启此项功能。在任务栏通知区域单击【谷歌金山词霸 2.0】按钮，在弹出的快捷菜单中选择【开启经典取词划译】菜单项。

② 此时即可开启取词划译功能。将鼠标指针指向文档中的某个英文单词，金山词霸就会给出该单词的汉语解释。

③ 将鼠标指针指向文档中的某个汉语字词，金山词霸就会给出该字词可能对应的英文单词。

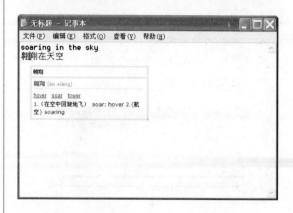

9.1.2　模糊查询

用户在查找单词的过程中经常会遇到忘记了单词中的某个字母的情况，此时可以使用通配符查找功能来解决这个问题。具体操作步骤如下。

① 当只有一个字母不记得时，依次在文本框中输入英语单词的字母，不记得的字母可以用"？"代替。

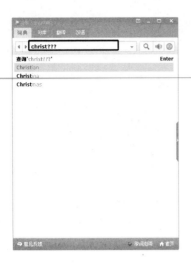

② 此时在下方的窗格中即可以字母为序实时地显示出单词的查询结果。用户从中找到自己需要的单词，单击打开另一个界面，该界面中将显示出相应的解释。

9.1.3　文本及网页翻译

用户在工作和学习的过程中经常需要花费大量的时间查阅和理解英语，有的时候还需要将汉语翻译成英语，只要使用谷歌金山词霸 2.0 合作版的翻译功能就可以轻松解决这些问题。

1.　文本翻译

使用该软件翻译文本的具体操作步骤如下。

① 利用前面介绍的方法打开【谷歌 金山词霸 2.0】窗口，切换到【翻译】选项卡。

② 在【文本及网页翻译】列表框中输入要进行翻译的文本，单击 文本翻译 按钮，在下面的列表框中将显示翻译结果。

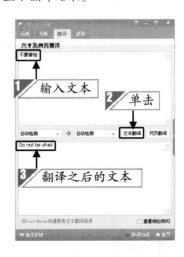

2. 网页翻译

　　用户还可以将中文网页翻译成英文的形式。使用谷歌金山词霸 2.0 合作版翻译网页的具体操作步骤如下。

① 按照前面介绍的方法打开【谷歌 金山词霸 2.0】窗口，切换到【翻译】选项卡，在【文本及网页翻译】列表框中输入要进行翻译的网页，并选择"中文（简体）"到"英语"选项，单击 [网页翻译] 按钮。

② 此时将会在 IE 浏览器中打开一个页面，提示正在翻译。

③ 稍等片刻即可将当前网页翻译成英文网页。

▲ 翻译之后的网页

9.2　在线翻译

　　用户在学习和工作的过程中经常需要浏览一些英文网站，或阅读一些英文文章，不明白其中的含义时除了可以使用前面介绍的金山词霸之外，还可以通过在线翻译网站进行在线翻译。

　　本节以专业的在线翻译网站"雅虎在线翻译"为例介绍在线翻译的方法。具体的操作步骤如下。

① 在 IE 浏览器的地址栏中输入雅虎在线翻译网站的地址"http://fanyi.cn.yahoo.com/"，按

【Enter】键或单击地址栏右侧的 [→转到] 按钮，打开雅虎在线翻译网站的首页面。

② 在【请输入或粘贴您想翻译的文字并建议控制在 150 词以内】文本框中输入要翻译的文章，如输入一段英文文章，单击 英→汉 按钮。

③ 随后在右侧的【翻译结果】列表框中即可显示出翻译结果。

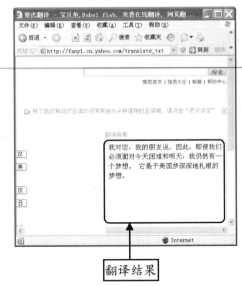

翻译结果

④ 用户如果要将汉语文章翻译成英文，则可以在【翻译文字】文本框中输入要翻译的汉语文章，然后单击 汉→英 按钮即可在页面右侧显示出翻译结果。

汉译英翻译

9.3 下载并使用解压缩软件

　　网上提供了大量的免费资源和常用软件，用户可以根据自己的实际需要进行下载。本节将以下载并使用解压缩迅雷软件为例进行介绍。

9.3.1　使用 IE 浏览器下载

　　IE 浏览器具有自带的下载功能。当用户需要下载资源时，如果没有专业的下载软件，则可以使用 IE 浏览器直接将其下载到本地电脑中。

　　这里以下载迅雷安装程序为例进行介绍。具体的操作步骤如下。

① 打开 IE 浏览器，在地址栏中输入迅雷官方网站的地址 "http://www.xunlei.com/"，按【Enter】键，打开迅雷官方网站首页面。

② 单击【本地下载】链接，弹出【文件下载–安全警告】对话框。

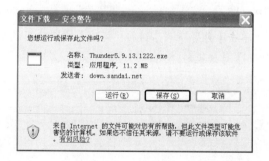

③ 单击 保存(S) 按钮，弹出【另存为】对话框，从中设置下载软件的安装路径和安装位置。

④ 设置完毕单击 保存(S) 按钮即可开始下载迅雷的安装程序。

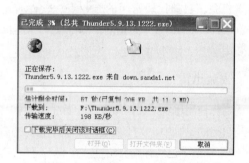

⑤ 稍等片刻即可完成下载，并弹出【下载完毕】对话框。

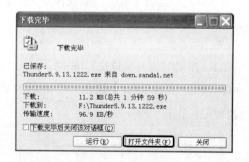

⑥ 单击 打开文件夹(F) 按钮，在弹出的窗口中可看到刚刚下载的迅雷安装程序文件。

9.3.2　使用下载软件下载

使用浏览器下载网络资源的速度比较慢，而且在发生网络故障时还需要重新下载。为了提高下载的速度，用户可以使用专业的下载软件下载网络资源。目前比较常用的专业下载软件有迅雷Thunder、网络蚂蚁 NetAnts、网际快车 FlashGet以及电驴等。本小节以迅雷为例进行介绍。

● **安装迅雷**

要想使用迅雷下载网络资源，首先需要将其安装到自己的电脑中。关于安装应用程序软件的方法在 1.5.1 小节中已经详细介绍过，在此不再赘述。

● **使用迅雷下载解压缩软件**

这里以使用迅雷下载解压缩软件 WinRAR 的安装程序为例进行介绍。具体操作步骤如下。

① 打开 IE 浏览器，在地址栏中输入解压缩软件 WinRAR 的官方网站地址 "http://www.winrar. com.cn/"，按【Enter】键，打开解压缩软件 WinRAR 的首页面。

② 单击 最新下载 按钮，打开【WinRAR 3.90 中文正式版】页面。

③ 单击【下载】链接，打开【免费下载】页面。

④ 单击【免费下载】链接，弹出【欢迎使用迅雷5】对话框。

⑤ 单击【请选择你常用的下载目录】文本框右侧的 浏览 按钮，弹出【浏览文件夹】对话框，从中设置常用的下载目录。

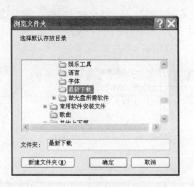

6 设置完毕单击 确定 按钮，返回【欢迎使用迅雷 5】对话框。

7 单击 确定 按钮，弹出【建立新的下载任务】对话框。

8 单击 立即下载 ▾ 按钮，开始下载解压缩软件 WinRAR 的安装程序。

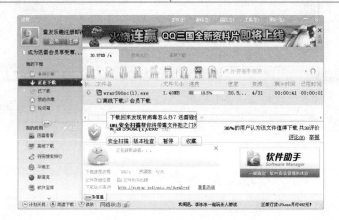

9 下载完毕，在左侧任务窗格中选择【已下载】选项，打开【已下载】窗口，从中可以看到刚刚下载的 WinRAR 安装程序。

⑩ 在窗口中选择刚刚下载的 WinRAR 安装程序，然后单击鼠标右键，从弹出的快捷菜单中选择【打开文件夹】菜单项。

⑪ 此时即可看到刚刚下载的 WinRAR 安装程序。

9.3.3　安装与使用解压缩软件

当电脑中的文件过多时，为了节省磁盘空间，用户可以对文件和文件夹进行压缩，当需要查看时再将其解压缩。

安装解压缩软件

要想使用解压缩软件，首先需要将其安装到自己的电脑上。应用程序软件的安装方法在本书的 1.5.1 小节已经进行了详细的介绍，在此不再赘述。

压缩文件和文件夹

压缩文件和压缩文件夹的方法类似，这里以压缩 "图片" 文件夹为例进行介绍。具体操作步骤如下。

① 选中要压缩的"图片"文件夹后单击鼠标右键，从弹出的快捷菜单中选择【添加到压缩文件】菜单项。

② 弹出【压缩文件名和参数】对话框，单击 浏览(B)... 按钮。

③ 弹出【查找压缩文件】对话框，从中设置压缩文件要保存的位置和名称。

④ 设置完毕单击 确定 按钮，返回【压缩文件名和参数】对话框，在【压缩文件名】文本框中可以看到压缩文件的保存位置和名称已经被更改。

⑤ 单击 确定 按钮即可开始压缩。

⑥ 按照所设置的保存路径打开相应的文件夹，即可看到刚刚压缩的 "图片压缩"文件。

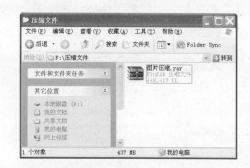

解压缩文件和文件夹

用户要查看所压缩的文件和文件夹时，首先需要将其解压缩。这里以解压缩刚刚压缩的"图片压缩"文件为例进行介绍。具体操作步骤如下。

① 在要解压缩的"图片压缩"文件上单击鼠标右键，从弹出的快捷菜单中选择【解压文件】菜单项。

② 弹出【解压路径和选项】对话框，从中设置压缩文件要解压到的位置。

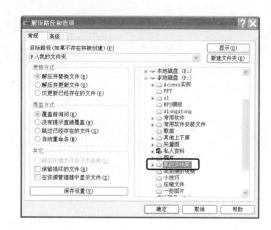

3 设置完毕单击 ▢确定 按钮,开始解压缩文件。

4 按照设置的保存路径打开相应的文件夹,即可看到刚刚解压缩的"图片"文件夹。

第10章
家庭休闲娱乐

　　用户可以利用电脑进行一些娱乐休闲活动，如使用系统自带的录音机录制声音、使用媒体播放器听音乐或看电影等。家庭成员工作或学习一天后通过电脑来娱乐，可以得到更好的放松和休息。

　　关于本章知识，本书配套教学光盘中有相关的多媒体教学视频，请读者参看光盘【家庭学习和娱乐\家庭休闲娱乐】。

光盘链接

- 使用录音机
- 悠闲听音乐
- 使用暴风影音看电影
- 网络视听
- 进入游戏世界

10.1 使用录音机

录音机是 Windows XP 自带的一种音频录制程序，使用它不但可以录制波形音频（WAV）文件，还可以对声音文件进行简单的编辑。

10.1.1 录制声音文件

用户可以使用录音机将自己喜欢的声音录制下来，如将自己唱的歌或朗诵的诗录制下来。

1. 设置声音属性

在录制声音之前，用户需要对声音属性进行设置。具体操作步骤如下。

① 选择【开始】➤【所有程序】➤【附件】➤【娱乐】➤【录音机】菜单项，弹出【声音 – 录音机】窗口，选择【文件】➤【属性】菜单项。

② 弹出【声音 的属性】对话框，在【选自】下拉列表中选择一种声音的格式，然后单击立即转换(C)... 按钮。

③ 弹出【声音选定】对话框，在其中设置【格式】

和【属性】，单击 确定 按钮。

设置格式和属性

④ 返回【声音 的属性】对话框，单击 确定 按钮，返回【声音 – 录音机】窗口，选择【编辑】➤【音频属性】菜单项。

⑤ 弹出【声音属性】对话框，在【录音】选项组中单击 音量(O)... 按钮。

6 弹出【录音控制】对话框，选中【麦克风音量】对应的【选择】复选框，将音量滑块调节到合适的位置。

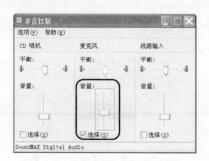

7 单击【关闭】按钮 ✕，返回【声音属性】对话框。

2. 录制声音

在录制声音之前用户应在电脑中安装支持录音的声卡和麦克风。如果是录制电脑中其他媒体播放的声音，就不需要安装麦克风。

录制声音的具体操作步骤如下。

1 准备好所有的录音设备后启动录音机，然后在【声音-录音机】工作窗口中单击【录制】按钮 ⏺ 。

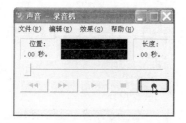

2 随即开始录制声音。在录音的过程中，窗口中间会显示动态的声音波形，下方的滑块也会随之移动。

3 完成录制后单击【停止】按钮 ⏹ 即可。

4 对录制完的声音进行保存。选择【文件】▷【保存】菜单项，弹出【另存为】对话框，在【文件名】文本框中输入文件名，然后单击 保存(S) 按钮即可。

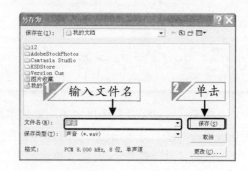

3. 播放保存的声音文件

录制完声音文件，接下来可以播放文件听一下效果。具体操作步骤如下。

1 打开【声音-录音机】窗口，选择【文件】▷【打开】菜单项。

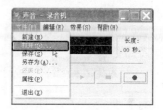

2 弹出【打开】对话框，从中选择要播放的声音文件，单击 打开(O) 按钮。

3 单击【播放】按钮 ▶ ，开始播放刚刚录制的声音文件。

10.1.2　编辑声音文件

录音机不但可以录音，还提供了简单的声音编辑与处理的功能。对于已经录制的声音文件，用户还可以对其进行删除片段、插入声音等操作。

1.　删除声音片段

对于刚刚录制的声音文件，如果有不满意的地方，用户可以将其删除。具体的操作步骤如下。

① 在录音机工作窗口中单击【播放】按钮 ►，播放到要删除的位置后单击【停止】按钮 ■ 。

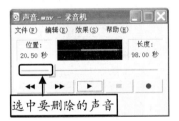

选中要删除的声音

② 选择【编辑】➤【删除当前位置以前的内容】菜单项。

③ 随即弹出确认删除的信息提示对话框，单击 确定 按钮即可将该位置前面的内容删除。

④ 返回【录音机】窗口可以看到声音文件的时间缩短了。

声音长度缩短了

2.　插入声音文件

用户还可以将其他的声音插入到当前声音文件中。具体的操作步骤如下。

① 打开要插入声音的声音文件，播放到要插入声音的位置，单击【停止】按钮 ■ 。

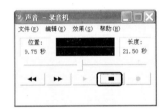

② 选择【编辑】➤【插入文件】菜单项。

③ 弹出【插入文件】对话框，在【查找范围】下拉列表中选择要插入文件所在的文件夹，选中要插入的文件，单击 打开(O) 按钮即可。

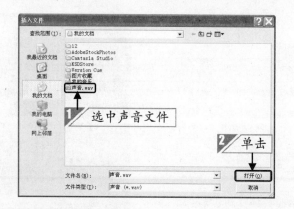

10.2 悠闲听音乐

　　使用 Windows XP 自带的媒体播放器可以播放很多格式的音乐，如 CD、MP3、MIDI 以及 WAV 等。

10.2.1　播放 CD 和 MP3 光盘

1. 播放CD

　　在电脑中听 CD 音乐的具体操作步骤如下。

① 在电脑光驱中放入 CD，此时 Windows XP 将自动检测光盘，弹出【Audio CD】对话框。

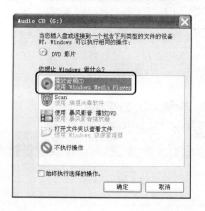

② 在【您想让 Windows 做什么】列表框中选择【播放音频 CD】选项，单击　确定　按钮即可开始播放。

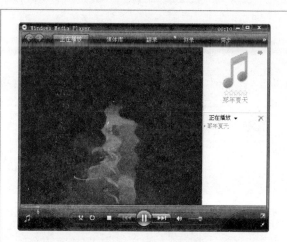

　　小提示　为了便于使用，用户还可以在【Audio CD】对话框中选中【始终执行选择的操作】复选框，这样在下次播放 CD 的时候就不会弹出该对话框，而直接使用媒体播放器播放 CD 音乐了。

2. 播放MP3光盘

　　播放 MP3 光盘的方法与播放 CD 类似，在此不再赘述。

10.2.2　播放硬盘中的音乐

一般家用电脑的硬盘空间都比较大，用户可以将自己喜欢的音乐存放在电脑中，用户不但可以将从 Internet 上下载的歌曲存放到电脑硬盘中，也还可以将 CD 或 MP3 光盘中的音乐复制到电脑硬盘中。

播放电脑中已有音乐的具体操作步骤如下。

1 选择【开始】▷【所有程序】▷【Windows Media Player】菜单项，弹出【Windows Media Player】主窗口。

2 切换到【正在播放】选项卡。

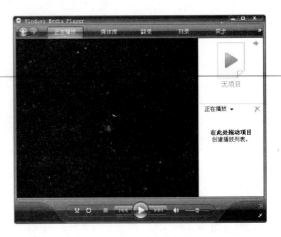

3 打开要播放的歌曲所在的文件夹窗口，将所选歌曲拖曳到 Windows Media Player 主窗口右侧的播放列表中，此时即可开始播放歌曲。

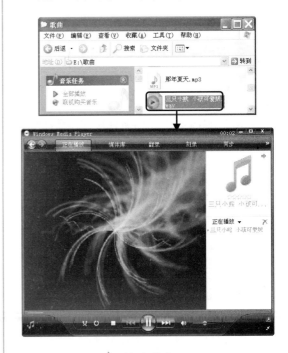

▲ 播放歌曲

10.3 使用暴风影音看电影

在人们的日常生活中，播放影音文件是一项必不可少的娱乐活动。暴风影音作为一款全能的多媒体播放器，受到了越来越多用户的喜爱。

安装该软件首先要到暴风影音的官方网站（http://www.baofeng.com）上下载其安装程序，这里以暴风影音 2009 为例进行介绍。

软件的安装方法已经在 1.5.1 小节中有过介绍，在此不再赘述。

1.　添加视频文件

要想观看 MV、电影、电视剧等视频文件，首先要将它们添加到播放列表中。具体操作步骤如下。

① 单击 开始 按钮，在弹出的【开始】菜单中选择【所有程序】➤【暴风影音】➤【暴风影音】菜单项，弹出【暴风影音】主窗口。

② 单击 按钮右侧的 按钮，从弹出的下拉菜单中选择【打开文件】菜单项。

③ 弹出【打开】对话框，在【查找范围】下拉列

表中选择影视文件所存放的文件夹。

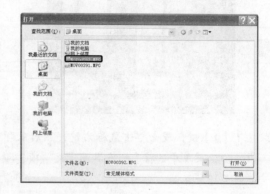

④ 选中要打开的文件，单击 打开(O) 按钮即可开始播放。

2.　界面切换

用户还可以切换播放的界面。具体操作步骤如下。

① 打开【暴风影音】主窗口，单击窗口右上方的【主菜单】按钮，在弹出的下拉菜单中选择【显示】➤【最小界面】菜单项。

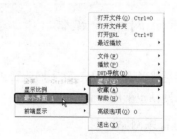

② 此时将切换成最小画面播放。

③ 按下【1】键，或者单击鼠标右键，然后从弹出的快捷菜单中选择【标准界面】菜单项，即可还原播放界面。

⑤ 此时，播放的文件会以16:9的屏幕比例显示。

④ 用户还可以设置显示比例。单击鼠标右键，从弹出的快捷菜单中选择【显示比例】▶【按16:9比例显示】菜单项。

小提示 选择【原始比例（推荐）】菜单项即可还原为原始的显示方式。

10.4 网络视听

随着互联网和多媒体的发展，网络上的多媒体资源变得越来越丰富。用户既可以在网上听音乐，又可以在线观看精彩的 Flash 作品以及收看网络电视节目等。

10.4.1 网络多媒体

如今，越来越多的人喜欢上网听音乐。因此，很多音乐网站也就应运而生了。

1. 注册音乐网站

目前有很多网站都提供在线播放音乐的服务，如雅虎音乐、搜狗音乐、九酷音乐网、星星

音乐谷等。本小节将以九酷音乐网为例进行介绍。

注册并登录音乐网站的具体操作步骤如下。

① 打开 IE 浏览器，在地址栏中输入九酷音乐网的网址"http://www.9ku.com/"，按【Enter】键。

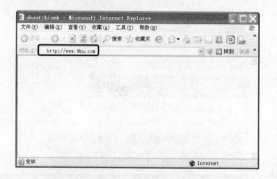

② 打开九酷音乐网首页。

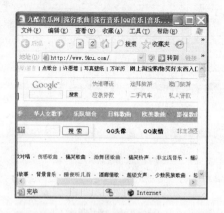

③ 在该网页右上方单击【注册新用户】链接，在弹出的【新账号注册】页面中输入注册信息。输入完毕直接单击 注册 按钮即可。

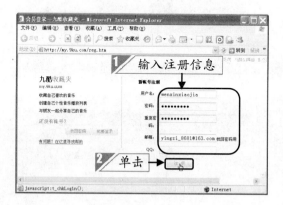

④ 稍后可进入个人的音乐空间，完成注册。

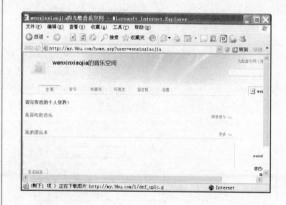

2. 播放歌曲

注册并登录九酷音乐网之后，就可以开始播放音乐了。另外，用户可以将自己喜欢的歌曲进行收藏。

播放并收藏歌曲的具体操作步骤如下。

① 在导航栏中单击【圣诞歌曲】文字链接。

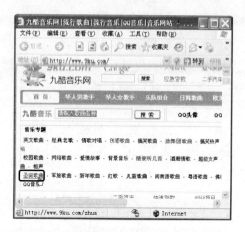

② 弹出【圣诞节歌曲链接】网页，在该网页的歌曲列表中选中歌曲后面的复选框。

③ 单击 ▶选择歌曲后点击这里播放 按钮播放所选歌曲。

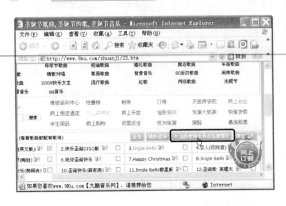

10.4.2　精彩的 Flash 动画

除了 MP3 音乐，网上流行的多媒体还有 Flash 动画。Flash 动画是网络中常见的一种多媒体动画格式，用 Flash 软件制作出来，其文件扩展名是".swf"。播放时无论放大还是缩小画面都很清晰。

当前很多网站都提供有大量的 Flash 动画作品，只要电脑联网就可以在线观看。这里以观看"Flash 动画"网中的 Flash 作品为例进行介绍。具体操作步骤如下。

① 启动 IE 浏览器，在地址栏中输入"http://flash.jninfo.net"，按【Enter】键打开网站首页。

② 该页面中列出了很多精彩的 Flash 动画作品，用户可以从中选择自己喜欢的作品在线观看。

③ 用户还可以通过搜索功能来查找自己喜欢的 Flash 作品。返回该网站首页，在搜索文本框中输入想要查找的 Flash 作品的名称，单击 查询 按钮。

④ 这时系统会自动进行搜索，并把搜索的结果显示出来。

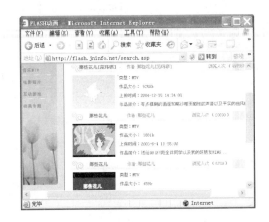

10.4.3　网络电视

随着网络时代的来临，越来越多的人已经不再单纯地依赖电视机来观看电视节目了，而是通过在线视频网站来随心所欲地观看自己喜爱的节目。

1.　通过网站在线观看

现在提供在线视频服务的网站有很多。本小节以土豆网为例进行介绍。

注册土豆网

要在土豆网上收看电视节目，首先需要注册并登录到土豆网。具体操作步骤如下。

① 打开 IE 浏览器，在地址栏中输入土豆网的网址 "http://www.tudou.com/"，按【Enter】键，打开土豆网首页面。

② 单击网页上方的【注册】链接。

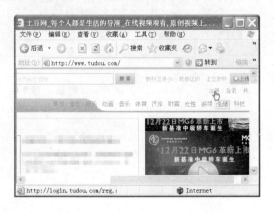

③ 打开【注册成为新土豆】网页，根据系统提示输入用户注册信息。

④ 选中【同意账号使用协议】右侧的【同意】单选按钮，设置完毕单击 完成注册 按钮即可。

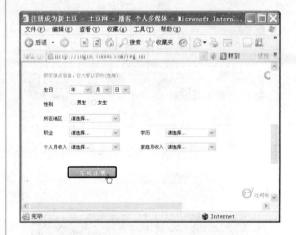

搜索观看视频

注册完毕系统会自动登录到土豆网，接下来就可以搜索并观看视频了。具体操作步骤如下。

① 按照前面介绍的方法登录到土豆网，在视频搜索文本框中输入要搜索的视频的名称，这里输入 "蜡笔小新动画片"。

户群。该软件采用网状模型，有效地解决了网络视频点播服务的局限性。

　　在使用 PPLive 软件收看电视节目之前用户需要先下载和安装该软件。为了安全着想，建议用户到 PPLive 官方网站"http://www.pplive.com"上下载，下载和安装过程在此不再赘述。

　● **使用 PPLive 软件收看节目**

　　下载并安装完成后，用户就可以使用 PPLive 软件收看电视节目了。具体的操作步骤如下。

① 选择【开始】➤【所有程序】➤【PPLive】➤【PPLive 网络电视】菜单项，弹出 PPLive 软件的主窗口。

② 在主窗口右侧的【频道】列表中列出了多种分类频道，用户可以从中选择自己感兴趣的频道，这里选择【少儿卡通】选项，从展开的列表中选择【国产经典】选项，在展开的列表中双击节目《三国演义动画版》即可观看。

② 单击 搜索 按钮，打开搜索结果页面。

③ 单击视频的截图或标题即可观看该节目。

2．网络电视PPLive

　　PPLive 是互联网上大规模视频直播的共享软件之一，它在国内有着较高的知名度及庞大的用

▲ 观看视频

收藏电视节目

收藏电视节目的具体操作步骤如下。

① 在右侧的节目列表中选择要收藏的电视节目，单击鼠标右键，从弹出的快捷菜单中选择【加入收藏】菜单项。

② 收藏成功后，在控制区域会出现"收藏成功"的提示对话框。

③ 切换到【收藏】选项卡，可以看到已经将该节目收藏起来了。

搜索电视节目

搜索电视节目的方法很简单，在窗口右侧的文本框中输入要搜索的电视节目的名称。

此时在下方的列表中会显示相应的视频信息，选中其中一个选项即可在线观看该节目。

10.5 进入游戏世界

网络游戏就是以网络为载体，能同时支持多人一起参与的游戏。本节主要介绍 QQ 游戏大厅和联众游戏大厅。

10.5.1　Windows 小游戏

Windows XP 操作系统自带了几个益智小游戏，如纸牌、扫雷、红心大战和桌面三维弹球等，都具有比较强的教育性和娱乐性。选择【开始】➤【所有程序】➤【游戏】菜单项，弹出【游戏】的级联菜单，从中可以看到 Windows XP 系统自带的几款小游戏。

需要联网才能玩的几款小游戏

不需要联网就能玩的几款小游戏

1.　自带的联机游戏

游戏名称前面带有"Internet"字样的表示游戏的对手是来自网络上的其他玩家。因此，这些游戏必须先上网，并登录到游戏服务器才可以玩。下面以【Internet 黑桃王】为例进行介绍。具体的操作步骤如下。

① 选择【开始】➤【所有程序】➤【游戏】➤【Internet 黑桃王】菜单项，弹出连接 Internet 提示界面。

② 单击 开局(P) 按钮，弹出【正在寻找三个 初级 黑桃王 玩家…】对话框。如果不想继续则单击 退出(Q) 按钮。

③ 稍等片刻可进入【Internet 黑桃王】游戏界面。

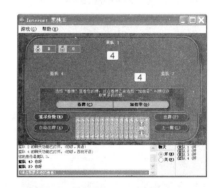

④ 单击 看牌(C) 按钮，选择希望得分的墩数，即可开始游戏。

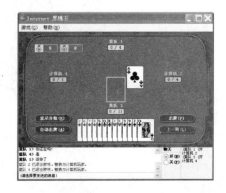

2. 无须联网游戏

在游戏菜单中除了名称前面带有"Internet"字样的联机游戏之外，还有一些无须上网就可以玩的游戏，如红心大战、扫雷和桌面三维弹球等。如果用户不想玩联机游戏，则可以选择这些游戏。

● 扫雷

"扫雷"游戏的目标是尽快找到雷区中的所有地雷，且不能踩到地雷。选择【开始】➤【所有程序】➤【游戏】➤【扫雷】菜单项，弹出【扫雷】游戏界面。

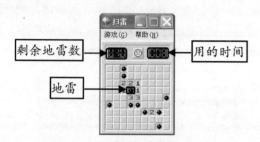

单击游戏区中的任意方块计时器便会开始计时。单击后将会揭开方块，如果揭开的是数字，则可以继续单击下一个方块；如果揭开的是地雷则会出现游戏结束提示，所有的地雷排列将显示在窗口中供用户查看。单击游戏窗口中的图标☺即可开始新一轮的游戏。

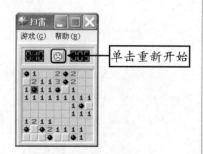

另外，还可以选择【游戏】➤【开局】菜单项重新开始游戏。

如果无法判定某方块是否有雷，则可右击两次为其标记一个"？"。等以后确定该方块为地雷时再右击方块一次将其标记为地雷或者右击该方块两次去掉标记。

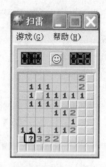

如果成功地找出了所有的地雷，则会弹出【已破初级纪录，请留尊姓大名】对话框。在文本框中输入玩家名字，单击 确定 即可弹出【扫雷英雄榜】对话框，单击 重新计分(R) 按钮即可重新开始记分，单击 确定 按钮即可回到【扫雷】游戏窗口。

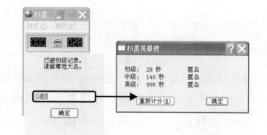

如果玩家认为初级的【扫雷】游戏太简单了，还可以更改游戏的等级来增加游戏难度。选择【游戏】➤【中级】菜单项；可打开中级游戏界面；选择【游戏】➤【高级】菜单项可打开高级游戏界面。

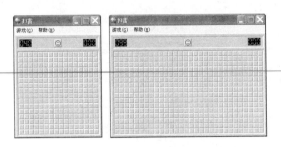

▲中级（左）和高级（右）界面

除了通过更改游戏的级别来增加游戏难度之外，还可以自定义游戏区域。选择【游戏】➤【自定义】菜单项，弹出【自定义雷区】对话框。

在【高度】、【宽度】、【雷数】文本框中分别输入雷区的高度、宽度和雷数，单击 确定 按钮即可打开自定义游戏界面。

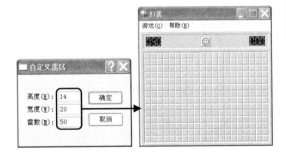

蜘蛛纸牌

【蜘蛛纸牌】游戏的目标是以最少的移动次数将十叠牌中所有的牌都移走。如果要将十叠牌中所有的牌都移走，需要将牌从一列移到另一列，直到将一套牌从 K~A 依次排列。选择【开始】➤【所有程序】➤【蜘蛛纸牌】菜单项，弹出【蜘蛛】纸牌游戏初始窗口。

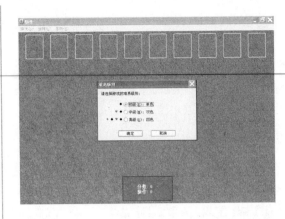

从【难易级别】对话框中选择一种难易级别，例如选中【初级（E）：单色】单选按钮，单击 确定 按钮，进入【蜘蛛】纸牌游戏界面。

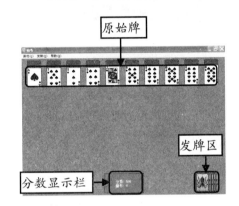

用两副牌玩【蜘蛛纸牌】。新一局游戏开始时，发有十叠牌，每叠牌中只有一张正面朝上，其余的牌放在窗口右下角的五叠牌中（新一轮发牌时用这些牌）。

移牌的方法是将牌从一张牌拖到另一叠牌上。移牌的规则如下：

（1）可以将一叠牌最底下的牌移到空白处。

（2）可以将牌从一叠牌最底下的牌移动到牌值仅次于它的牌上，不论花色或牌色如何。

（3）可以像移动一张牌一样移动一组同样牌色、依序排好的牌。

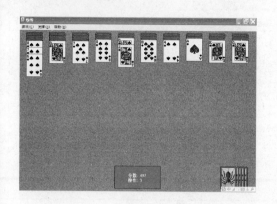

当一组牌从 K~A 依次排列时，这些牌就会被收走。

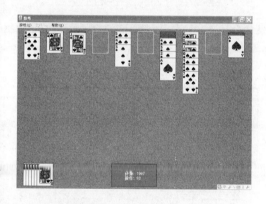

当把所有的牌全部按照相同花色从 K~A 排列好之后，将打开【你赢了】界面。

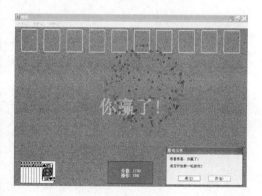

10.5.2　网络游戏

网络游戏就是以网络为载体，并且能同时支持多人一起参与的游戏。随着网络的发展，网络游戏的种类也日趋多样化。本小节主要介绍 QQ游戏大厅。

QQ 游戏大厅是腾讯公司推出的网络游戏，它拥有庞大的用户群。

1.　在线安装QQ游戏大厅

用户要想使用 QQ 游戏大厅，首先需要将其安装到自己的电脑上。具体操作步骤如下。

① 登录到腾讯 QQ，单击窗口下方的【QQ游戏】按钮，弹出【在线安装】对话框。

② 单击 安装 按钮，开始下载QQ 游戏安装包，稍等片刻弹出【QQ 游戏 2009 正式版 安装】对话框。

③ 单击 下一步(N) > 按钮，进入【许可证协议】界面。

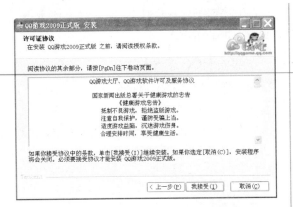

④ 单击 我接受(I) 按钮，进入【选择安装位置】界面。

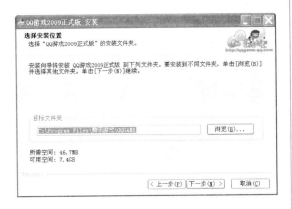

⑤ 单击 浏览(B)... 按钮，弹出【浏览文件夹】对话框，从中设置 QQ 游戏大厅的安装位置。

⑥ 设置完毕单击 确定 按钮，返回【选择安装位置】界面。

⑦ 单击 下一步(N)> 按钮，进入【安装选项】界面，根据实际需要设置相应的安装选项。

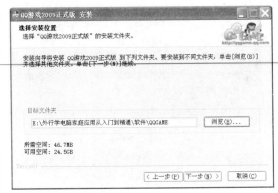

⑧ 设置完毕单击 安装(I) 按钮，开始安装 QQ 游戏大厅。

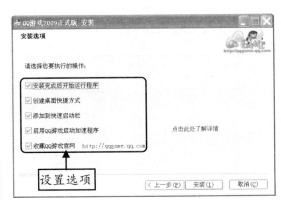

⑨ 稍等片刻即可完成安装，进入【安装完成】界面，单击 完成(L) 按钮即可。

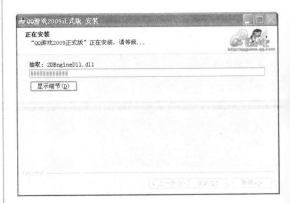

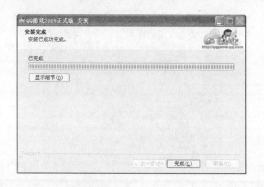

2. 登录QQ游戏大厅

登录 QQ 游戏大厅的具体操作步骤如下。

① QQ 游戏安装完成后，弹出【QQ 游戏 2009】对话框，在【账号】和【密码】文本框中分别输入 QQ 号码和登录密码。

② 设置完毕单击 [登录] 按钮，即可登录 QQ 游戏大厅。在弹出的【字体设置】对话框中单击 [确定] 按钮，进入 QQ 游戏界面。

3. 下载和安装游戏客户端大厅

用户要想玩 QQ 游戏大厅中的某个游戏，还需要对其进行下载和安装，这里以安装"中国象棋"为例进行介绍。具体操作步骤如下。

① 在左侧的游戏列表中找到要安装的 "中国象棋"游戏。

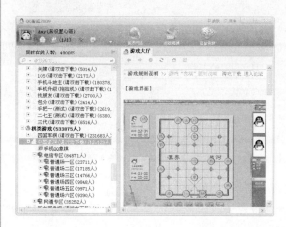

② 双击该游戏选项，弹出【提示信息】对话框，单击 [确定] 按钮。

③ 此时即可开始下载游戏安装文件。

④ 下载完毕即可开始安装"中国象棋"游戏。安装完毕弹出【提示信息】对话框，提示安装成功，单击 [确定] 按钮即可。

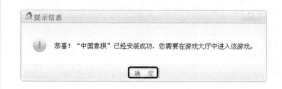

4. 与老朋友玩游戏

游戏安装好后就可以登录到游戏房间开始游

戏了。如果想和自己的亲友一起游戏，只需要告
知亲友自己所在的游戏房间号和桌号，让亲友登
录到该游戏房间就可以了。具体操作步骤如下。

① 依次展开【中国象棋】▷【电信专区】▷【普
通场一区】选项。

② 从下方的游戏室列表中选择一个人数不满的
游戏室双击进入（一个游戏室最多可以容纳
250 位玩家）。

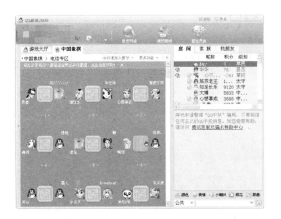

③ 进入游戏室后找到一个有空位的桌，将鼠标指
针移至空位上，此时鼠标指针变成"🖑"形状。

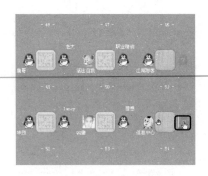

④ 在空位上单击，进入游戏界面。

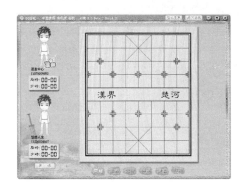

⑤ 单击界面下方的 准备 按钮，如果对手玩家也已
经准备好，此时可在弹出的提示框中设置游戏
时间。

⑥ 如果同意对方设置的时间，单击 同意 按钮即
可开始游戏。

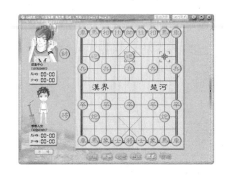

第11章

家庭数码世界

在日常家庭应用中，用户还会用到一些与电脑相关的数码设备，如数码相机、数码摄像机、扫描仪、刻录机、MP3、MP4 和手机等。本章将介绍这些数码设备与电脑连接的方法。

关于本章知识，本书配套教学光盘中有相关的多媒体教学视频，请读者参看光盘【家庭学习与娱乐\家庭数码世界】。

光盘链接

- 数码相机和数码摄像机
- 扫描仪和刻录机
- MP3 和 MP4
- 手机

11.1 数码相机和数码摄像机

数码相机和数码摄像机的最大优势在于它们的信息数字化，由于数字信息可以借助遍及全球的数字通信网即时传送，因此数码相机和数码摄像机可以方便地实现图像的实时传递。

11.1.1 将数码相机连接到电脑

要将数码相机中的照片存入电脑，首先要将数码相机与电脑连接起来。具体操作步骤如下。

① 将数码相机数据线的方形接口（非 USB 接口）连接到数码相机的数据传输接口。

② 将数据线的另一端 USB 接口连接到电脑机箱上的 USB 接口。此时，数码相机与电脑的连接完成。

③ 按下数码相机的开关按钮，打开数码相机，此时 Windows XP 会自动检测到即插即用数码相机，同时在屏幕右下角的任务栏中会出现"发现新硬件"的提示信息。

11.1.2 将照片保存到电脑上

连接好数码相机后即可将数码相机里的照片存入电脑。

将数码相机中的照片保存到电脑上的具体操作步骤如下。

① 展开"I:\DCIM\101MSDCF"文件夹，选中要存入电脑的照片文件。

② 按【Ctrl】+【C】组合键将选中的照片文件复制到剪贴板中。再打开要存放数码照片的文件夹，这里打开"F:\我的文件夹\数码照片"文件夹。

③ 在文件夹窗口中右击，在弹出的快捷菜单中选
择【粘贴】菜单项。

④ 将所选的照片粘贴到"数码照片"文件夹中。

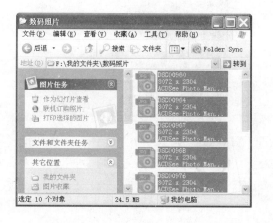

11.1.3　使用 ACDSee 处理照片

将数码相机中的照片保存到电脑中后，就可以开始浏览和美化照片了。ACDSee 软件是目前广泛使用的图片浏览工具软件之一，它具有支持性强、浏览速度快、显示质量高等特点，并且还能够对图片进行简单的处理。本小节将以 ACDSee 2009 为例介绍浏览和美化照片的方法。

1.　安装ACDSee软件

要想使用 ACDSee 软件浏览和美化照片，首先需要将其安装到自己的电脑上。用户可以在 ACDSee 的官方网站（http://cn.acdsee.com/zh-cn/）进行下载。下载完毕后将其安装到本地电脑中即可。

2.　浏览照片

使用 ACDSee 软件浏览照片的具体操作步骤如下。

① 双击桌面上的【ACDSee 相片管理器 2009】图标，，或选择【开始】➢【所有程序】➢【ACD Systems】➢【ACDSee 相片管理器 2009】菜单项，弹出【相片管理器2009】窗口。

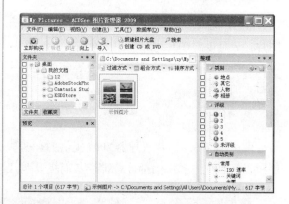

② 在窗口左侧的【文件夹】任务窗格中切换到【文件夹】选项卡，在树形目录中选择要浏览的照片所在的文件夹，这里选择"E:\图片\美女"文件夹选项。此时，在窗口右侧的窗格中即可显示出该文件夹中存放的照片。

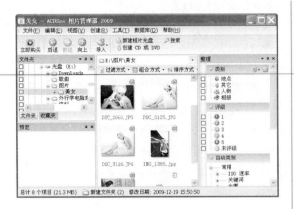

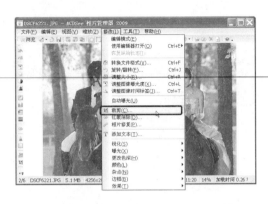

② 进入图片的裁剪状态。

③ 双击要查看的照片文件，弹出该照片的查看窗口。用户可以通过单击照片查看窗口工具栏中的【上一个】按钮和【下一个】按钮切换当前浏览的照片。

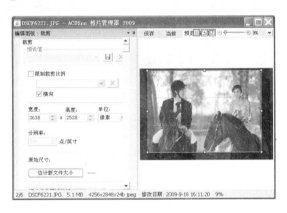

③ 将鼠标指针移至图像四周的 8 个控制点上，当鼠标指针呈双向箭头显示时，按住鼠标左键并拖曳鼠标可调整裁剪框的大小。

3. 美化照片

在 ACDSee 照片管理器 2009 中不仅可以欣赏图片，还可以对图片进行简单的处理，如对图片进行裁剪、曝光调整以及添加特效等，以使图片变得更加漂亮。

裁剪照片

使用 ACDSee 照片管理器 2009 提供的裁剪功能可以将照片中多余的部分裁掉，从而提升照片的整体效果。具体操作步骤如下。

① 使用 ACDSee 照片管理器 2009 打开要进行裁剪的照片的查看窗口，选择【修改】▷【裁剪】菜单项。

④ 调整到合适的大小后双击裁剪区域即可完成对照片的裁剪操作，同时返回图片的查看窗口。

⑤ 单击查看窗口右上角的【关闭】按钮 ，弹出
【保存更改】对话框。

⑥ 单击 另存为... 按钮，弹出【图像另存为】
对话框，选择处理后的照片的保存位置，在【文
件名】文本框中输入要保存照片的名称，单击
保存(S) 按钮即可。

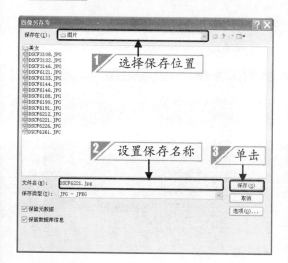

● **曝光调整**

　　使用 ACDSee 对图片进行曝光调整的具体操
作步骤如下。

① 使用 ACDSee 软件打开要进行曝光调整的照
片，选择【修改】➤【曝光】➤【曲线】菜单

项。

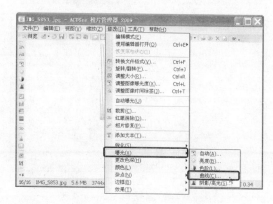

② 弹出【曲线】编辑面板，按住鼠标左键不放并
拖动【曲线】框中间的白线调整照片的曝光强
度。

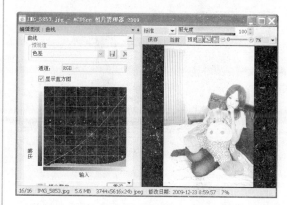

③ 调整完毕依次单击【曲线】编辑面板下方的
应用 和 完成 按钮。

④ 照片曝光调整前后的效果如下图所示。

▲ 调整前

▲ 调整后

● **添加特效**

　　下面以给照片添加油画特效为例进行介绍。具体操作步骤如下。

① 使用 ACDSee 照片管理器软件打开要添加特效的照片，选择【修改】➤【效果】➤【绘画】➤【油画】菜单项。

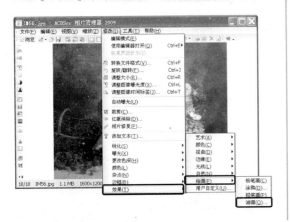

② 弹出【油画】编辑面板，在【画笔宽度】、【变化】和【鲜艳】文本框中分别输入"7"、"93"和"2"，在右侧的列表框中可以预览设置后的油画效果。

③ 单击【油画】编辑面板下方的 完成 按钮，弹出【编辑模式进度】对话框。

④ 稍等片刻，返回【ACDsee 相片管理器 2009】对话框，完成油画特效的添加。

11.1.4　使用数码摄像机

　　除了数码相机之外，数码摄像机也是目前较为流行的数码产品。

1. 将数码摄像机连接到电脑上

要想将数码摄像机中的视频导入到电脑中，首先需要将数码摄像机连接到电脑上。将数码摄像机连接到电脑的具体操作步骤如下。

① 将数码摄像机数据线的 DV 插头插入数码摄像机的 DV 传输接口。

② 将数据线的 USB 插头插入电脑的 USB 接口。

③ 打开数码摄像机电源，此时任务栏中会出现 图标。

④ 随后会弹出提示信息框，提示用户数码摄像机与电脑已经连接成功。

⑤ 自动弹出【系统设置改变】对话框，单击 **是(Y)** 按钮重新启动电脑。

2. 将视频导入到电脑中

将数码摄像机中的视频导入到电脑中的具体操作步骤如下。

① 依次打开【我的电脑】➤【可移动硬盘（I：）】➤【STREAM】文件夹窗口，选择要复制的照片文件，然后选择【编辑】➤【复制】菜单项。

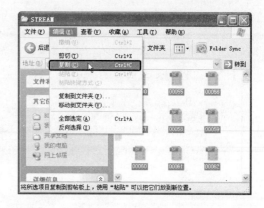

② 弹出【本地磁盘（F：）】窗口，在窗口空白处右击，从弹出的快捷菜单中选择【新建】➤【文件夹】菜单项。

③ 将该文件夹重命名为"我拍摄的视频"，双击将其打开，在空白处右击，从弹出的快捷菜单中选择【粘贴】菜单项。

④ 将数码摄像机中的视频导入到电脑中。

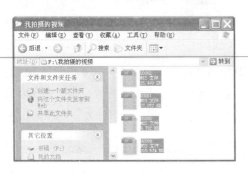

11.1.5 使用 Windows Movie Maker 剪辑视频

本小节素材文件和最终效果所在位置如下。	
素材文件	素材文件\11\游记.avi、音乐.wav
最终效果	最终效果\11\01.jpg、游记.wmv

使用系统自带的 Windows Movie Maker 应用软件可以方便地剪辑电脑中的视频。具体的操作步骤如下。

① 如果用户将数码摄像机中的视频导入到电脑后关闭了 Windows Movie Maker 应用程序，则可以选择【开始】➤【所有程序】➤【Windows Movie Maker】菜单项。

② 弹出【无标题 - Windows Movie Maker】窗口。

③ 在【电影任务】任务窗格中的【捕获视频】选项组中单击【导入视频】链接，弹出【导入文件】对话框，在【查找范围】下拉列表中选择对应的视频文件。

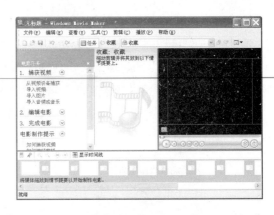

④ 设置完毕单击 导入(M) 按钮打开【导入】对话框，其中显示了导入视频的具体进度。

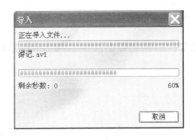

⑤ 导入完成后返回【无标题 - Windows Movie Maker】窗口，此时在【收藏】窗格中即可看到导入的视频。

名称。

1 设置保存路径

2 输入保存名称

⑥ 在【收藏】窗格中选中导入的视频文件，然后将其拖曳至时间线上。

⑨ 设置完毕单击 保存(S) 按钮，切换到最终效果文件夹中，即可看到前面拍摄的照片。

⑦ 单击【预览监视器】窗格中的【播放时间线】按钮，浏览该视频中的内容。在浏览的过程中如果单击【暂停时间线】按钮，可停止播放视频。

⑩ 接下来在【电影任务】任务窗格中的【捕获视频】选项组中单击【导入音频或音乐】链接，弹出【导入文件】对话框，在【查找范围】下拉列表中找到本小节对应的素材文件。

⑧ 如果想要留住视频中的瞬间，可单击【预览监视器】窗格中的【拍照】按钮，弹出【图片另存为】对话框，设置保存路径，输入保存的

⑪ 单击 导入(M) 按钮将其导入到【收藏】窗格中，然后拖曳至【音频/音乐】轨道中。

⑫ 将鼠标指针移至所添加的音乐上，将示例框左边缘向左拖动至与视频对齐的位置即可。

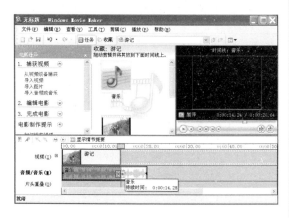

⑬ 接下来为视频添加片头或片尾。在【电影任务】任务窗格中的【编辑电影】选项组中单击【制作片头或片尾】链接。

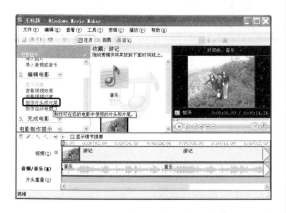

⑭ 弹出【要将片头添加到何处？】窗格，然后单击【在电影开头添加片头。】链接。

⑮ 弹出【输入片头文本】窗格，在文本框中输入"春游记"。

⑯ 单击【更改文本字体和颜色】链接，弹出【选择片头字体和颜色】窗格，在【字体】下拉列表中选择【文鼎 CS 大黑】选项。

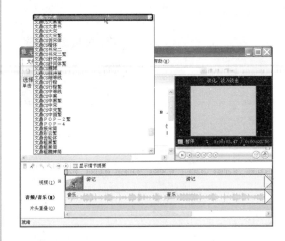

⑰ 分别单击【更改文本颜色】按钮▲和【更改背景颜色】按钮□，将文本颜色设置为"黑

色"，背景颜色设置为"绿色"，设置完毕单击 确定 按钮。

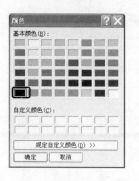
▲ 文本颜色

▲ 背景颜色

18 单击【增加文本大小】按钮 **A⁺**，增大片头文本字体的大小，得到下图所示的效果。

19 单击【更改片头动画效果】链接，弹出【选择片头动画】窗格，然后在其中的列表框中选择【移动片头，分层】选项。

20 设置完毕单击【完成，为电影添加片头】链接，返回【无标题 - Windows Movie Maker】窗口，

将音乐调整到与添加的视频对齐。单击【播放时间线】按钮 ▶ 即可看到添加的片头效果。

21 在【电影任务】任务窗格中的【完成电影】选项组中单击【保存到我的计算机】链接。

22 弹出【保存电影向导】对话框，在第一个文本框中输入"游记"。

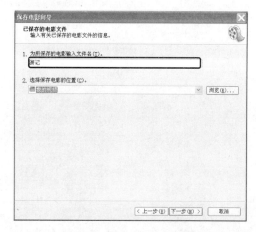

23 单击 浏览(R)... 按钮，弹出【浏览文件夹】对话框，从中指定一个用于保存的文件夹。

㉔ 单击 确定 按钮，返回【保存电影向导】对话框，单击下一步(N) > 按钮进入【电影设置】界面，这里保持默认设置。

㉕ 单击下一步(N) > 按钮，进入【正在保存电影】界面，其中显示了电影保存的具体进度。

㉖ 保存完毕系统会自动进入【正在完成"保存电影向导"】界面，选中【单击"完成"后播放

电影】复选框。单击 完成 按钮即可自动播放前面保存的小电影。

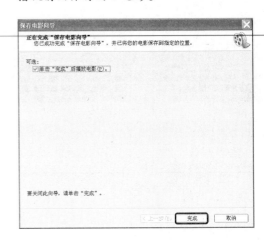

11.1.6 保存 Windows Movie Maker 项目文件

电影编辑完成后，用户还可以将前面的编辑操作保存为一个 Windows Movie Maker 项目文件，以便将来重新编辑该电影时使用。

小提示 Windows Movie Maker 项目文件中包含了有关已导入（或捕获）到当前项目中的文件以及如何排列文件(或剪辑)的信息。当用户再次修改电影时，不用重新导入视频、声音和图片等内容，也不用从头剪辑，打开该项目文件并在原来的基础上修改即可。

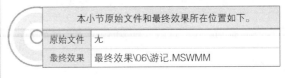

本小节原始文件和最终效果所在位置如下。
原始文件	无
最终效果	最终效果\06\游记.MSWMM

① 关闭系统自动打开的【Windows Media Player】播放器，然后关闭【无标题 - Windows Movie Maker】窗口，此时系统将自动弹出【Windows Movie Maker】对话框，询问用户是否要保存对该项目文件所做的修改。

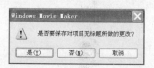

② 单击 是(Y) 按钮，弹出【将项目另存为】
对话框，选择合适的保存路径，输入保存名称
"游记"，单击 保存(S) 按钮即可。

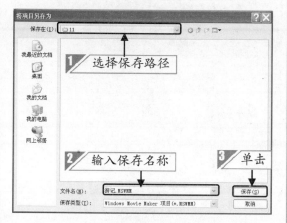

小提示 需要注意的是，组成
Windows Movie Maker 项目文件的视频、图片
以及声音等对象的位置都是相对的。也就是说，
在编辑项目文件的过程中，如果导入的视频或
声音等对象的位置（盘符或文件夹）发生了变
化，该项目文件则将无法打开，这时就需要重
新导入相应的视频或声音等文件。例如，"游
记.MSWMM"项目文件中的声音和视频文件的
原始路径为"E:\外行学电脑家庭应用从入门到
精通\素材文件\11"，用户在光盘上浏览本小节
对应的最终效果文件时，如果不能保证"游
记.MSWMM"项目文件中的声音和视频文件的
路径与该路径一致，则无法读取正确的项目
文件。

③ 这里假设用户将该项目文件对应的声音和视
频文件复制到了自己电脑中 C 盘的【外行学电
脑家庭应用从入门到精通】文件夹中。也就是
说，声音（或视频）文件的路径为"C:\外行
学电脑家庭应用从入门到精通\素材文件\11"。

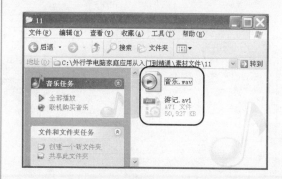

④ 此时重新打开本小节对应的最终效果文件时，
可以看到相应的音频和视频对象都变成了不
可编辑状态。下面就以此为例介绍重新导入声
音和视频文件的方法。

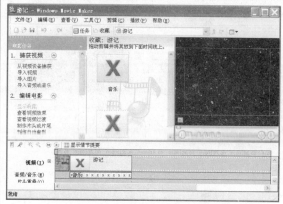

⑤ 双击【音乐】音频对象，系统将弹出下图所示
的提示信息对话框，询问用户是否要查找它。

⑥ 单击 是(Y) 按钮，弹出【查找 音乐.wav】
对话框，在【查找范围】下拉列表中找到【C:\
外行学电脑家庭应用从入门到精通\素材文件
\11】文件夹，在其下方的列表框中选中【音
乐.wav】音频文件。

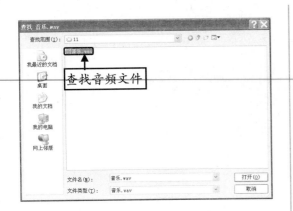

对话框，在【查找范围】下拉列表中找到【C:\外行学电脑家庭应用从入门到精通\素材文件\11】文件夹，在其下方的列表框中选中【游记.avi】视频文件。

⑦ 单击 打开(Q) 按钮，返回【游记 – Windows Movie Maker】窗口，可以看到音频对象变成了可编辑状态。

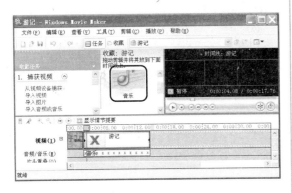

⑩ 单击 打开(Q) 按钮，返回【游记 – Windows Movie Maker】窗口，可以看到视频对象也变成了可编辑状态。

⑧ 按照同样的方法双击【游记】视频对象，系统将弹出下图所示的提示信息对话框，询问用户是否要查找它。

至此，声音和视频文件的导入就完成了，用户也可以按照同样的方法导入存放在电脑中其他位置的声音或视频文件。

⑨ 单击 是(Y) 按钮，弹出【查找 游记.avi】

小提示 在导入项目文件对应的声音或视频文件时可以分为以下两种情况：① 如果直接在光盘上浏览项目文件，可按照前面介绍的方法在光盘对应的盘符中进行查找；② 如果将本章对应的素材文件或原始文件全部复制到电脑上，可按照本书前言中介绍的方法，将其复制到与本书相同的路径中。

11.2 扫描仪和刻录机

本节主要介绍扫描仪和刻录机的相关知识和使用方法。

11.2.1 安装扫描仪

在日常生活中，用户经常需要将纸张上的内容扫描到电脑中，此时就要用到扫描仪。

要想使用扫描仪，首先需要将它安装到电脑上。扫描仪的安装包括将扫描仪连接到电脑中和安装扫描仪驱动程序两个部分。

● 将扫描仪连接到电脑中

将扫描仪连接到电脑中的操作方法：首先将电源线圆形的插头连接到扫描仪右侧的黑色圆形插孔中，将另一端插头插到电源插座上，将 USB 数据线的方形接口接入扫描仪电源插孔旁边的方形插孔中，然后将另一端 USB 接口连接到电脑的 USB 接口中。

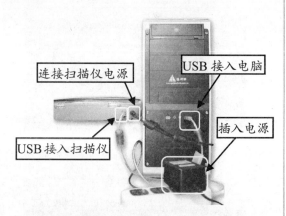

● 安装扫描仪驱动程序

安装扫描仪驱动程序的具体操作步骤如下。

1. 按照前面介绍的方法将扫描仪接入电脑，系统会自动弹出【找到新的硬件向导】对话框，选中【否，暂时不】单选钮。

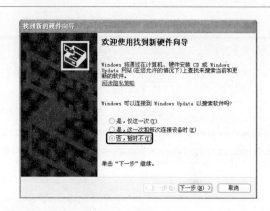

2. 选择完毕后单击 下一步(N) > 按钮，进入【这个向导帮助您安装软件】界面，选中【自动安装软件（推荐）】单选钮。

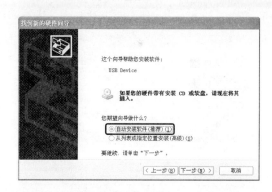

3. 将扫描仪驱动程序安装光盘放入光驱中，此时系统自动进入【向导正在搜索，请稍候】界面，开始搜索驱动程序。

④ 当系统搜索到光盘中的驱动程序后,就会自动开始安装扫描仪驱动程序,并进入【向导正在安装软件,请稍候】界面。

⑤ 稍等片刻进入【完成找到新硬件向导】界面,单击 <u>完成</u> 按钮即可。

11.2.2　安装扫描软件

除了安装扫描仪驱动程序之外,用户还需要在自己的电脑中安装扫描软件。

下面以安装"佳能"软件为例进行介绍,具体操作步骤如下。

① 将扫描仪驱动程序安装光盘放入电脑光驱中,在光盘图标上单击鼠标右键,从弹出的快捷菜单中选择【自动播放】菜单项。

② 光盘会自动运行并弹出【CanoScan】窗口。

③ 选择【安装软件】选项,进入【佳能软件许可协议】界面,单击 <u>是</u> 按钮。

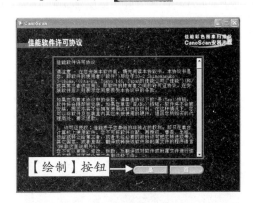

④ 进入【安装】界面，根据自己的实际需要进行
相应的设置。

⑤ 设置完毕选择【开始安装】选项，弹出一个提
示对话框，询问是否安装 ScanGear Toolbox 扫
描应用程序，单击 是 按钮。

⑥ 此时系统开始安装 ScanGear Toolbox 扫描应
用程序。

⑦ 稍等片刻弹出【欢迎】对话框，单击 下一步(N) >
按钮。

⑧ 随即弹出【选择目标位置】对话框。

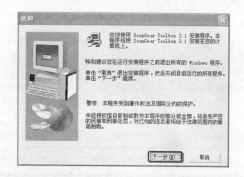

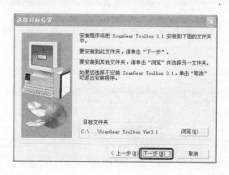

⑨ 保持默认设置，单击 下一步(N) > 按钮，弹出【选
择程序文件夹】对话框。

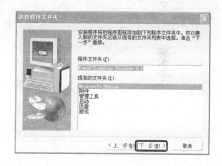

⑩ 保持默认设置，单击 下一步(N) > 按钮，开始安装
扫描软件。

⑪ 稍等片刻弹出一个提示对话框，单击
退出 按钮。

⑫ 弹出【安装成功完成】对话框，单击 是 按钮重新启动电脑即可。

11.2.3 使用扫描仪扫描照片

安装完扫描仪和扫描软件之后，用户就可以使用扫描仪了。本小节以使用扫描仪扫描照片为例介绍扫描仪的使用方法。

扫描照片的具体操作步骤如下。

1 将照片放入扫描仪中并调整好位置，然后按下扫描仪上的【SCAN】按钮，弹出【选择应用程序】对话框，选择一个应用程序，这里选择【Photoshop】选项。

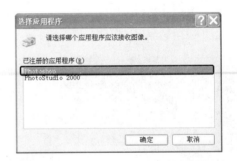

2 选择完毕单击 确定 按钮，此时会打开 Photoshop 程序，同时弹出【ScanGear CS-U】窗口，单击 预览(P) 按钮。

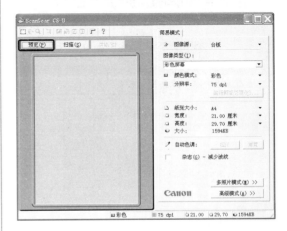

3 弹出【ScanGear CS-U】提示框，提示用户保持文档盖处于关闭状态。

4 在文档盖处于关闭的状态下，稍等片刻即可出现预览界面。此时可以在【ScanGear CS-U】窗口的右侧设置要扫描的照片的一些模式，如图像类型、颜色模式等，设置完毕后单击 扫描(S) 按钮。

⑤ 此时系统还会提示用户在扫描的过程中要保持文档盖的关闭状态，同时还会弹出【正在扫描】提示框。

⑥ 扫描结束照片会自动显示在 Photoshop 程序中。此时在 Photoshop 主窗口的菜单栏中，各个菜单项都是不可用的。

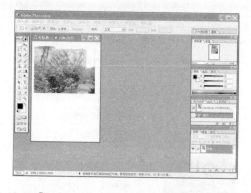

⑦ 关闭【ScanGear CS-U】窗口，使 Photoshop 处于正常工作状态。用户可以根据自己的需要对照片进行相应的处理，然后保存即可。

11.2.4　安装和设置刻录机

要想将资料刻录到光盘中，用户需要先将刻录机安装到电脑上，并对其进行相应的设置。

1.　安装刻录机

刻录机的安装方法与光驱的安装方法类似，用户只需要卸下光驱，然后装上刻录机即可。

2.　设置刻录机

在刻录机图标 上右击，从弹出的快捷菜单中选择【属性】菜单项，弹出【DVD-RW 驱动器（D：）属性】对话框，切换到【录制】选项卡，选中【在这个设备上启用 CD 录制】和【写入完成后自动弹出 CD】复选框，设置写入速度，单击 确定 按钮即可。

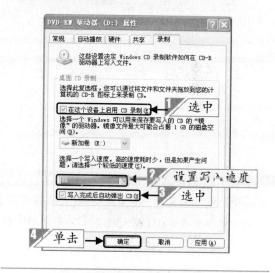

11.2.5　使用刻录机刻录旅游录像

接下来，用户就可以使用刻录机刻录光盘了。本小节将以刻录旅游录像为例，介绍刻录机的使用方法。

刻录旅游录像的具体操作步骤如下。

① 将空白光盘放入光驱中，此时系统会自动弹出【CD 驱动器（D：）】对话框，选择【打开可写入 CD 文件夹】选项。

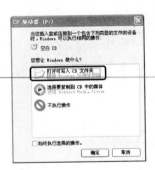

② 单击 [确定] 按钮，弹出【CD 驱动器（H：）】窗口。

③ 选中要刻录的文件，将其拖动到【CD 驱动器】窗口中，单击【CD 写入任务】任务窗格中的【将这些文件写入 CD】链接。

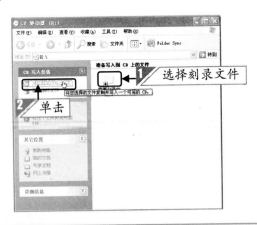

④ 弹出【CD 写入向导】对话框，在【CD 名称】文本框中输入光盘的名称。

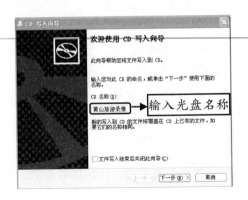

⑤ 输入完毕单击 [下一步(N)>] 按钮，开始刻录 CD 光盘。

⑥ 刻录完毕进入【正在完成 CD 写入向导】界面，单击 [完成] 按钮即可。

11.3 MP3和MP4

　　MP3 和 MP4 是市场上较为流行的电子设备。用户在网上下载歌曲后，可以将其传输到 MP3 或MP4 中来收听歌曲。

11.3.1　连入电脑

用户在将电脑中的歌曲复制到 MP3 或 MP4 播放器前，应先将 MP3 或 MP4 连接到电脑上。

将 MP3 或 MP4 两者连接到电脑上的方法类似，这里仅以将 MP3 连入电脑为例进行介绍。

取出 MP3 播放器，打开 MP3 的插口盖，然后将 MP3 的插口接入主机箱的 USB 接口上。此时电脑屏幕右下角会出现"发现新硬件"的提示，并显示"新硬件已安装并可以使用了"。

将 MP3 的插口接入电脑的 USB 接口上

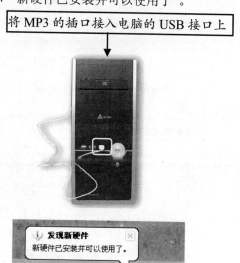

11.3.2　复制音乐

将 MP3 或 MP4 连接到电脑上以后，用户就可以将电脑中的音乐复制进去了。

将电脑中的音乐复制到 MP3 中和复制到 MP4 中其操作方法类似，这里仅以将电脑中的音乐复制到 MP3 中为例进行介绍。具体操作步骤如下。

① 将 MP3 接入电脑后，打开【我的电脑】窗口，可以发现系统自动添加了一个【可移动磁盘（I:）】盘符，即 MP3 所在的磁盘。

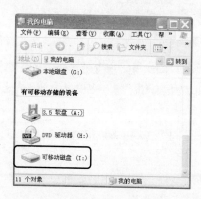

② 选择要复制的 MP3 歌曲后右击，从弹出的快捷菜单中选择【复制】菜单项。

③ 在【我的电脑】窗口中双击【可移动磁盘（I:）】图标，弹出【可移动磁盘（I）】窗口，选择【编辑】➤【粘贴】菜单项。

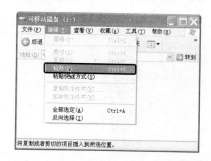

④ 此时系统会自动开始复制选中的 MP3 歌曲。

11.4 手机

随着科技的发展，如今越来越多的手机不仅增大了内存，而且还可以与电脑共享资源。本节以诺基亚 5310 为例介绍手机与电脑共享资源的操作方法。

11.4.1 将手机连接到电脑

用户要想在手机和电脑之间共享资源，首先需要将手机连接到电脑上。

具体操作步骤如下。

① 取出诺基亚 5310 手机，打开手机的数据线接口盖。

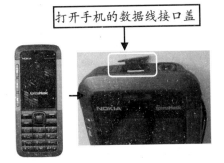

打开手机的数据线接口盖

② 将手机数据线较窄的接口插入到手机接口中。

较窄的接口插入手机接口中

③ 将手机数据线较宽的接口插入到电脑的 USB 接口中。此时在任务栏的通知区域中将依次出现 3 个提示信息框，提示手机已经成功与电脑连接在一起。

手机已经成功与电脑连接在一起

11.4.2 手机与电脑资源共享

将手机连接到电脑上之后，用户既可以将电脑中的数据复制到手机中，也可以将手机中的数据复制到电脑上。

1. 将电脑中的数据复制到手机中

将电脑中的数据复制到手机中的具体操作步骤如下。

① 将手机成功接入电脑后，打开【我的电脑】窗口，可以发现系统自动添加了一个【可移动磁盘（I:）】盘符，即手机所在的磁盘。

② 在【我的电脑】窗口中双击【可移动磁盘（I:）】
图标，弹出【可移动磁盘（I）】窗口。

③ 在电脑硬盘上选择要复制到手机中的文件，选
择【编辑】➤【复制】菜单项。

④ 按照前面介绍的方法打开【可移动磁盘（I:）】
窗口，然后打开文件要复制到的目标文件夹，
选择【编辑】➤【粘贴】菜单项。

⑤ 此时已经将选中的文件复制到手机中了。

2. 将手机中的数据复制到电脑中

　　将手机中的数据复制到电脑中的具体操作步
骤如下。

① 在手机文件夹中选择要复制到电脑中的文件，
选择【编辑】➤【复制】菜单项。

② 打开电脑中要复制到的目标文件夹，选择【编
辑】➤【粘贴】菜单项。

③ 此时即可将手机中的图片复制到电脑中。

第12章 系统维护和优化

维护和优化是电脑家庭应用的过程中很重要的一部分内容。优化大师可以加快电脑的运行速度，维护电脑的安全，还可以防范网络病毒和黑客的入侵。

关于本章知识，本书配套教学光盘中有相关的多媒体教学视频，请读者参看光盘【系统维护和优化】。

🚩 **管理计算机磁盘**

🚩 **备份和还原系统数据**

🚩 **系统优化**

🚩 **电脑病毒的防杀**

光盘链接

12.1 管理计算机磁盘

用户可以利用系统自带的维护工具管理电脑磁盘。本节将主要介绍磁盘清理和磁盘碎片整理的方法。

12.1.1 磁盘清理

用户在使用电脑的过程中应及时清理磁盘。这是因为垃圾文件的增多不仅会耗费磁盘上的空间，而且会影响电脑的运行速度。电脑在使用的过程中有时会因为数据交换而生成一些临时的信息文件，如果不能及时将其删除就会成为垃圾文件。

下面以清理 C 盘为例进行介绍。具体的操作步骤如下。

① 选择【开始】➤【所有程序】➤【附件】➤【系统工具】➤【磁盘清理】菜单项，弹出【选择驱动器】对话框。

② 从【驱动器】下拉列表中选择要进行磁盘清理的磁盘，这里选择【（C:）】选项。单击 确定 按钮，开始进行磁盘清理，同时弹出【磁盘清理】对话框。

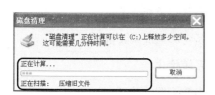

③ 稍等片刻弹出【（C:）的磁盘清理】对话框，从中选择要清理的文件。

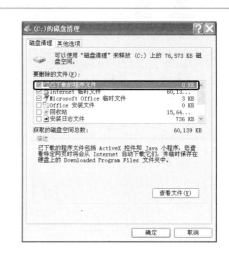

④ 从【要删除的文件】列表框中选择需要删除的文件，单击 确定 按钮，弹出【（C:）的磁盘清理】提示框，单击 是(Y) 按钮。

⑤ 开始进行磁盘清理。

12.1.2 磁盘碎片整理

在使用电脑的过程中，由于反复地写入和删除文件，经常会产生一些磁盘碎片，此时可以使用系统自带的磁盘碎片整理程序对磁盘中的碎片进行整理。具体操作步骤如下。

① 选择【开始】➤【所有程序】➤【附件】➤【系统工具】➤【磁盘碎片整理程序】菜单项，弹出【磁盘碎片整理程序】窗口。

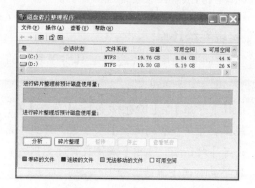

② 选择要进行磁盘碎片整理的磁盘，这里选择【本地磁盘（F:）】选项，单击 分析 按钮。系统开始对其进行分析，稍等片刻便会弹出【磁盘碎片整理程序】对话框，提示用户应该

对本地磁盘（F:）进行碎片整理。

③ 单击 碎片整理(D) 按钮，开始对 F 盘进行磁盘碎片整理。

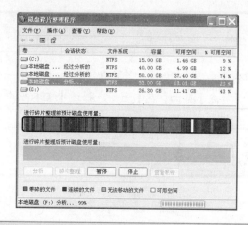

备份和还原系统数据

Windows XP 自带了一些比较好用的系统工具，如系统备份和系统还原等。利用它们可以方便地管理和维护系统，使系统能够更加安全、稳定地运行。

12.2.1　备份系统数据

对系统中的重要数据进行备份可以有效地防止数据丢失。用户可以利用 Windows XP 提供的"备份或还原向导"功能对重要的数据进行备份。

关于该操作方法已在 2.4.3 小节中介绍过，在此不再赘述。

12.2.2　还原系统数据

Windows XP 具有强大的系统还原功能，该功能可以在很大程度上保护系统的安全。

1.　创建还原点

当用户觉得自己对电脑进行的更改可能对电

脑的稳定性产生影响时，则可以创建自己的还原点。具体操作步骤如下。

① 选择【开始】➤【所有程序】➤【附件】➤【系统工具】➤【系统还原】菜单项，弹出【系统还原】对话框，选中【创建一个还原点】单选按钮。

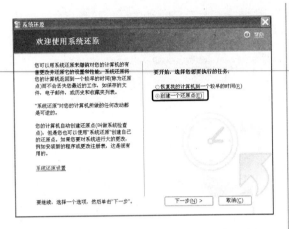

② 单击 下一步(N) > 按钮，进入【创建一个还原点】界面，在【还原点描述】文本框中输入相应的描述信息。

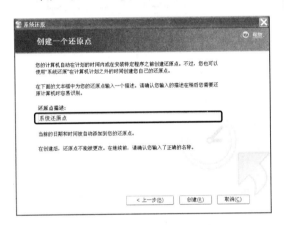

③ 单击 创建(R) 按钮，开始创建还原点。创建完毕进入【还原点已创建】界面，提示用户还原点已经创建完毕，单击 关闭(C) 按钮即可。

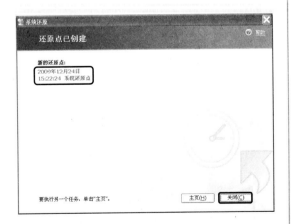

小提示 系统还原功能要求用户的每个磁盘驱动器上都要有足够的空间用于存放还原信息。因此用户在创建还原点之前必须保证磁盘上的系统还原功能是打开的。

2. 实现系统还原

用户可以利用系统还原工具实现系统的还原，具体操作步骤如下。

① 选择【开始】➤【所有程序】➤【附件】➤【系统工具】➤【系统还原】菜单项，弹出【系统还原】对话框，选中【恢复我的计算机到一个较早的时间】单选按钮。

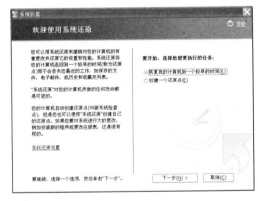

② 单击 下一步(N) > 按钮，进入【选择一个还原点】界面，其中所有创建了还原点的日期都以粗体显示。这些还原点有的是用户在更改系统时由系统自行创建的，有的则是用户自己创建的。在日历中选择一个还原点，也就是用户创建还原点的日期。

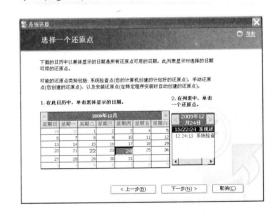

3 单击 下一步(N) > 按钮，进入【确认还原点选择】界面，提示用户系统还原即将开始。还原操作不会丢失最近的工作，并且还原是可逆的。

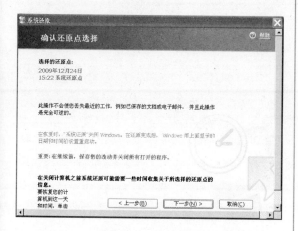

4 单击 下一步(N) > 按钮，系统会花费一些时间来搜索有关还原点的信息。还原向导将重新启动电脑，并开始还原系统，还原完成后 Windows 将启用所选择的还原点的设置启动电脑。

3. 更改还原设置

默认设置下，在电脑上安装"系统还原"时，大约会将 12% 的可用磁盘空间分配给"系统还原"用于保存还原点，这也是可分配空间的最大值。另外，用户可以更改这个数值。具体操作步骤如下。

1 选择【开始】▶【控制面板】菜单项，弹出【控制面板】窗口，切换到经典视图。

2 双击【系统】图标，弹出【系统属性】对话框，切换到【系统还原】选项卡。

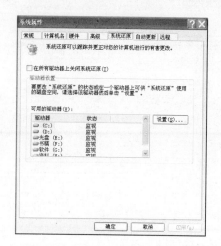

3 在【可用的驱动器】列表框中选择要改变系统还原可用空间的驱动器，如选择【本地磁盘(D:)】选项。单击 设置(S)... 按钮，弹出【驱动器(D:)设置】对话框。

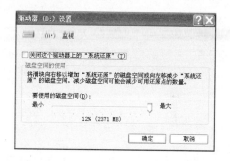

4 拖动【要使用的磁盘空间】滑块调整可用的磁盘空间，其最大值为磁盘全部剩余空间的 12%，最小不能小于 50MB。

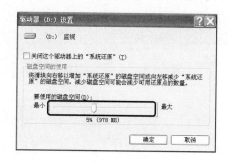

5 设置完毕单击 确定 按钮，返回【系统属性】对话框，单击 确定 按钮即可。

12.3 系统优化

为了加快电脑的运行速度，用户可以对其进行优化设置。优化 Windows XP 系统的方法有两种，分别是通过系统设置优化和使用专门的优化软件优化。

12.3.1 系统设置优化

所谓系统设置优化，是指在电脑硬件不变的情况下通过系统的设置来改变电脑的性能，从而让电脑的运行速度更快。

1. 优化开机速度

有些应用程序是随着系统的启动而自动启动的。用户可以将它们禁止，以便提高系统的运行速度。优化开机速度的具体操作步骤如下。

① 选择【开始】➢【运行】菜单项，弹出【运行】对话框。

② 在【打开】文本框中输入"msconfig"，单击 确定 按钮，弹出【系统配置实用程序】对话框，切换到【启动】选项卡。

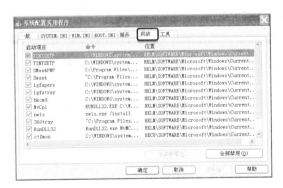

③ 如果不希望哪个程序随电脑的启动而运行，则可取消选中其前面的复选框。

④ 设置完毕后单击 确定 按钮，弹出【系统配置】对话框，单击 重新启动(R) 按钮重新启动系统。

⑤ 启动完毕，弹出【系统配置实用程序】对话框，选中【在 Windows 启动时不显示此信息或启动系统配置实用程序】复选框，单击 确定 按钮即可。

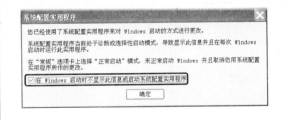

2. 定制视觉效果

虽然 Windows XP 独特的界面风格很漂亮，但也耗费了不少系统资源。为了使电脑的运行速度更快，用户可以自定义视觉效果。具体的操作步骤如下。

① 在桌面上的【我的电脑】图标 上单击鼠标右键,从弹出的快捷菜单中选择【属性】菜单项。

② 弹出【系统属性】对话框,切换到【高级】选项卡,单击【性能】选项组中的 设置(S) 按钮。

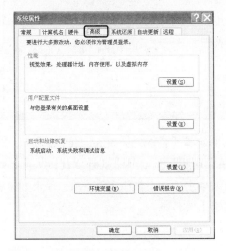

③ 弹出【性能选项】对话框,切换到【视觉效果】选项卡。

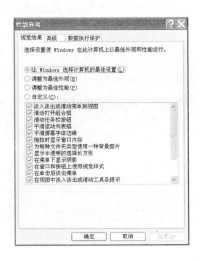

④ 选中【自定义】单选按钮,在列表框中进行相应的设置,依次单击 应用(A) 和 确定 按钮,返回【系统属性】对话框,单击 确定 按钮即可完成设置。

3. 更改虚拟内存

电脑运行速度的快慢与内存有着直接关系。如果用户想优化系统,优化内存是很重要的一个环节。

用户只要适当地调整一下虚拟内存的大小就可以改善系统的性能并提高程序的运行速度。具体操作步骤如下。

① 按照前面介绍的方法打开【性能选项】对话框,切换到【高级】选项卡。

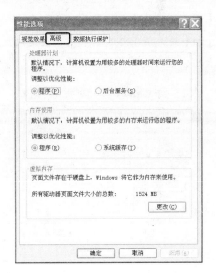

小提示 在 Windows 系统中,当运行程序所需的内存大于电脑本身所具有的内存容量时,系统会将一部分硬盘空间当作临时内存来使用,这部分硬盘空间被称为"虚拟内存"。

② 单击【虚拟内存】选项组中的 更改(C) 按钮,弹出【虚拟内存】对话框。

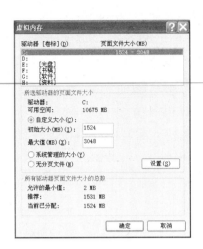

③ 在【驱动器[卷标]】列表框中选择合适的驱动器名称(建议不要选择安装系统所在的分区)，在【所选驱动器的页面文件大小】选项组中选中【自定义大小】单选按钮，分别在【初始大小】和【最大值】文本框中输入设定的虚拟内存大小，设置完毕单击 设置(S) 按钮即可。

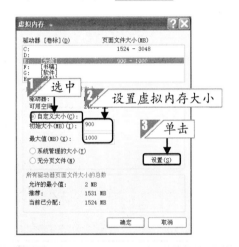

4. 加速查看【网上邻居】

　　用户在查看【网上邻居】上的资源时，有时会发现要等待一段时间才能连接到【网上邻居】中，此时可以通过相应的设置加快连接速度。具体操作步骤如下。

① 选择【开始】➢【运行】打开【运行】对话框，在【打开】文本框中输入"regedit"，单击 确定 按钮，弹出【注册表编辑器】窗口，

　　在左侧的窗格中依次展开【HKEY_LOCAL_MACHINE\SOFTWARE\Microsoft\Windows\CurrentVersion\Explorer\RemoteComputer\NameSpace】选项。

② 从中选择【D6277990-4C6A-11CF-8D87-AA0060F5BF】选项，然后单击鼠标右键，从弹出的快捷菜单中选择【删除】菜单项，弹出【确认项删除】对话框。

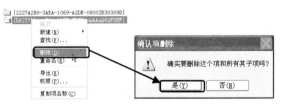

③ 单击 是(Y) 按钮，按【F5】键刷新即可完成设置。

5. 禁用错误汇报

当用户进行了某些操作而导致程序运行出错时,系统会弹出【错误汇报】对话框。此时如果用户不想将错误汇报发送给微软公司,则可将其禁止。具体操作步骤如下。

① 在【我的电脑】图标 上单击鼠标右键,从弹出的快捷菜单中选择【属性】菜单项。

② 弹出【系统属性】对话框,切换到【高级】选项卡。

③ 单击 错误报告(R) 按钮,弹出【错误汇报】对话框。

④ 选中【禁用错误汇报】单选按钮,单击 确定 按钮,返回【系统属性】对话框,单击 确定 按钮即可完成设置。

6. 关闭多余的服务

Windows 系统的每一次启动会出现很多对用户来说没有用的服务,从而占用大量的内存。为了提高运行速度,用户可以将不需要的服务关闭。具体操作步骤如下。

① 按照前面介绍的方法打开【运行】对话框,在【打开】下拉列表文本框中输入 "services.msc"。

② 单击 确定 按钮,弹出【服务】窗口。

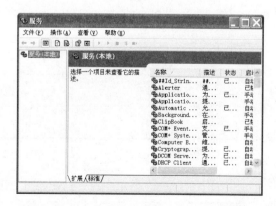

③ 双击【Alerter】选项,弹出【Alerter 的属性(本地计算机)】对话框,切换到【常规】选项卡。

⑤ 单击 启动(S) 按钮启用该服务。

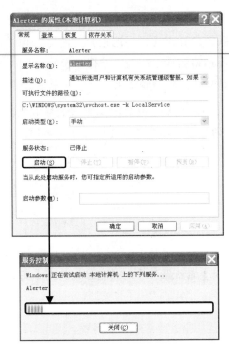

④ 此时该功能是处于禁用状态的。从【启动类型】下拉列表中选择【手动】选项，单击 应用(A) 按钮，此时 启动(S) 按钮处于可用状态。

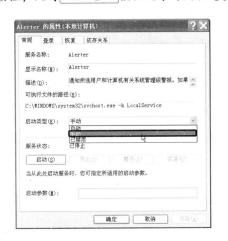

需要注意的是。有些服务是系统必需的，如果将它们关闭会使系统变得不稳定，甚至崩溃。因此，用户应先查看该服务的详细说明后再将其关闭。下面的表格中列出了一些可以关闭或者禁用的服务，用户可以根据自己的实际需要进行选择。

可以关闭或禁用的服务。

数据库	应用程序
Clipbook	这个服务允许网络上的其他用户看到用户的文件夹
Messenger	在网络上发送和接收信息，用户可以把它改为手动启动
Printer Spooler	如果用户没有配置打印机，建议改为手动或干脆关闭它
Error Reporting Service	服务和应用程序运行时提供错误报告，建议将其改为手动启动
Fast User Switching Compatibility	建议改为手动启动

续表

数据库	应用程序
Automatic Updates	建议改为手动启动
Net Logon	处理类似注册信息那样的网络安全功能，可以把它改为手动启动

12.3.2　使用 Windows 优化大师优化系统

一般情况下，Windows XP 操作系统的某些默认设置并不是最优的，用户可以通过专门的优化软件对其进行优化设置。目前常用的优化软件是 Windows 优化大师，用户使用它能够为系统提供全面有效、简便而又安全的优化、维护和清理，从而让自己的电脑系统始终保持在最佳状态。

1　安装Windows优化大师

在使用 Windows 优化大师对系统进行优化操作之前，首先需要将它安装到自己的电脑上。安装该软件可到 Windows 优化大师的官方网站（http://www.youhua.com/）上下载其安装程序。这里以 Windows 优化大师 V7.99 Build 9.1215 为例进行介绍。

软件的安装方法已经在 1.5.1 小节中有过介绍，在此不再赘述。

2.　系统优化

使用 Windows 优化大师的系统优化功能能够提升系统的性能，主要包括磁盘缓存优化、桌面菜单优化、文件系统优化、网络系统优化、开机速度优化、系统安全优化、系统个性设置和后台服务优化等 8 个选项。

● 磁盘缓存优化

磁盘缓存优化的具体操作步骤如下。

① 选择【开始】➤【所有程序】➤【Windows 优化大师】➤【Windows 优化大师】菜单项，弹出【Windows 优化大师】工作窗口。

② 选择【系统优化】选项，切换到【系统优化】选项卡。

系统优化界面

③ 选择【磁盘缓存优化】选项，此时在右边的窗格中会显示相应的功能设置选项，单击 设置向导 按钮。

磁盘缓存优化界面

④ 弹出【磁盘缓存设置向导】对话框，单击
下一步 ▶ 按钮。

⑤ 进入【请选择计算机类型】界面，从中可以选
择当前计算机的类型，如选中【Windows 标准
用户】单选按钮，单击 下一步 ▶ 按钮。

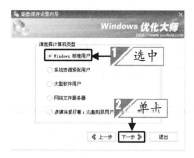

⑥ 进入下一个界面，Windows 优化大师会自动根
据用户的选择进行设置，并将设置结果显示在
列表框中，单击 下一步 ▶ 按钮。

⑦ 进入下一个界面。如果用户想要立即执行优化
方案，可选中【是的，立刻执行优化】复选框；
如果不想立即执行，则可取消选中【是的，立
刻执行优化】复选框。这里取消选中该复选框，
单击 完成 按钮。

⑧ 返回【Windows 优化大师】对话框，单击
内存整理 按钮，弹出【Wopti 内存整理】窗口，
在这里用户可以查看内存的使用情况并对内
存进行整理操作。

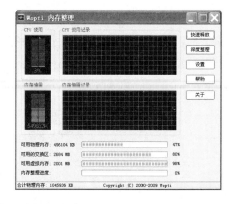

⑨ 单击 快速释放 按钮，系统将快速对可用物理内
存进行释放操作。

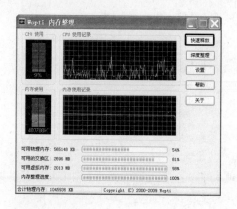

桌面菜单优化

用户可以利用 Windows 优化大师对桌面菜单进行优化设置。具体操作步骤如下。

① 选择【桌面菜单优化】选项，切换到【桌面菜单优化】选项卡。

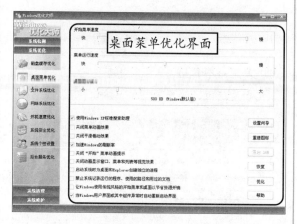

② 单击 设置向导 按钮，弹出【桌面优化设置向导】对话框，单击 下一步 按钮。

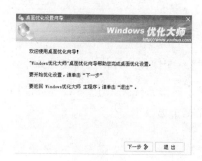

③ 进入下一个界面，在这里可以设置相应的选项，选中【最佳外观设置】单选按钮，单击下一步 按钮。

④ 进入下一个界面，Windows 优化大师会自动根据用户的选择进行设置，设置完毕后单击下一步 按钮。

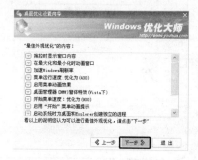

⑤ 如果用户想要立即执行桌面优化方案，则可选中【是否进行桌面优化】复选框，单击 完成 按钮。

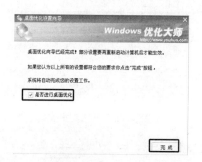

⑥ 弹出【Windows 优化大师】对话框，单击 确定 按钮。

⑦ Windows 优化大师将在设置后重新启动 Explorer，同时弹出【提示】对话框，单击 确定 按钮即可。

文件系统优化

文件系统优化的具体操作步骤如下。

① 选择【文件系统优化】选项，切换到【文件系统优化】选项卡。

② 单击 设置向导 按钮，弹出【文件系统优化向导】对话框，单击 下一步 按钮。

③ 进入下一个界面，选择是设置成最高性能还是最佳多媒体。这里选中【最高性能设置】单选钮，单击 下一步 按钮。

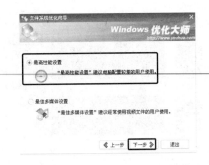

④ 进入下一个界面，Windows 优化大师会根据用户的选择进行设置，单击 下一步 按钮。

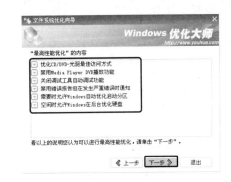

⑤ 进入下一个界面，选中【是否进行文件系统优化】复选框，单击 完成 按钮即可。

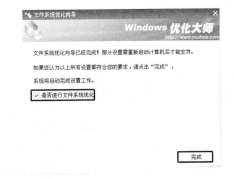

网络系统优化

网络系统优化的具体操作步骤如下。

① 选择【网络系统优化】选项，切换到【网络系统优化】选项卡。

网络系统优化界面

② 单击 设置向导 按钮，弹出【Wopti 网络系统自动优化向导】对话框，单击 下一步 ≫ 按钮。

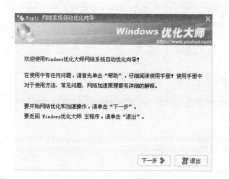

③ 进入下一个界面，从中选择上网方式，如选中【局域网或宽带】单选按钮。

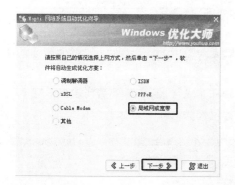

④ 单击 下一步 ≫ 按钮，进入下一个界面，保持默认设置，单击 下一步 ≫ 按钮。

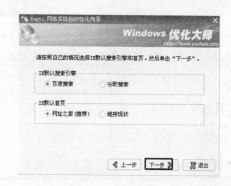

⑤ 系统开始进行网络优化，完成后会弹出【全部优化完成】对话框。

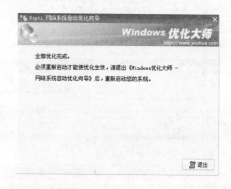

⑥ 单击 退出 按钮退出该对话框，重新启动电脑即可。

开机速度优化

用户可以使用 Windows 优化大师对开机速度进行优化。具体操作步骤如下。

① 选择【开机速度优化】选项，切换到【开机速度优化】选项卡。

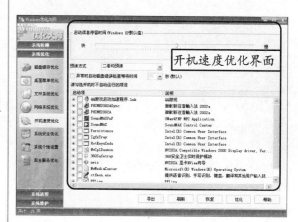

开机速度优化界面

② 如果用户不想让某些程序在 Windows 启动时一起启动，则可在【请勾选开机时不自动运行的项目】列表框中选中程序所对应的复选框，然后单击 优化 按钮即可。

系统安全优化

系统安全优化的具体操作步骤如下。

① 选择【系统安全优化】选项，切换到【系统安全优化】选项卡。

系统安全优化界面

② 用户可以对与系统安全相关的选项进行设置，包括扫描木马程序、扫描蠕虫病毒、禁止自动登录、禁止用户建立空连接以及禁止光盘、U盘等所有磁盘的自动运行等。

3. 系统清理

在使用电脑的过程中经常会有一些无用的文件积累下来，这些垃圾文件不但会使系统的运行速度变慢，还会占用系统宝贵的空间。因此，定期对系统进行一些清理能够有效地释放磁盘空间并提升系统的性能。

注册信息清理

有些软件卸载之后，注册表中仍会残留相关的注册信息，不仅占用空间，而且会使系统的运行速度变慢。使用 Windows 优化大师能够轻松方便地清理注册表中的冗余信息。具体操作步骤如下。

① 选择【系统清理】功能模块，切换到【注册信息清理】选项卡。

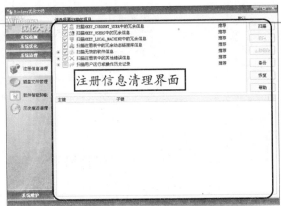

注册信息清理界面

② 在右侧窗格中的【请选择要扫描的项目】列表框中选中想要扫描并清理的项目的复选框，单击 扫描 按钮，Windows 优化大师将开始扫描相应的注册表信息。

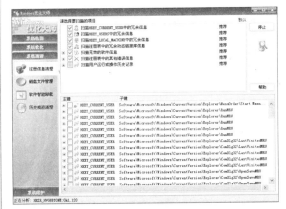

③ 扫描完成后，会在下面的列表框中显示所有的可以删除的注册表信息。

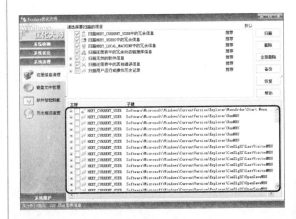

4 选中要清理的注册表信息前面的复选框，单击
 删除 按钮，弹出【Windows 优化大师】对
 话框，确定是否删除该注册表信息。

5 单击 **是** 按钮，Windows 优化大师将清
 理该注册表信息。如果用户想要全部删除，则
 可单击 全部删除 按钮，弹出【Windows 优化大
 师】对话框，系统会建议用户在全部删除前备
 份注册表信息。

6 如果想要备份注册表，可单击 **是(Y)** 按
 钮；如果不想备份注册表或已经手动备份过，
 可单击 **否(N)** 按钮，这里单击 **否(N)**
 按钮，弹出【Windows 优化大师】对话框，用
 户可确认是否进行删除操作。

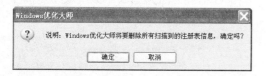

7 单击 **确定** 按钮，Windows 优化大师开始
 删除注册表。

● 磁盘文件管理

　　Windows 优化大师还提供了磁盘文件管理的
功能。利用该功能可以扫描磁盘中的文件信息，
并将一些诸如 IE 缓存、临时文件等内容显示出
来，供用户选择删除。

　　利用 Windows 优化大师进行磁盘文件管理的
具体操作步骤如下。

1 选择【磁盘文件管理】选项，切换到【磁盘文
 件管理】选项卡。

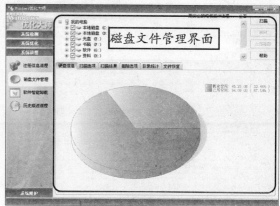

2 在右侧窗格切换到【扫描选项】选项卡。

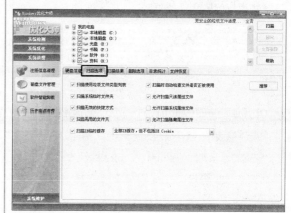

3 在上面的列表框中选中磁盘分区前面的复选
 框，单击 **扫描** 按钮，Windows 优化大师将
 开始扫描进程。

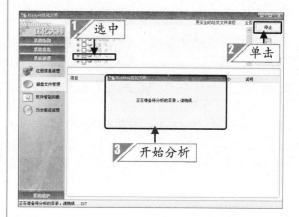

④ 扫描完成，在下面的列表框中会显示可清理的文件选项。

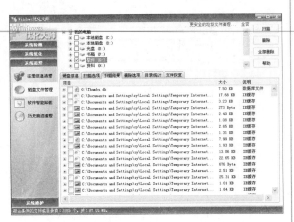

⑤ 选中选项前面的复选框，单击 删除 按钮，弹出【Windows 优化大师】对话框。

⑥ 单击 确定 按钮，开始清理该选项。如果用户想要全部删除扫描出的文件，则可单击全部删除 按钮，弹出【Windows 优化大师】对话框，用户可确定是否要全部删除这些文件。

⑦ 单击 确定 按钮，弹出【确认删除多个文件】对话框，用户可确定是否要进行删除操作。

⑧ 单击 是(Y) 按钮，将这些文件删除。

软件智能卸载

　　Windows 优化大师还提供了软件智能卸载的功能，使用这个功能用户可以方便地卸载电脑中安装的软件。具体操作步骤如下。

① 选择【软件智能卸载】选项，切换到【软件智能卸载】选项卡。

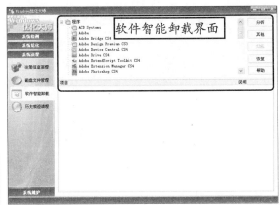

② 在列表框中选中某个想要卸载的程序选项，单击 分析 按钮，Windows 优化大师会自动对该软件进行分析。如果该软件带有卸载程序，则会弹出【Windows 优化大师】对话框，询问用户是否使用软件自带的反安装程序卸载软件。

③ 单击 否(N) 按钮，Windows 优化大师开始分析并尝试卸载该软件。

　　小提示 单击 是(Y) 按钮，Windows 优化大师即可调用该软件的卸载程序进行卸载。

④ 单击 卸载 按钮，弹出【Windows 优化大师】对话框，询问用户是否开始卸载。

⑤ 单击 是(Y) 按钮，弹出【Windows 优化大师】对话框，询问用户卸载该软件的时候是否需要备份以便今后恢复。

⑥ 如果用户想要备份以供以后恢复使用，则可单击 是(Y) 按钮。这里单击 否(N) 按钮，开始卸载进程。卸载成功后弹出相应的提示信息框，单击 确定 按钮即可。

● **历史痕迹清理**

如果用户不想让别人看到自己曾经进行过的操作，则可利用 Windows 优化大师提供的历史痕迹清理功能进行清理。具体操作步骤如下。

① 在【系统清理】功能模块中单击【历史痕迹清理】选项，在右侧窗格中会显示出相应的选项。

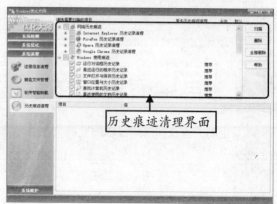

历史痕迹清理界面

② 在【请选择要扫描的项目】列表框中选中相应的选项，单击 扫描 按钮，Windows 优化大师开始扫描系统中的历史记录并将结果显示在下面的列表框中。

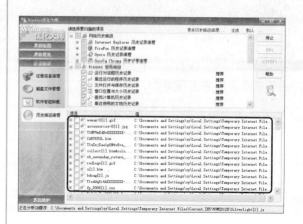

③ 选中历史记录选项前面的复选框，单击 删除 按钮，弹出【Windows 优化大师】对话框，提示用户该文件只能一次性地全部删除。

④ 单击 确定 按钮，Windows 优化大师开始清理该类型的历史记录。单击 全部删除 按钮，弹出【Windows 优化大师】对话框，询问用户

是否要删除所有的历史记录痕迹。

⑤ 单击 ___确定___ 按钮，Windows 优化大师开始进行清理操作。

<h1>12.4 电脑病毒的防杀</h1>

随着电脑的普及和网络技术的发展，电脑病毒也越来越猖狂，给很多企业和个人造成了不同程度上的损失。

12.4.1 禁用"远程协助"和"终端服务远程控制"功能

在 Windows XP 系统中，"远程协助"和"终端服务远程控制"功能在默认情况下是启动的。这两个功能虽然有助于用户在遇到困难时向好友请求远程协助，但也给病毒和黑客提供了可趁之机。因此，如果不是必需，用户应将其禁用。

禁用"远程协助"和"终端服务远程控制"功能的具体操作步骤如下。

① 在桌面【我的电脑】图标上单击鼠标右键，从弹出的快捷菜单中选择【属性】菜单项。

② 弹出【系统属性】对话框，切换到【远程】选项卡，分别取消选中【允许从这台计算机发送远程协助邀请】和【允许用户远程连接到此计算机】复选框，依次单击 ___应用(A)___ 和 ___确定___ 按钮即可完成设置。

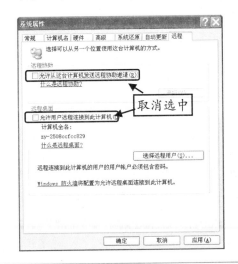

12.4.2 使用杀毒软件

要想使系统在一个安全的环境中运转，杀毒软件是必不可少的安全维护工具。目前常用的杀毒软件有很多，如瑞星杀毒软件和金山毒霸等。本小节以瑞星杀毒软件为例介绍杀毒软件的使用

方法。

1. 升级瑞星杀毒软件

现在每天都会出现新的病毒和木马。为了能够更好地保护自己的电脑，用户应该经常升级瑞

星杀毒软件以获得最新的病毒库。升级杀毒软件的方法主要有两种，分别是定时升级和手动升级。

定时升级

瑞星杀毒软件具有定时升级功能，用户在选择此功能前应进行相应的设置。具体操作步骤如下。

1. 在【瑞星杀毒软件】窗口中选择【设置】选项。

2. 弹出【设置】对话框，在左侧窗格中选择【升级设置】选项，在右侧窗格中设置【升级频率】和【升级时刻】，单击 ▭▭▭▭▭ 按钮。

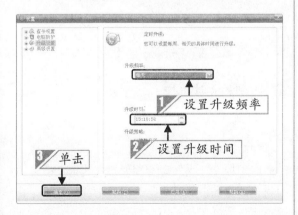

只要在电脑处于开机状态，一旦到了设置的升级时间，瑞星杀毒软件就会自动检测到最新版本进行升级，并自动完成安装。

手动升级

此外，用户还可以对杀毒软件进行手动升级。具体操作步骤如下。

1. 选择【开始】➤【所有程序】➤【瑞星杀毒软件】➤【瑞星杀毒软件】菜单项，弹出【瑞星杀毒软件】主窗口，单击【软件升级】按钮 ▣。

2. 弹出【智能升级正在进行】对话框，同时瑞星杀毒软件开始连接到瑞星升级服务器，并下载瑞星升级程序后自动安装。

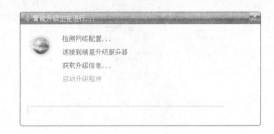

3. 稍等片刻即可开始安装升级文件。

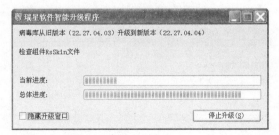

4. 开始升级瑞星杀毒软件。

⑤ 升级完毕，进入【结束】界面，单击 完成(F) 按钮即可。

2. 使用瑞星杀毒软件杀毒

软件升级完成后，接下来就可以查杀病毒了。使用瑞星杀毒软件杀毒的具体操作步骤如下。

① 打开【瑞星杀毒软件】窗口，切换到【杀毒】选项卡。

② 在左侧的【对象】窗格中设置要查杀的对象，单击 开始查杀 按钮。

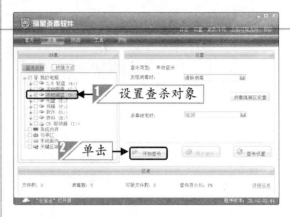

③ 开始查杀病毒，同时底部会显示扫描进度。

▲ 开始查杀病毒

3. 防御和实时监控

● 防御

　　主动防御具有独特的功能设计，它通过规则过滤应用程序，当发现存在恶意行为时会立即告知用户，将处理此恶意行为的权力交给用户，由用户决定放还是拒绝此类危险动作，从而达到主动预防病毒的作用。即使遇到一个病毒库里面没有记录的新病毒，瑞星杀毒软件也可以帮助用户发现它。

　　启动瑞星杀毒软件，切换到【防御】选项卡，智能主动防御就是在这个界面中进行设置的。主动防御由系统加固、应用程序控制、木马行为防御、木马入侵拦截和自我保护等功能组成,为了保护电脑的安全应将所有项都设置为开启状态。

用户可以单击每一项右侧的 设置 按钮进行设置。

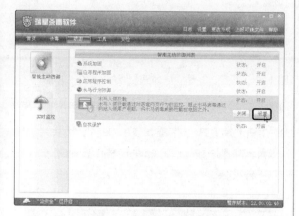

例如,单击【木马入侵拦截】选项右侧的 设置 按钮,弹出【设置】对话框,在【发现网页病毒或危险脚本时】选项组中设置一个处理方式。

按照同样的方法可以对其他选项进行设置。用户如果不是很精通电脑,保持默认设置即可。

● 实时监控

病毒、木马以及恶意程序的传播途径主要有收发电子邮件、浏览网页(网页中带有的病毒或木马程序会自动下载到用户的电脑中)等,但是病毒、木马以及恶意程序运行以后都会在电脑中

留下痕迹,如生成某些病毒文件和修改注册表等。对此,通过瑞星杀毒软件的监控功能可以查杀和截获病毒、木马以及恶意程序。

在【瑞星杀毒软件】的主窗口中切换到【防御】选项卡,单击【实时监控】按钮 ,进入【实时监控】界面。

里面包含了文件监控和邮件监控两个方面。为了更好地保护电脑,应将所有的监控功能开启。

> **小提示** 如果瑞星杀毒软件的某个监控功能被莫明其妙地关闭了,很可能是电脑中了病毒或木马程序,此时应该立即进行杀毒。

(1) 文件监控的具体操作步骤如下。

① 在【实时监控】界面中选择【文件监控】选项,单击 设置 按钮。

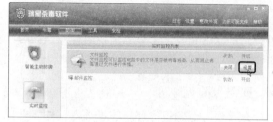

② 弹出【设置】对话框,在左侧窗格中选择【电脑防护】➤【文件监控】选项,对文件监控方面进行详细设置。拖动滑块 可以调节文件

监控的级别。在【常规设置】选项卡中可以设置发现病毒时的有关操作、提示对话框的显示时间、是否提示杀毒结果以及是否启用智能监控等。

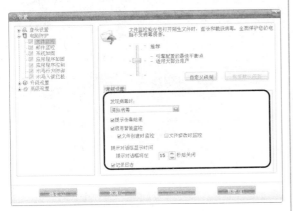

(2) 邮件监控的具体操作步骤如下。

❶ 在【实时监控】界面中选择【邮件监控】选项，单击右侧的 设置 按钮，弹出【设置】对话框，在左侧窗格中选择【电脑防护】▶【邮件监控】选项。

❷ 在右侧窗格中可以进行邮件监控方面的常规设置、SMTP 设置和 OUTLOOK 设置。

大多数的普通用户可以直接使用瑞星杀毒软件提供的默认设置。了解电脑和病毒知识的用户则可以进行一些较复杂的自定义设置。

4. 账号保险柜

瑞星账号保险柜能够将瑞星杀毒软件所支持的软件自动加入到应用程序保护功能中。使用瑞星账号保险柜的具体操作步骤如下。

❶ 启动瑞星杀毒软件，切换到【工具】选项卡，选择【账号保险柜】选项，单击【账号保险柜】

对应的【运行】链接。

❷ 弹出【瑞星账号保险柜 4.0】窗口，切换到【所有软件】选项卡，此时即可显示出所有可以保护的软件。

❸ 单击软件列表中的任意一个软件，在窗口右侧的【详细信息】选项组中即可显示出该软件的相关信息及保护状态。

❹ 被保护的软件右侧会有一个"✔"符号。若某个软件是瑞星可以保护的，但是未开启保护，则可以选择该软件，单击【开启保护】链接。

例如，选择【迅雷】下载软件 ，单击【开启保护】链接，被保护的软件会显示为打勾状态" "。

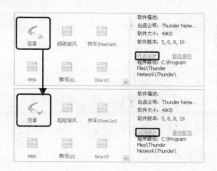

5 单击窗口顶部显示的账号保险柜保护的各类软件，如切换到【聊天类】选项卡，进入账号保险柜保护的聊天类软件列表，可以发现这里保护的软件只有QQ。显示为" "状态的软件有两种可能，一是没有下载该软件，所以不用保护；二是未找到对应的路径。对于第二种情况，如用户已经下载并使用了阿里旺旺，但是该软件并没有被保护，此时可以选中该软件，再单击右侧【详细信息】选项组中的【修改路径】链接。

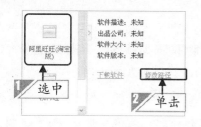

6 弹出【浏览文件夹】对话框，在列表框中找到阿里旺旺的存储位置，单击 确定 按钮。

7 返回软件列表，可以发现阿里旺旺已经处于保护状态。

12.4.3　使用瑞星防火墙

很多用户的电脑只是安装了杀毒软件，而没有安装防火墙，这就给电脑的安全留下了一个隐患。因为杀毒软件和防火墙软件本身定位不同，安装防病毒软件，并不能阻止黑客攻击，所以还需要再安装防火墙软件来保护系统安全。防火墙是位于电脑和它所连接的网络之间的软件，安装了防火墙的计算机，其流入流出的所有网络通信均要经过此防火墙。因此，一款合适的防火墙是保护信息安全不可或缺的一道重要屏障。

1. 安装瑞星个人防火墙

在使用瑞星防火墙之前，首先需要将它安装到自己的电脑上。该软件可以到瑞星的官方网站（http://www.rising.com.cn/）上下载其安装程序，在此不再赘述。

2. 使用个人防火墙

【瑞星个人防火墙】的主窗口右上角有4个选项，分别为【设置】、【更改外观】、【上报可疑文件】和【帮助】。下面介绍一下这几个选项的含义。

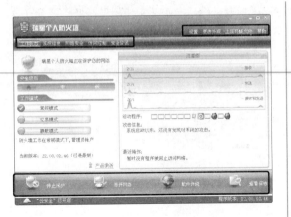

(1)【设置】选项：单击该选项，弹出【瑞星个人防火墙设置】对话框，其中包括【网络监控】、【升级设置】和【高级设置】。通常情况下，瑞星防火墙启动之后可以使用默认的设置保护系统的网络安全。另外，用户也可以根据自己的需要进行设置，以便更好地保护系统的网络安全。

(2)【更改外观】选项：单击该选项，随即弹出【更改外观】对话框，其中可以更改个人防火墙界面的外观样式。

(3)【上报可疑文件】选项：选择该选项，随即弹出【文件上报中心】页面，可以将可疑文件进行上报，也可以对上报的结果进行查询。

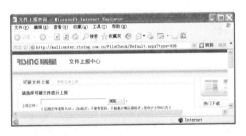

(4)【帮助】选项：获取相关的帮助主题。

主窗口的左上角有 5 个选项卡，下面介绍一下这几个选项卡的含义。

(1)【工作状态】选项卡：显示当前的防火墙状态、安全级别、工作模式、流量图等信息。

(2)【系统信息】选项卡：显示网络活动及进程信息等信息。

(3)【网络安全】选项卡：显示对网络的安全监控、拦截及防御措施等信息。

(4)【访问控制】选项卡：显示针对某个程序是否允许访问网络，包含对应的程序路径等信息。

(5)【安全讯息】选项卡：显示瑞星公司的最新安全讯息等内容。

安装瑞星防火墙是保护电脑运行和上网安全的措施之一。启动某些程序文件或在线自动更新程序时，瑞星防火墙都会弹出一个让用户选择是否允许该程序连接网络的对话框，如果用户允许，该程序才能够正常运行，否则不能正常运行。另外，除非用户非常确认，否则不要轻易把【访问控制】中的某些非允许状态的程序修改为允许状态。

主窗口的下方有 4 个操作按钮，下面分别介绍一下这几个按钮的功能。

【停止保护】按钮：主要用于关闭或启动防火墙的保护功能。

【断开网络】按钮：主要用于断开或链接网络。

【软件升级】按钮：主要用于启动防火墙的升级程序。

【查看日志】按钮：主要用于启动日志显示程序。

附录　电脑家庭应用实用技巧600招

说明：下面仅给出部分实用技巧的目录，其他目录及所有实用技巧的内容请参看光盘。